Nematology Research in China Vol. 7

中国线虫学研究

（第七卷）

彭德良　陈书龙　简　恒　廖金铃　段玉玺　主编

中国农业科学技术出版社

图书在版编目（CIP）数据

中国线虫学研究．第七卷／彭德良等主编．—北京：中国农业科学技术出版社，2018.7
ISBN 978-7-5116-3666-9

Ⅰ.①中… Ⅱ.①彭… Ⅲ.①线虫动物-中国-文集 Ⅳ.①Q959.17-53

中国版本图书馆 CIP 数据核字(2018)第 093124 号

责任编辑 姚 欢
责任校对 李向荣

出 版 者 中国农业科学技术出版社
北京市中关村南大街 12 号 邮编：100081
电 话 (010) 82106636 (编辑室) (010) 82109702 (发行部)
(010) 82109709 (读者服务部)
传 真 (010) 82106631
网 址 http：//www.castp.cn
经 销 者 各地新华书店
印 刷 者 北京富泰印刷有限责任公司
开 本 787 mm×1 092 mm 1/16
印 张 14.25
字 数 400 千字
版 次 2018 年 7 月第 1 版 2018 年 7 月第 1 次印刷
定 价 80.00 元

《中国线虫学研究(第七卷)》

编委会

前　言

为了坚定不移贯彻创新、协调、绿色、开放、共享的发展理念，落实创新驱动发展战略、乡村振兴战略和可持续发展战略，我国植物线虫科技工作者面向世界农业科技前沿、面向国家重大需求、面向现代农业建设主战场，深入生产第一线解决生产中出现的线虫病害问题，在基础研究和应用研究两个方面均取得长足的进步，在植物线虫早期诊断和检测、生物学、生态学、致病分子机制、生物防治、种质资源抗性、综合治理技术等方面取得突出进展，受到国内外同行的高度关注。特别是近年来我国线虫专家获得国家973计划资助和国家自然科学基金资助开展农作物线虫的基础研究，公益性行业（农业）科研专项连续资助开展作物孢囊线虫研究和蔬菜根结线虫综合治理技术研究，对发展我国植物线虫学科发展和人才队伍建设具有重要推动作用。

《中国线虫学研究》（第七卷）共收集了国内外80余篇研究论文、综述和摘要简报，内容涉及植物线虫种类鉴定、检测技术、发生分布、生物学、线虫效应子、检疫性线虫、生物防治、化学防治、综合治理技术等线虫学研究的各个主要方面。反映了近两年来我国植物线虫学工作者在相关领域的基础理论、应用基础以及线虫病害综合治理方面的最新研究成果。

本书出版得到国家公益性行业（农业）科研专项经费项目“作物孢囊线虫综合治理技术方案”（201503114）的资助，同时得到中国农业科学院植物保护研究所、植物病虫害生物学国家重点实验室、河北省农林科学院植物保护研究所、华北北部作物有害生物综合治理重点实验室、深圳出入境检验检疫局动植物检验检疫技术中心、佛山市盈辉作物科学有限公司、拜耳作物科学（中国）有限公司、广东真格生物科技有限公司等单位的资助与支持，中国农业科学技术出版社对本书的出版给予了大力帮助。在此，我们表示衷心的感谢！

在编辑文稿时，本着文责自负及论文规范性要求进行收录整理，对个别文句进行了修改。由于时间仓促，错误和不足之处难免，敬请作者和读者批评指正。

编　者

2018年7月

目　录

CONTENTS

中国线虫学研究（第七卷），2018，7：1~5
Nematology Research in China，2018，Vol. 7：1~5

不同土壤质地及氮磷钾对旱稻孢囊线虫发生的影响*

周建宇，叶　姗，丁　中**
（湖南农业大学植物保护学院，长沙　410128）

摘　要：在室内条件下采用 2 龄幼虫人工接种水稻的方法，测试了不同土壤质地对旱稻孢囊线虫发生的影响。试验结果表明，泥沙比为 1：1 和 2：1 时孢囊数量最高，显著高于其他处理；麻沙泥、红黄泥和黄泥 3 种土质中的孢囊数量无显著性差异。采用三因素三水平正交试验设计，研究了氮、磷、钾三因素对旱稻孢囊线虫发生的影响，结果显示 K 因素影响最大，N 次之，P 最小，其中高水平的 K 和低水平的 N 均有利于旱稻孢囊线虫的发生和繁殖。

关键词：旱稻孢囊线虫；土壤质地；N、P、K 营养元素

Effects of Soil texture and Nitrogen, Phosphorus, and Potassium on Development of the Rice Cyst Nematode, *Heterodera elachista**

Zhou Jianyu, Ye Shan, Ding Zhong**
(*College of Plant Protection*, *Hunan Agricultural University*, *Changsha*　410128, *China*)

Abstract: The effects of soil texture on development of the rice cyst nematode, *Heterodera elachista* were tested by artificial inoculations with second-stage juveniles in laboratory. The result showed that higher numbers of cystswere extracted from soil when the ratio of loam to sand was 1 : 1 and 2 : 1. The numbers of cystswere extracted from alluvial sandy soil, reddish yellow clayey soil and yellow clayey soil were no signification difference. Effects of N, P, K nutrients on development of *H. elachista* were studied with the orthogonal design of three factors at three levels. With the variance analysis of the experiment, the result showed that nitrogen had a very significant effect on development of *H. elachista*, followed by N and P. High level of K and low level of N was favorable to the development of *H. elachista*.

Key words: *Heterodera elachista*; Soil texture; N, P and K nutrients

旱稻孢囊线虫（*Heterodera elachista*）是为害水稻的一种重要病原线虫。自 2012 年于湖南省长沙县发现旱稻孢囊线虫以来[1]，该线虫病害已有蔓延的趋势，目前已证实在湖南 14 个市县、湖北赤壁市和公安县、广西桂林等地均有发生[2]。旱稻孢囊线虫和其他害虫一样在长期与寄主协同进化的过程中形成了线虫的生活史和寄主植物的生长发育高度一致的特点，以适应农田生态环境提高线虫侵染、存活和繁殖的几率[3]，并在适应农田环境的情况

---

* 基金项目：公益性行业（农业）科研专项经费资助项目（201503114）
** 通信作者：教授，从事植物线虫防治研究；E-mail：dihngzh@ hunau. net

下极有可能在土壤中不断累积形成大的生物种群从而导致其灾变。作为一种土传病害，旱稻孢囊线虫受到土壤水分、土壤温度、土壤质地和施肥水平等多种环境因子的影响[4]。其中，土壤类型和施肥水平是影响线虫孵化、侵染、发育的重要因子。因此探究土质、施肥量与旱稻孢囊之间的相关性就显得尤为重要。为此，本研究研究了不同土质及氮磷钾不同水平对旱稻孢囊线虫发生的影响，旨在为防治旱稻孢囊线虫提供理论依据。

1 材料与方法

1.1 试验材料

试验所用的旱稻孢囊线虫于5、6月从湖南省长沙县干杉镇采集残余水稻根系及根系附近土壤，采用蔗糖液离心法分离、收集孢囊[5]，参照王明祖、丁中等方法[6-7]用土壤浸液对孢囊进行孵化。水稻品种为湖南隆平种业有限公司的丰源优2297。

1.2 方法

1.2.1 不同质地土壤的采集和配制

试验在湖南农业大学教学实习基地网室进行。红黄泥、黄泥和麻沙泥分别采自湖南省长沙县干杉镇、湖南农业大学教学实习基地和长沙县福临镇的水稻田，沙采自河沙。将黄泥和沙经过120℃高温处理，过20目筛，按照不同泥沙比混合成不同土质，黄土：沙（重量比）分别为1：1、2：1、3：1、4：1、1：2、1：3、1：4。氮磷钾不同配比试验的栽培土壤为黄土：沙=1：1。

1.2.2 氮磷钾配比试验设计

N、P、K 3要素分别设置3个水平，采用L9（3^4）正交表设计（表1），共9个处理。

表1 正交试验的因素与水平

水平	因素水平（mg/L）		
	N	P	K
1	（N1）112	（P1）15.5	（K1）117
2	（N2）210	（P2）31	（K2）234
3	（N3）308	（P3）62	（K3）351

注：氮、磷、钾以外的其他元素的配制含量均相同，其中Ca：80mg/L，Mg：24mg/L

1.2.3 营养液的配制

试验配制氮磷钾的基础材料为四水硝酸钙、硝酸钾、磷酸二氢钾、硫酸镁、硝酸铵、磷酸二氢钠、氯化镁、氯化钾、氯化钙。根据正交试验的因素与水平表用上述原料配制出每个处理的氮磷钾元素配比溶液。

1.2.4 营养液的施用

水稻播种两周后各处理首次施用霍尔德营养液，每管20mL，以后每周1次，连续施用3周。水稻播种5周后第一次施用氮磷钾组合溶液，每周施用1次，每管20mL，连续施用5周。其余处理依旧施用霍尔德营养液。

1.2.5 线虫接种和水稻播种

在长20cm内径3cm，底部包扎20目的尼龙网纱PVC管中进行，每管加入135g供试土壤，试验总共 20 个处理，每处理 7 个重复，每个处理 1 株水稻，各处理随机排列于塑料箱中。

水稻播种 4 周后第一次接种孢囊线虫，将已经孵化的 2 龄幼虫用清水配制成约 333 条/mL的线虫悬浮液，在水稻根际扎 3 个直径 1cm 深 2cm 的小孔，用移液枪吸取 1mL 混匀的线虫悬浮液注入小孔中，每周接种 1 次连续接种 3 周，共接种 1 000条，最后 1 次接种 8 周后检查。

孢囊线虫接种 8 周后检查各处理孢囊数。先将塑料管中的土壤过筛，采用蔗糖液离心法分离孢囊，计数。

采用 SPSS 软件对试验数据进行新复极差法分析。

2　结果与分析

2.1　不同泥沙比及土质对旱稻孢囊线虫发生的影响

结果表明（表 2），泥沙比为 1：1 和 2：1 时孢囊数量最高，显著高于其他泥沙比和土质；麻沙泥、红黄泥和黄泥 3 种土质中的孢囊数量无显著性差异；泥沙比为 3：1 和 4：1 的孢囊数差异不明显，但显著高于泥沙比为 1：3 和 1：4 的孢囊数；单用河沙时由于水稻生长不良，孢囊数较少，与泥沙比为 1：3 和 1：4 的孢囊数无显著差异。

表 2　不同土质对旱稻孢囊线虫的影响

泥：沙（或土质）	孢囊数（个/管）
4：1	86. 40±20. 1bcd
3：1	111. 86±43. 8b
2：1	201. 29±91. 57a
1：1	209. 14±84. 39a
1：2	124. 86±55. 42b
1：3	47. 00±12. 99d
1：4	35. 14±5. 87d
黄泥	104±20. 86bc
沙	52. 86±36. 25cd
红黄泥	84. 43±22. 54bcd
麻沙泥	115. 57±36. 17b

注：表中数据为平均值±标准误，同行数据后不同小写字母表示差异显著（P<0. 05）；不同大写字母表示差异极其显著（P<0. 01）

2.2　不同氮磷钾对旱稻孢囊线虫发生的影响

结果表明（表 3），K 因素影响最大，高水平 K 有利于旱稻孢囊线虫的生长和繁殖，其次是 N 因素，低水平 N 有利于旱稻孢囊线虫的生长和繁殖。有利于旱稻孢囊线虫繁殖和生长的最佳组合为 N 210mg/L，P 15. 5mg/L，K 351mg/L；不利于旱稻孢囊线虫繁殖和生长的最佳组合为 N 308mg/L，P 62mg/L，K 117mg/L。

表 3　氮磷钾不同处理对旱稻孢囊的影响

处理	孢囊数
A5（N2P2K3）	123. 9±13. 4 a
A3（N1P1K3）	113±44. 7 ab
A4（N2P3K2）	106. 3±21. 3 ab
A1（N1P3K1）	94. 0±23. 0 b
A7（N3P3K3）	83. 3±12. 2 b
A2（N1P2K2）	58. 3±6. 6 c
A9（N3P1K2）	39. 3±11. 9 c
A6（N2P1K1）	36. 7±22. 4 c
A8（N3P2K1）	33. 6±6. 5 c

注：表中数据为平均值±标准误，同行数据后不同小写字母表示差异显著（$P<0.05$）；不同大写字母表示差异极其显著（$P<0.01$）

3　讨论

孢囊线虫作为一种土传病害，土壤环境对其个体发育和群体密度有着显著的影响。本试验证实土壤质地和氮磷钾元素可显著影响旱稻孢囊的发生和繁殖。含沙比例较高的土壤因其通透性强、阻力小，相对于壤土更加有利于植物寄生线虫的发生与寄生[8-9]。本试验表明壤土比例较高的土壤中旱稻孢囊数量大于沙比例较高的土壤，这是由于除土壤质地以外土壤湿度和温度对线虫的影响比较大，壤土比例适中的土壤有利于水分的保持利于孢囊线虫的活动；但壤土比例过高易造成淹水反而不利于线虫的发生[10-11]。沙比例过高的土壤水分流失严重、温度变化幅度快不利于旱稻孢囊线虫的繁殖与发生。

室内初步试验结果表明，高水平的钾和低水平的氮有利于旱稻孢囊线虫的发生和繁殖，该结论与禾谷孢囊线虫（*Heterodera avenae*）较为相似[12]。因此在生产上在旱稻孢囊线虫的病田中可以适当增施氮肥和磷肥，减少钾肥的施用，来减少旱稻孢囊线虫的繁殖与发生，从而保障粮食安全。

参考文献

[1] Ding Z, Namphueng J, He X F. First Report of the Cyst Nematode（*Heterodera elachista*）on Rice in Hunan Province, China [J]. Plant Disease, 2012, 96（1）: 151.

[2] 卓侃，宋汉达，王宏洪，等．旱稻孢囊线虫在广西的发生及其 rDNA-ITS 异质性分析 [J]. 中国水稻科学，2014，28（1），78-84.

[3] Perry R N and Moens M. Introduction to Plant-Parasitic Nematodes; Modes of Parasitism [M] //Jones J et al.（eds.）, Genomics and Molecular Genetics of Plant-Nematode Interactions, Springer Science+Business Media B. V. 2011.

[4] 贺沛成，伍敏敏，丁中．旱稻孢囊线虫（*Heterodera elachista*）孵化特性研究 [J]. 植物保护，2012，38（1）：101-103.

[5] 郑经武，方中达．土壤中线虫孢囊的三种分离方法及综合评价［J］．植物保护，1995，（1）：50-51.

[6] 王明祖，颜家坤．小麦孢囊线虫病的研究：Ⅱ．病原燕麦孢囊线虫的孵化［J］．华中农业大学学报，1993，（6）：561-565.

[7] 丁中，Janthathang N，何旭峰．旱稻孢囊线虫生活史及侵染特性［J］．中国水稻科学，2012，26（6）：746-750.

[8] 李秀花，马娟，高波．不同土壤质地对禾谷孢囊线虫侵染及种群动态的影响［J］．植物保护学报，2013，40（6）：523-528.

[9] 欧伟，李琪．稻田不同水分管理方式对土壤线虫群落的影响［J］．应用生态学报，2004，（10）：1921-1925.

[10] Andersson S. Population Dynamics and Control of *Heterodera avenae* - A Review with some Original Results1［J］. Bulletin Oepp/eppo Bulletin，1982，12（12）：463-475.

[11] 陈琪，杨平，彭德良，等．不同水分管理模式对旱稻孢囊线虫发生的影响［C］//陈万权．病虫害绿色防控与农产品质量安全．北京：中国农业科学技术出版社，2015.

[12] 杨卫星，袁虹霞，李洪连．不同施肥种类及施用量对小麦禾谷孢囊线虫病发生的影响［J］．植物病理学报，2008，38（6）：613-618.

中国线虫学研究（第七卷），2018，7：6~11
Nematology Research in China，2018，Vol. 7：6~11

甘薯象耳豆根结线虫的初报*

高　波**，马　娟，王容燕，李秀花，陈书龙***
（河北省农林科学院植物保护研究所，河北省农业有害生物综合防治工程技术研究中心，
农业部华北北部作物有害生物综合治理重点实验室，保定　071000）

摘　要：甘薯寄生线虫病是甘薯生产上严重病害之一，特别是在我国长江中下游和南方薯区，根结线虫为害较重，本研究应用分子生物学手段对来自广东湛江和重庆甘薯上的根结线虫种类进行了鉴定。通过利用根结线虫属通用引物 MF/MR，以及南方根结线虫特异引物 Mi-F/Mi-R，爪哇根结线虫特异引物 Fjav/Rjav 和象耳豆根结线虫特异引物 Me-F/Me-R 初步鉴定结果表明两地的根结线虫均为象耳豆根结线虫，进一步对 28S rRNA D2D3 区域和 rDNA-IGS2 区域进行 Blast 比对和系统发育分析，最终确定来自两地的发病薯块的病原线虫均为象耳豆根结线虫。

关键词：甘薯；象耳豆根结线虫；分子鉴定；特异引物

Preliminary Study on Root-Knot Nematode *Meloidogyne enterolobii* in Sweet Potato in China*

Gao Bo**，Ma Juan，Wang Rongyan，Li Xiuhua，Chen Shulong***
(*Plant Protection Institute of Hebei Academy of Agricultural and Forestry Sciences*；*IPM centre of Hebei Province*；*Key Laboratory of IPM on Crops in Northern Region of North China*，*Ministry of Agriculture*；*Baoding*　071000，*China*)

Abstract：Parasitic nematode disease of sweet potato is one of the most serious diseases on sweet potato production. The species of root knot nematodes in sweet potatoes from Zhanjiang，Guangdong and Chongqing were identified by molecular biological methods. By using the root knot nematode universal primers MF/MR，*Meloidogyne incognita* specific primers Mi-F/Mi-R，*M. javanica* specific primers Fjav/Rjav and *M. enterolobii* specific primers Me-F/Me-R，the nematodes from both places were preliminary identified as *M. enterolobii*. Further based on Blast alignment and phylogenetic analysis of the 28 s rRNA D2D3 and rDNA - IGS2，the pathogenic nematodes of the diseased sweet potatos from these two places were finally confirmed as *M. enterolobii*.

Key words：Sweet potato；*M. enterolobii*；Molecular biological methods；Specific primers

---

* 基金项目：国家自然科学基金（31501616；31401721）；国家甘薯产业技术体系（CARS-10-B16）；河北省自然科学基金（C2015301043）

** 第一作者：高波，助理研究员，从事植物寄生线虫学研究；E-mail：gaobo89@163.com
*** 通信作者：陈书龙，研究员，从事植物寄生线虫学研究；E-mail：chenshulong65@163.com

甘薯（*Ipomoea batatas* Lam.）在我国是继小麦、水稻、玉米、大豆之后的第五大粮食作物，种植面积和总产量分别占世界的70%和85%左右，常年种植面积在700万hm^2左右，是世界上最主要的生产国[1]。但是甘薯病虫害的发生却严重地制约着我国甘薯的产量和品质。

甘薯寄生线虫病是甘薯上发生最严重的病害之一，目前在我国已报道的甘薯寄生线虫包括：马铃薯腐烂茎线虫（*Ditylenchus destructor*）[2]、南方根结线虫（*Meloidogyne incognita*）、高弓根结线虫（*M. acrita*）、花生根结线虫（*M. arenaria*）[3]、矮化线虫（*Tylenchorhynchus* spp.）、短体线虫（*Pratylenchus* spp.）、肾形线虫（*Rotylenchulus* spp.）、盘旋线虫（*Rotylenchus* spp.）、螺旋线虫（*Helicotylenchus* spp.）、盾状线虫（*Scutellonema* spp.）、孢囊线虫（*Heterodera* spp.）、针线虫（*Paratylenchus* spp.）、半穿刺线虫（*Tylenchulus* spp.）、滑刃线虫（*Aphelenchoides* spp.）、剑线虫（*Xiphinema* spp.）、矛线虫（*Dorylaimus* spp.）[4]等。而未见有象耳豆根结线虫（*M. enterolobii*）[5]田间侵染甘薯的报道，本研究从广东湛江和重庆的甘薯薯块中发现了根结线虫的侵染，后经分子水平的鉴定证明该根结线虫为象耳豆根结线虫，这是该线虫侵染我国甘薯的首次报道。

1 材料和方法

1.1 试验材料

从广东湛江和重庆采集的甘薯薯块，2×Es Taq MasterMix、Gel Extraction Kit、PurePlasmid Mini Kit均购自于康为世纪，T4 DNA Ligase、pMD18-T购自于大连宝生物，感受态细胞DH5α、水浴锅、恒温摇床、超净台、恒温培养箱。

1.2 试验方法

1.2.1 卵囊的剥离与孵化

将受侵染薯块和薯根中的卵囊在显微镜下拨出，置于盛有灭菌水的培养皿中并于25℃孵化培养5~7d，即得到象耳豆根结线虫的二龄幼虫。

1.2.2 线虫DNA的提取

线虫DNA的提取参考李君实等[6]的方法，向PCR反应管中加入14μL灭菌的双蒸水，然后挑入幼虫1头，用细针刺破搅碎，加入3μL 10×PCR bufer和3μL蛋白酶K（600μg/mL），使总体积为20μL；放入-20℃的冰箱低温处理10min以上，然后放入PCR仪中于65℃下温育1.5h，95℃下温育10min；取出12 000r/min离心1min，上清DNA于-20℃下保存。

1.2.3 目的基因的扩增

首先利用根结线虫属的28S rRNA的D2D3区通用引物MF/MR（序列见表1）进行PCR扩增鉴定，再利用南方根结线虫特异引物Mi-F/Mi-R，爪哇根结线虫特异引物Fjav/Rjav以及象耳豆根结线虫特异引物Me-F/Me-R进行进一步的验证。

表1 鉴定引物及其序列信息[7]

	引物名称	引物序列
通用引物	MF	GGGGATGTTTGAGGCAGATTTG
	MR	AACCGCTTCGGACTTCCACCAG

（续表）

	引物名称	引物序列
南方根结线虫	Mi-F	GTGAGGATTCAGCTCCCCAG
	Mi-R	ACGAGGAACATACTTCTCCGTCC
爪哇根结线虫	Fjav	GGTGCGCGATTGAACTGAGC
	Rjav	CAGGCCCTTCAGTGGAACTATAC
象耳豆根结线虫	Me-F	AACTTTTGTGAAAGTGCCGCTG
	Me-R	TCAGTTCAGGCAGGATCAACC

PCR 反应体系为：2×Es Taq MasterMix 10μL，正反向引物（10μM）各 0.5μL，DNA 模版 1μL，加 ddH_2O 至 20μL。反应程序为：94℃，3min；94℃ 30s，64℃ 30s，72℃ 1min，总 35 个循环；72℃充分延伸 5min。将所有 PCR 产物在浓度为 1%的琼脂糖凝胶上检测所扩增片段的大小，用凝胶成像系统观察、拍照，并切胶后用琼脂糖凝胶回收试剂盒（康为世纪）回收目的条带。

1.2.4 PCR 产物的克隆、测序以及比对分析

将回收纯化后的 PCR 产物与 pMD18-T 载体 4℃过夜连接，连接产物用热激法转化大肠杆菌 DH5α，并于含 Amp（50mg/L）的 LB 固体培养基上培养 12~14h 进行筛选。挑取单菌落于 4mL 含 Amp（50mg/L）的 LB 液体培养基进行扩大培养，将获得的菌液利用质粒小提试剂盒（康为世纪）进行质粒提取后进行 PCR 验证。最后将经 PCR 验证的阳性克隆（至少 3 个）送至上海生工进行测序。利用 DNAstar 软件包的 SeqMan 进行序列比对。采用 MEGA 5.2 软件包中的 Neighbor-Joining（NJ）聚类分析法对所测定的序列进行比对分析。

2 结果与分析

2.1 症状观察

发病薯块表面粗糙，并密布疣状凸起（图 1a），切开薯块可以发现薯块内部有卵囊散在分布于韧皮部周围（图 1b,c）。薯根有肿大组织散布（图 1d），切开肿大的组织可见有大量白色雌虫和卵（图 1e,f）存在，卵经 5~7d 的室温孵化形成线状二龄幼虫（图 1g）。

2.2 PCR 扩增结果

利用通用引物 MF/MR，南方根结线虫特异引物 Mi-F/Mi-R，爪哇根结线虫特异引物 Fjav/Rjav 以及象耳豆根结线虫特异引物 Me-F/Me-R 对线虫的 DNA 进行 PCR 扩增，结果如图 2 所示，在利用通用引物扩增的 PCR 产物电泳中重庆的 1、2、5~9 号样品以及湛江的样品均出现较亮的目的条带，而在利用象耳豆根结线虫特异引物扩增的 PCR 产物电泳中重庆的 1、5~9 号样品以及湛江样品也均出现较亮的目的条带，而其他的两种根结线虫均未能获得目的条带。初步认定来自湛江和重庆的病薯是由象耳豆根结线虫侵染引起。

2.3 序列分析

测序结果显示，利用通用引物扩增获得的 28S rRNA D2D3 区域片段长均为 478bp，经 NCBI-BLASTN 比对发现来自两地的样品均与象耳豆根结线虫（JN005864）的同源性最高，

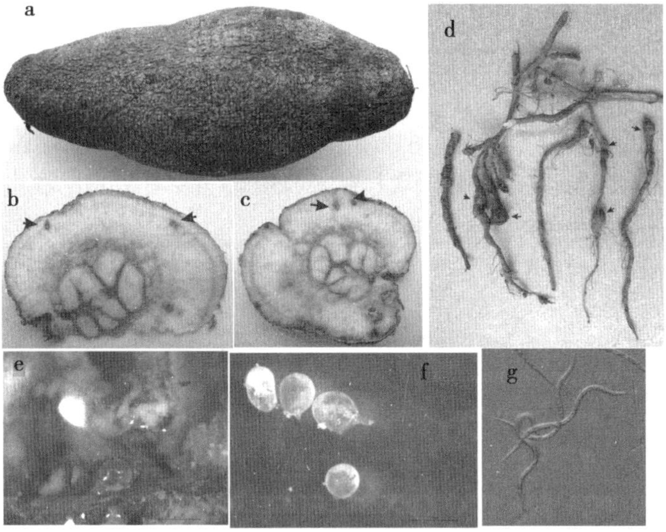

a. 发病薯块外表皮症状；b、c. 病薯切片，箭头指的是卵囊所在处；d. 病薯根部症状，箭头指的是根结；e. 病薯根结切开显微图；f. 雌虫；g. 二龄幼虫

图 1　受象耳豆根结线虫侵染的薯块症状

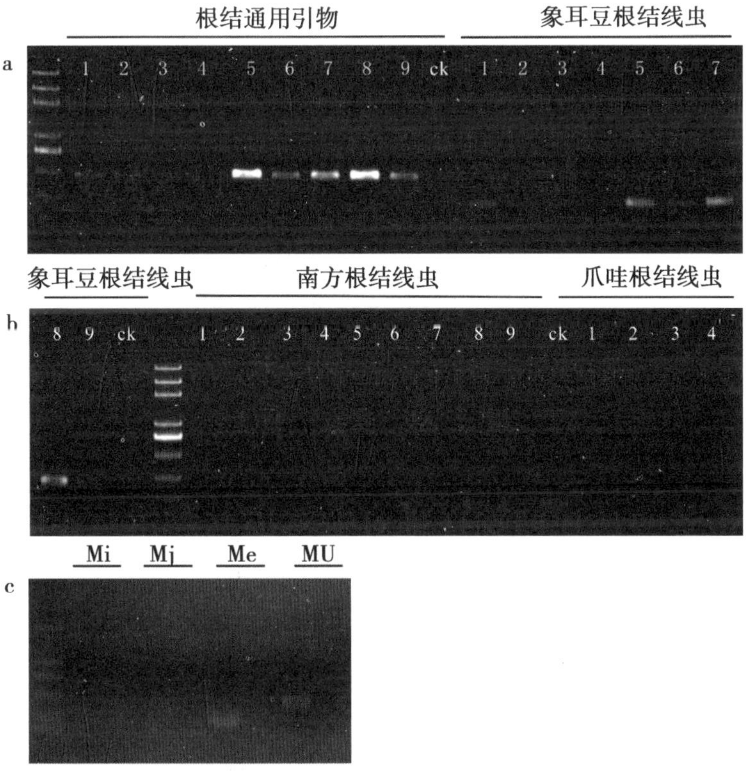

a，b 图为重庆样品鉴定结果，1~4 号为从重庆样品中分离的单头二龄幼虫，5~9 号为单头雌虫；c 图为湛江样品鉴定结果

图 2　根结线虫 PCR 鉴定电泳图

达100%。而利用象耳豆根结线虫特异引物扩增获得的rDNA-IGS2区域部分序列长均为236bp，经NCBI-BLASTN比对发现来自两地的样品均同样与象耳豆根结线虫（JN005846）的同源性最高，达100%，进一步证明了来自湛江和重庆的甘薯根结线虫病病原为象耳豆根结线虫。分别基于28S rRNA D2D3（图3a）和rDNA-IGS2（图3b）构建的系统发育树结果显示，本研究所得湛江样品ZJ-SP和重庆样品CQ-SP均与象耳豆根结线虫分在了一组，再次说明ZJ-SP和CQ-SP均为象耳豆根结线虫。

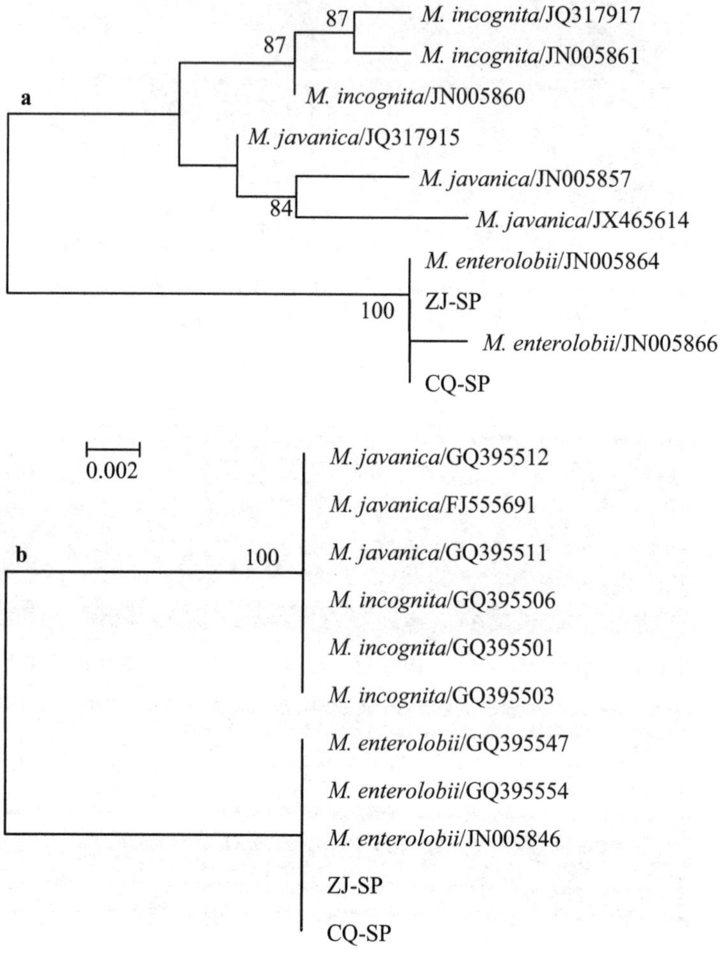

图3 分别基于28S rRNA D2D3区序列片段（a图）和rDNA-IGS序列片段（b图）构建的NJ树

3 讨论

本研究运用分子生物学的方法鉴定了来自广东湛江和重庆甘薯上的根结线虫病病原为象耳豆根结线虫。象耳豆根结线虫最早于1983年在海南的象耳豆树上发现并鉴定为新种[5]，至今已经发现其可以寄生来自包括豆科（Fabaceae）、葫芦科（Cucurbitaceae）、茄科（Solanaceae）、桃金娘科（Myrtaceae）、番荔枝科（Annonaceae）和竹芋科（Marantaceae）等的多种植物[7]，但是国内还未发现有寄生旋花科植物的报道，而本研究在旋花科植物甘薯上发现了象耳豆根结线虫的寄生，这在国内尚属首次报道。

随着近几年对象耳豆线虫研究报道的增多，其呈现出如下几个特点：①寄主范围广，可以寄生6个以上科的植物。②致病力强，其可以侵染含抗性基因 *Mi*-1、*N* 以及 *Tabasco* 的番茄和辣椒品种[8]。③地理范围分布广，至今已经在亚洲、非洲、欧洲和美洲等地发现有该线虫的分布[9]。因此该线虫对我国甘薯的生产具有极大的威胁，而本研究的报道恰恰为甘薯上象耳豆根结线虫的及时防控提供了理论支持，也为下一步的研究奠定基础。

参考文献

[1] 谭西贵．我国甘薯生产前景展望［J］．安徽农业科学，2004，32（1）：185-185.

[2] 林茂松，文玲，方中达．马铃薯腐烂茎线虫与甘薯茎线虫病［J］．江苏农业学报，1999，15（3）：186-190.

[3] 张绍升．福建省主要作物根结线虫病发生情况调查［J］．福建农业大学学报，1995，24（3）：307-309.

[4] 陈萍．甘薯根围线虫研究初报［J］．西南农业学报，1993，6（s1）：33-37.

[5] Yang B，Eisenback J D. *Meloidogyne enterolobii* n. sp.（*Meloidogynidae*），a Root-knot Nematode Parasitizing Pacara Earpod Tree in China［J］. Journal of Nematology，1983，15（3）：381-391.

[6] 李君实，赵洪海，陈长法，等．拟悬铃木根结线虫及其相似种的 rDNA-ITS-RFLP 分析［J］．植物检疫，2006，20（4）：204-206.

[7] Hu M X，Zhuo K，Liao J L. Multiplex PCR for the simultaneous identification and detection of *Meloidogyne incognita*，*M. enterolobii*，and *M. javanica* using DNA extracted directly from individual galls［J］. Phytopathology，2011，101（11）：1270-1277.

[8] Brito J A，Stanley J D，Kaur R，et al. Effects of the Mi-1，N and Tabasco Genes on Infection and Reproduction of *Meloidogyne mayaguensis* on Tomato and Pepper Genotypes［J］. Journal of Nematology，2007，39（4）：327-332.

[9] 何旭峰，彭焕，丁中，等．植物罹病组织中象耳豆根结线虫的 LAMP 快速检测方法［J］．中国农业科学，2013，46（3）：534-544.

中国线虫学研究（第七卷），2018，7：12~17
Nematology Research in China，2018，Vol. 7：12~17

不同小麦品种和药剂拌种对燕麦孢囊线虫发生的影响*

王　蕾[1**]，张　培[2**]，赵洪海[1***]
（[1] 青岛农业大学植物医学学院/山东省植物病虫害综合防控重点实验室，青岛　266109；
[2]青岛市崂山区林业局，青岛　266100）

摘　要：为探讨小麦有芒品种济麦 22 和顶芒品种山农 15 及其噻虫嗪拌种处理对燕麦孢囊线虫（*Heterodera avenae*，Ha）控制效果，于 2016—2017 小麦生长季开展田间小区试验。通过小区定期取样、土壤中线虫分离和根组织中线虫染色后镜检，测定济麦 22、济麦 22 药剂拌种、山农 15 和山农 15 药剂拌种 4 个小区上 Ha 不同虫态群体密度及其动态变化，并根据繁殖系数来计算其相对防效。结果表明，济麦 22 和山农 15 用噻虫嗪拌种后，土壤中和根组织中 Ha 幼虫群体密度有所减少，新产生的孢囊（白色雌虫）数量下降，分别为非拌种处理的 74%和 67%；两品种药剂拌种处理的相对防效分别为 20.2%和 39.8%。相对于长芒小麦品种济麦 22，顶芒品种山农 15 能够明显抑制新孢囊的产生，其相对防效为 61.1%。

关键词：燕麦孢囊线虫；群体动态；品种抗性；药剂拌种；相对防效

The Effect of Different Wheat Cultivars and Seed Dressing with Pesticide on the Occurrence of *Heterodera avenae**

Wang Lei[1**]，Zhang Pei[2**]，Zhao Honghai[1***]
（[1] *College of Plant Health and Medicine*，*Qingdao Agricultural University/Key Lab of Integrated Crop Pest Management of Shandong Province*，*Qingdao*　266109，*China*；
[2] *Laoshan District Forestry Bureau of Qingdao*，*Qingdao*　266100，*China*）

Abstract：In order to explore the control effect of the long-awned wheat cultivar Jimai 22，tip-awned wheat cultivar Shannong 15 and the seed dressing treatment with thiamethoxam on *Heterodera avenae*（Ha），a field plot trial was carried out in wheat growing season of 2016—2017. The population densities and dynamics of the different developmental stages of Ha were ascertained through the periodical sampling from the plots and the microscopic examination of the juveniles，white females and cysts extracted from soil and the juveniles stained in wheat root，among the 4 plots of Jimai 22（CK），Jimai 22 treated by seed dressing，Shannong 15（CK）and Shannong 15 treated by seed dressing. The relative control effects were calculated according to the reproduction factor of Ha. The results showed that on the plots of both thiamethoxam-treating Jimai 22 and thiamethoxam-treating Shannong 15，the juvenile population densities decreased in soil and root tissue，and the occurrence numbers of new-produced cyst

* 基金项目：公益性行业（农业）科研专项（201503114）
** 第一作者：王蕾，硕士研究生；张培，农艺师
*** 通信作者：赵洪海，教授；E-mail：hhzhao@qau. edu. cn

(female) reduced, covering 74% and 67% of those of Jimai 22 (CK) and Shannong 15 (CK), respectively. The relative control effects of seed dressing treatment on Jimai 22 and Shannong 15 were 20.2% and 39.8%, respectively. Compared with long-awned Jimai 22, tip-awned Shannong 15 could inhibit the production of new cysts, and had a relative control effect of 61.1%.

Key words: *Heterodera avenae*; Population dynamic; Cultivar resistance; Seed dressing with pesticide; Relative control effect

小麦是我国三大粮食作物之一和主要的商品粮和战略储备粮[1]。山东省是我国第二大植麦省，而小麦是山东省第一大农作物，约360万hm^2的播种面积分别占山东省农作物和全国小麦总面积的33.0%和14.5%[2]。小麦孢囊线虫病是世界性小麦病害，其病原包括多种孢囊属 *Heterodera* 线虫，统称禾谷孢囊线虫（cereal cyst nematode，CCN），而燕麦孢囊线虫 *H. avenae*（Ha）、菲利普孢囊线虫 *H. filipjevi* 和麦类孢囊线虫 *H. latipons* 最具经济重要性，其中Ha造成的产量损失高达90%[3-4]。我国小麦孢囊线虫病病原只有Ha和菲利晋孢囊线虫，除在单县某一麦田发现菲利晋孢囊线虫外，山东省只有Ha发生[5]。Ha在山东省90余县（市、区）发生，田块发病率超过50%[6-7]。品种抗性利用是Ha综合防控中最经济有效的措施[8]，而药剂防治也有一定控制效果[9-11]。

本项目组盆栽和小区试验发现烟农24、济南17等顶芒小麦品种对Ha的抗性相对较高[12-13]，其他顶芒品种是否也有类似表现，目前尚不得知。噻虫嗪等新烟碱类杀虫剂常用小麦种子处理，主要用来防治蚜虫[14]，这类药剂是否对Ha有防治效果，值得研究。因此，本文选择有芒和顶芒品种各1个，并对其进行噻虫嗪拌种和非拌种处理，测定其对Ha发生的影响，以期为Ha综合防控中抗性品种的合理利用和药剂防治措施的实施提供理论依据。

1 材料与方法

1.1 试验材料和拌种方法

供试小麦品种：有芒品种济麦22，由山东鲁研农业良种有限公司提供；无芒品种山农15，由淄博禾丰种业科技有限公司提供。种子包衣药剂：30%噻虫嗪悬浮种衣剂，生产厂家为青岛润生农化有限公司。供试线虫种群：燕麦孢囊线虫（*Heterodera avenae*，Ha）胶州群体。

播种前12~24h，量取30%噻虫嗪悬浮种衣剂20mL，对水180mL，加入装有10kg小麦种子的塑料袋中。将药剂与种子充分搅拌、混匀后，将拌药（包衣）种子平铺分散在塑料薄膜上晾干，备用。

1.2 试验设计

采用田间小区试验，试验地点为位于胶州市胶莱镇驻地的青岛农业大学现代农业科技示范园。试验设2个品种处理，每个品种又设药剂拌种和非拌种处理，共播种4个小区，排列顺序为：济麦22—济麦22药剂拌种—山农15—山农15药剂拌种。小区大小8m×2m，小区间隔0.6m。小麦于2016年10月15日播种，每小区播种8行，每行播种小麦种子40g。正常肥水管理，小麦于2017年6月14日收割。

1.3 取样方法和时间

2017年3月9日至6月10日，在4个小区上分别定期取样。每次取样在每个小区上随机选 10 个样点，每个样点用取样铲挖取 2 株小麦根系和根围土作为 1 个小样，重约 300g，将同一小区的 10 个小样混在一起该小区混合样，运到实验室后立即处理。取样间隔 6~9d，共计取样 14 次。于 2016 年 10 月 15 日（播种前）和 2017 年 6 月 14 日（收割后，避开原取样样点），采用“Zig-Zag”取样法，在每个小区上取 20 个小样，每小样重约 300g，同一小区小样混合成 1 个混合样。

1.4 样品处理和数据分析

对于小麦生长期采自每个小区的混合样，在实验室内首先拣出其中的小麦根系，将根表白色雌虫（如果有）全部抖落入土壤后洗净。将混合样土壤充分混匀后称取 500 g，利用淘洗-过筛法分离其中的孢囊、白色雌虫和 2 龄幼虫（J2）；各随机称取 10 g 洗净的根组织，采用次氯酸钠-酸性品红染色法对根内线虫染色[15]。对于 2016 年 10 月 15 日（播种前）和 2017 年 6 月 14 日（收割后）采自每个小区的混合样，充分混匀后随机取 200g，重复 5 次，采用淘洗-过筛法分离其中的孢囊。利用解剖镜和显微镜，对土壤中分离得到的孢囊、白色雌虫和 J2 以及根内染色的 J2、3 龄幼虫（J3）和 4 龄幼虫（J4）镜检并计数。

对每次在各小区所取的混合样，计算每 100g 土壤或 10g 根组织中的不同虫态数量，即其群体密度。利用 Excel 2003 软件对小麦生长期（3 月 9 日至 6 月 10 日）不同时间各虫态群体密度，即群体发生动态，进行制图和统计分析。播种前和收割后两次取样测得的群体密度分别记为各小区 Ha 的孢囊初始群体密度（*Pi*）和最终群体密度（*Pi*）。小麦品种和药剂对 Ha 防控效果评价采用繁殖系数（reproduction factor，*Rf*）法和孢囊减退率法。*Rf*=孢囊最终群体密度（*Pf*）/初始群体密度（*Pi*），相对防效（%）=［（品种 1 上 *Rf*—品种 2 上 *Rf*）/品种 1 上 *Rf*］×100，或=［（非药剂拌种品种 1 上 *Rf*—药剂拌种品种 1 上 *Rf*）/非药剂拌种品种 1 上 *Rf*］×100。孢囊减退率（%）=［（*Pi*—*Pf*）/*Pi*］×100，孢囊减退率为正值，表明 Ha 群体减少，减少越多防效越好；孢囊减退率为负值，表明 Ha 群体增加，增加越多防效越差。

2 结果与分析

2.1 土壤中 Ha 的群体发生动态

4 个处理小区土壤中，Ha J2 在 3 月孵出量多，之后总体上呈下降趋势（图 1）。3 月的 4 次取样，J2 平均群体密度济麦 22 药剂拌种和“山农 15”药剂拌种小区的分别为 10.0 个/100g 土壤和 12.1 个/100g 土壤，与其非拌种处理小区（15.0 个/100g 土壤和 19.1 个/100g 土壤）相比均有所减少。

4 个处理小区土壤中的孢囊群体密度，在 3 月 9 日至 4 月 21 日基本上呈稳中略降趋势（图 1）。4 月 28 日开始出现白色雌虫，导致孢囊+雌虫群体密度急剧上升。济麦 22 小区的白色雌虫出现高峰出现较早，在 5 月 11 日，济麦 22 药剂拌种和山农 15 小区的出现较晚，在 5 月 18 日，山农 15 药剂拌种小区白色雌虫没有明显的出现高峰。4 月 28 日至 6 月 10 日的 7 次取样，济麦 22、济麦 22 药剂拌种、山农 15 和山农 15 药剂拌种小区的孢囊+雌虫（绝大多数为雌虫）平均群体密度分别为 51.3 个/100g 土壤、37.9 个/100g 土壤、28.5 个/100g 土壤和 18.9 个/100g 土壤，呈 2.7：2.0：1.5：1.0 的关系。

2016 年 10 月 15 日（播种前）取样，孢囊群体密度（Pi）测定结果为：济麦 22、济麦

22 药剂拌种、山农 15 和山农 15 药剂拌种小区分别为 7.5（5.4~9.3）个/100g 土壤、8.5（5.9~10.8）个/100g 土壤、12.0（8.7~15.2）个/100g 土壤和 13.0（9.2~16.4）个/100g 土壤；2017 年 6 月 14 日（收割后）取样，孢囊群体密度（*Pf*）测定结果为：济麦 22、济麦 22 药剂拌种、山农 15 和山农 15 药剂拌种小区分别为 18.9（14.5~21.7）个/100g 土壤、17.1（14.9~19.8）个/100g 土壤、11.7（8.9~14.3）个/100g 土壤和 7.7（5.6~9.8）个/100g 土壤。由此推算，济麦 22、济麦 22 药剂拌种、山农 15 和山农 15 药剂拌种小区的 Ha 繁殖系数分别 2.52、2.01、0.98 和 0.59，孢囊减退率分别为-152.0%、-101.1%、-2.5% 和 40.8%。药剂拌种在济麦 22 和山农 15 上的相对防效分别分 20.2%和 39.8%，以济麦 22 为对照山农 15 的相对防效为 61.1%。

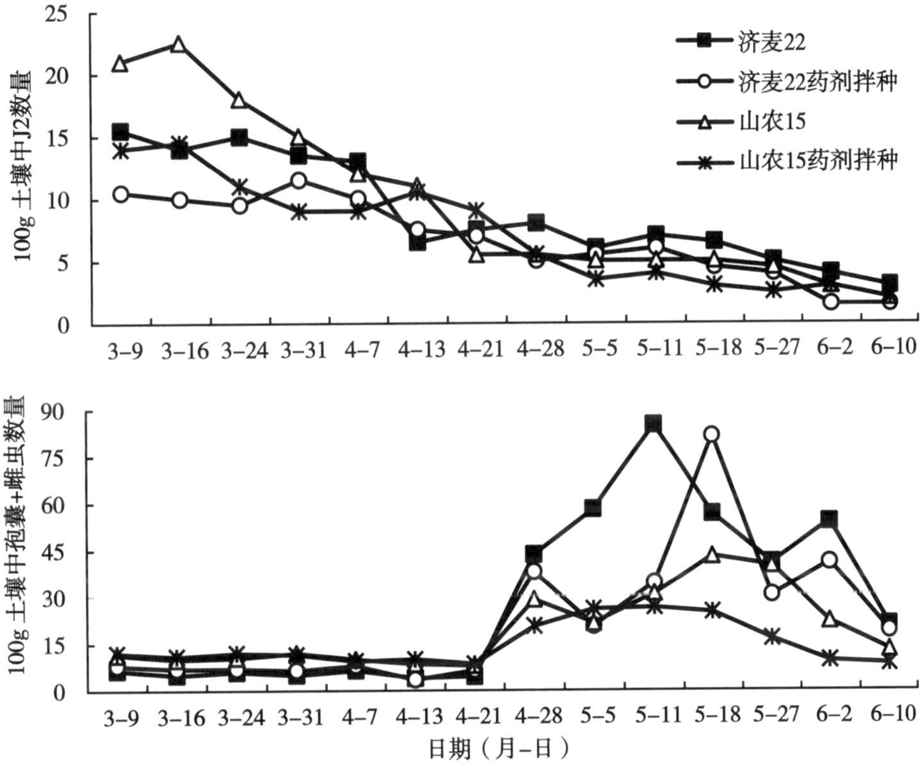

图 1　两个小麦品种及药剂拌种和非拌种处理燕麦孢囊线虫在土壤中的群体动态

2.2　根组织中 Ha 群体发生动态

4 个处理小区的小麦根组织中，Ha J2 的群体发生动态基本一致：3 月中下旬侵入量大，5 月 11 日之后不再侵入（图 2）。14 次取样，济麦 22、济麦 22 药剂拌种、山农 15 和山农 15 药剂拌种小区小麦根组织中 J2 平均群体密度分别为 48.9 条/10g 根、41.0 条/10g 根、35.9 条/10g 根和 25.1 条/10g 根，与 2 个小麦品种非药剂拌种小区相比，药剂拌种小区 Ha J2 侵入量均有所减少。

4 个处理小区的小麦根组织中，Ha J3 或 J4 均于 3 月 29 日开始出现，于 4 月上中旬达出现高峰，之后总体上呈下降趋势。14 次取样，济麦 22、济麦 22 药剂拌种、山农 15 和山农

15 药剂拌种小区小麦根组织中 J3+J4 平均群体密度分别为 52. 2 个/10g 根、35. 0 个/10g 根、46. 4 个/10g 根和 35. 2 个/10g 根，与 2 个小麦品种非药剂拌种小区相比，药剂拌种小区 Ha J2 侵入量均有所减少，但济麦 22 和山农 15 2 个品种之间，相差不大。

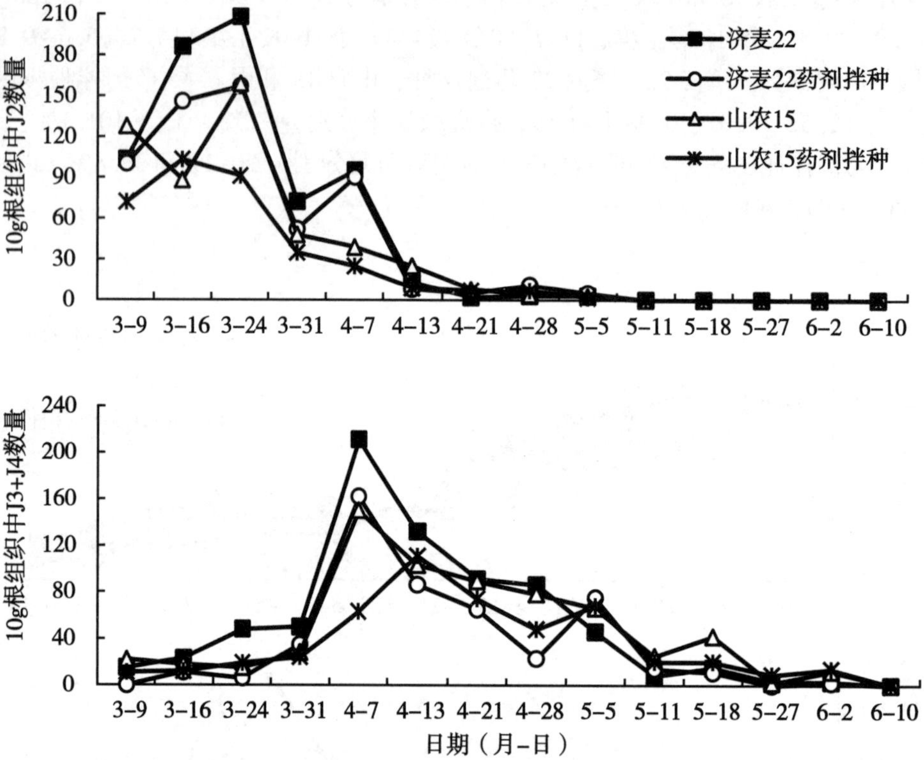

图 2　两个小麦品种及药剂拌种和非拌种处理燕麦孢囊线虫在根系中的群体动态

3　结论与讨论

济麦 22 和山农 15 用噻虫嗪拌种后，土壤中和根组织中 Ha 幼虫群体密度有所减少，新产生的孢囊（白色雌虫）数量下降，分别为非拌种处理的 74%和 67%；两品种药剂拌种处理的相对防效分别为 20. 2%和 39. 8%。相对于长芒小麦品种济麦 22，顶芒品种山农 15 能够明显抑制新孢囊的产生，其相对防效为 61. 1%。

线虫在土壤中通常呈补丁状分布，这种不均匀分布特性往往导致田间小区试验误差较大。本试验中，济麦 22 和济麦 22 药剂拌种、山农 15 和山农 15 药剂拌种小区 Ha 的孢囊初始群体密度存在差异，对试验结果势必有一定影响。噻虫嗪对小麦孢囊线虫的防治效果较差，究其原因，其一它在生产上主要用于蚜虫等刺吸式口器害虫的防治，本身并不是杀线虫剂，其二它的持效性有限，可能其药效持续不到线虫的侵染期。因此，创制、筛选出对线虫和有害昆虫效果均好，且持效性优良的种子包衣药剂/剂型，才有较大的应用空间，才能在小麦孢囊线虫病综合治理中发挥重要作用。

参考文献

[1] 赵广才，常旭虹，王德梅，等．中国小麦生产发展潜力研究报告［J］. 作物杂志，2012（3）：1-5.

[2] 杨洁，季明川，杨萍，等．山东省小麦生产现状的实证分析［J］. 农学学报，2014，4（2）：7-11.

[3] Rivoal R，Nicol J M. Past research on the cereal cyst nematode complex and future needs［C］//Riley I T，Nicol J M，Dababat A A（eds）. Cereal Cyst Nematodes：Status，Research and Outlook. Ankara，Turkey：CIMMYT，2009：3-10.

[4] Nicol J M，Turner S J，Coyne D L，et al. Current nematode threats to world agriculture［C］//Jones J，Gheysen G，Fenoll C（eds）. Genomics and Molecular Genetics of Plant Nematode Interactions. New York：Springer，2011：21-43.

[5] 丁海燕，梁晨，赵洪海，等．山东省小麦禾谷孢囊线虫 rDNA-ITS 序列特征和基于 ISSR 的遗传多样性分析［J］. 植物病理学报，2015，45（3）：326-336.

[6] 赵洪海，杨远永，彭德良，等．小麦禾谷孢囊线虫在山东省的分布新报道和发生特点浅析［J］. 青岛农业大学学报，2011，28（4）：261-266.

[7] 张文娟，宋晓磊，任玉鹏，等．山东及河南濮阳禾谷孢囊线虫分布调查与 rDNA-ITS-RFLP 分析［J］. 麦类作物学报，2014，34（12）：1713-1719.

[8] McDonald A H，Nicol J M. Nematode parasites of cereals［C］//Luc M，Sikora R A，Bridge J（eds）. Plant Parasitic Nematodes in Subtropical and Tropical Agriculture（2nd edition）. Wallingford：CABI Publishing，2005：131-191.

[9] 吴绪金，杨卫星，孙炳剑，等．不同药剂处理对小麦禾谷孢囊线虫的防治效果［J］. 河南农业科学，2007，5：57-60.

[10] 斐世安，王暄，耿立新，等．不同杀线剂对小麦孢囊线虫病的防治效果［J］. 植物保护，2012，38（1）：166-170.

[11] 冯文涛，王太泉，王忠娣，等．兴平市小麦孢囊线虫发生危害及药剂防治技术［J］. 西北农业学报，2013，22（11）：94-98.

[12] 赵洪海，杨远永，彭德良．山东省主要小麦品种对禾谷孢囊线虫抗性的初步评价［J］. 山东农业科学，2012，44（2）：80-83.

[13] 刘汝月，赵洪海，彭德良．燕麦孢囊线虫在两个小麦品种上的侵染特征比较［J］. 麦类作物学报，2016，36（5）：674-679.

[14] 高志山，张学峰，刘海涛，等．新烟碱类杀虫剂种子包衣防治麦蚜的可行性评价［J］. 植物保护学报，2016，43（5）：864-872.

[15] 段玉玺．植物线虫学［M］. 北京：科学出版社，2011：199-225.

中国线虫学研究（第七卷），2018，7：18～23
Nematology Research in China，2018，Vol. 7：18～23

简单香豆素对植物病原线虫的毒杀作用*

闫继辰**，邢志富，范海燕，王媛媛，朱晓峰，刘晓宇，陈立杰，段玉玺***
（沈阳农业大学植物保护学院，沈阳 110866）

摘 要：简单香豆素是自然界中一类非常重要的天然化合物，其抗菌活性被更多的关注，但对植物病原线虫的活性影响知之甚少。本试验通过测定不同浓度和不同时间下，3 种简单香豆素对 3 种植物病原线虫的活性影响。结果发现东莨菪苷、七叶亭和伞形花内酯对大豆孢囊线虫二龄幼虫（J2）、南方根结线虫二龄幼虫（J2）和甘薯茎线虫都具有活性影响，皆为高浓度毒杀效果最好，随着浓度降低毒杀效果变差。说明简单香豆素对植物病原线虫具有一定防治作用，为杀线虫剂提供新的资源。
关键词：简单香豆素；植物病原线虫；活性影响；杀线剂

The Toxicity of Simple Coumarins on Plant Pathogenic Nematodes*

Yan Jichen**，Xing Zhifu，Fan Haiyan，Wang Yuanyuan，
Zhu Xiaofeng，Liu Xiaoyu，Chen Lijie，Duan Yuxi***
(*College of plant protection*，*Shenyang Agricultural University*，*Shenyang* 110866，*China*)

Abstract：Simple coumarin is a very important natural compound in nature，its antibacterial activity is more concerned，but its effect on the activity of plant pathogenic nematodes is poorly understood. This experiment determined the effect of three simple coumarins on the activity of three plant pathogenic nematodes at different concentrations and at different times. The results showed that scopolin，esculetin，and umbelliferone had active effects on the second stage juveniles（J2）of *Heterodera glycines*，second stage juveniles（J2）of *Meloidogyne incognita*，and *Ditylenchus destructor*，both of which were highly concentrated. The poisoning effect is best，and the poisoning effect becomes worse as the concentration decreases. This shows that the simple coumarin bean has certain preventive and therapeutic effects on phytopathogenic nematodes and provides new resources for nematicides.
Key words：Simple coumarin；Phytopathogenic nematodes；Toxicity；Nematicides

在世界范围内植物寄生性线虫一直是最严重的植物病原体之一[1,2]。植物病原线虫引起成千上万的农作物和树木发病，每年造成数十亿农业损失[3]。化学方法结合农业生产实践，一直是控制植物病原线虫的主要方式[4-7]。为了减少农药残留导致的环境毒性和线虫耐药性

---

* 基金项目：现代农业产业技术体系建设专项项目（CARS-04-PS13）
** 第一作者：闫继辰，男，在读博士，现从事生物防治研究；E-mail：yjc891013@163. com
*** 通信作者：段玉玺，男，教授，现从事生物防治研究；E-mail：duanyx6407@163. com

的产生，新的控制替代品已成为一项紧迫且具有挑战性的任务[8]。本试验测定了不同浓度和不同时间下，3 种简单香豆素对 3 种植物病原线虫的活性影响，明确其对植物病原线虫的最佳浓度，为杀线虫剂提供资源。

1 材料和方法

1.1 试验材料

1.1.1 简单香豆素

东莨菪苷（苷）、七叶亭（七）、伞形花内酯（伞）（sigma 公司）分别用 60%的甲醇配成以下 5 个浓度。

东莨菪苷：苷（268.00mg/L）、苷 2（137.00mg/L）、苷 4（68.50mg/L）、苷 20（13.4mg/L）、苷 100（2.68mg/L）。

七叶亭：七（7.00mg/L）、七 2（3.50mg/L）、七 4（1.75mg/L）、七 20（0.35mg/L）、七 100（0.07mg/L）。

伞形花内酯：伞（387.00mg/L）、伞 2（193.50mg/L）、伞 4（96.75mg/L）、伞 20（19.35mg/L）、伞 100（3.87mg/L）。

1.1.2 线虫的获得

大豆孢囊线虫（J2）：采自沈阳农业大学试验田的根际孢囊土，经鉴定为大豆孢囊线虫（*Heterodera glycines Ichinohe*），通过淘洗过筛法挑取饱满成熟的孢囊，放入盛有无菌水的灭菌培养皿中，然后用 NaClO 消毒，无菌水冲洗，从中挑取完整且饱满的孢囊，置入盛有适量无菌水的灭菌培养皿中，将其放入恒温箱中培养，3 d 后将孵化出的二龄幼虫 J2 接种到温室内易感病的大豆根部进行扩繁。将扩繁获得的孢囊采用浅盘法孵化出 J2，制备成线虫悬浮液 200 条/mL。

南方根结线虫（J2）：采自辽宁省铁岭市李千户镇营盘村大棚发病严重的番茄根系，经鉴定为南方根结线虫（*Meloidogyne incognita*），用镊子挑取饱满成熟的卵囊，放入盛有无菌水的灭菌培养皿中，然后用 NaClO 消毒，无菌水冲洗，将其放入恒温箱中培养，3 d 后将孵化出的二龄幼虫 J2 接种到温室内易感病的番茄根部进行扩繁。将扩繁获得的卵囊采用浅盘法孵化出 J2，制备成线虫悬浮液 200 条/mL。

甘薯茎线虫：新鲜健薯清洗干净，用 75%酒精对其进行消毒，自然晾干，在无菌操作台上用消毒的解剖刀在甘薯表面挖取一个约 2cm 深的三角形薯块组织，用灭菌的滴管吸取约 1 000条线虫接入三角形穴内，然后将切下的三角形薯块塞回原处，用蜡密封，之后将其置于 28℃恒温培养箱内，20d 后待甘薯发病用贝曼漏斗法收集茎线虫（*Ditylenchus destructor* Thorne），将其配成约 250 条/mL 线虫悬液。

1.2 试验方法

在经过高温灭菌的贝氏小皿中放入活性很高的线虫，加入 1mL 不同处理的简单香豆素溶液，以无菌水作为空白对照，60%的甲醇为对照。各个处理重复 5 次。放入 25℃恒温培养箱中，12h、24h、48h 和 72h 后记录线虫的死亡率，计算校正死亡率，采用 NaClO 刺激法来判断线虫的死活。

计算结果用 Microsoft office excel 2016 分析计算并作图，用 SPSS 软件作数据处理。

$$线虫死亡率（\%）=\frac{死亡线虫数}{供试线虫数}\times100$$

$$校正死亡率（\%）=\frac{处理线虫死亡率-对照线虫死亡率}{1-对照线虫死亡率}\times100$$

2 结果与分析

2.1 简单香豆素对大豆孢囊线虫二龄幼虫（J2）的活性影响

东莨菪苷、七叶亭和伞形花内酯对大豆孢囊线虫二龄幼虫（J2）都具有活性影响，皆为高浓度毒杀效果最好，随着浓度降低毒杀效果变差（图 1）。在处理 48 h，东莨菪苷，七叶亭和伞形花内酯对大豆孢囊线虫二龄幼虫（J2）的活性最优。在处理 72 h，高浓度东莨菪苷，七叶亭和伞形花内酯对大豆孢囊线虫二龄幼虫（J2）的活性达到最高，校正死亡率达到 90%以上。低浓度的简单香豆素对植物病原线虫的校正死亡率小于 30%。

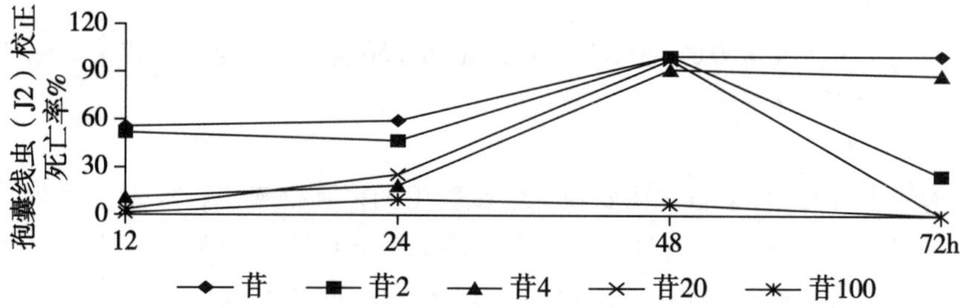

A. 东莨菪苷对大豆孢囊线虫二龄幼虫（J2）的活性影响

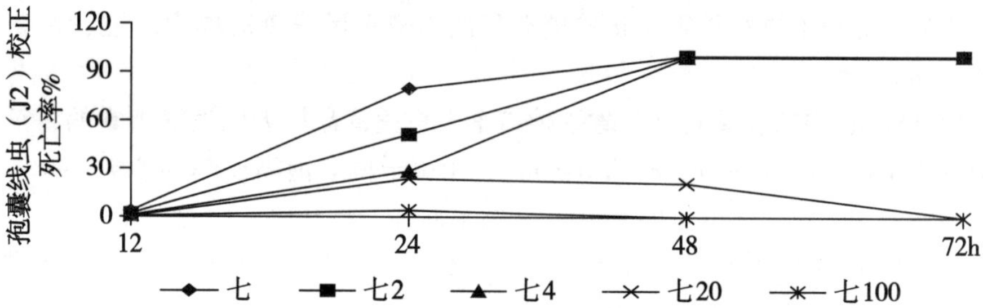

B. 七叶亭对大豆孢囊线虫二龄幼虫（J2）的活性影响

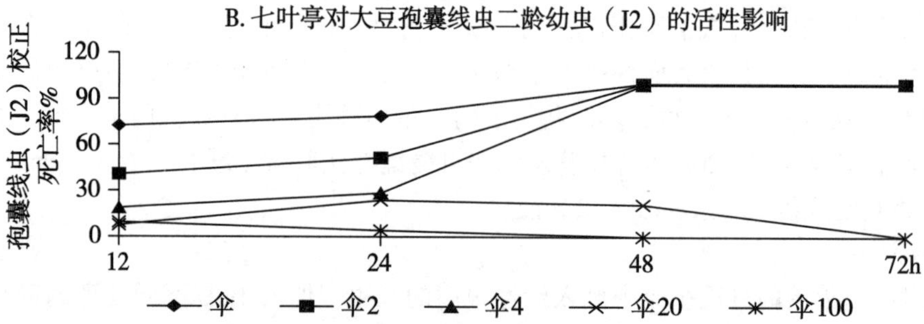

C. 伞形花内酯对大豆孢囊线虫二龄幼虫（J2）的活性影响

图 1　简单香豆素对大豆孢囊线虫二龄幼虫（J2）的活性影响

2.2 简单香豆素对南方根结线虫二龄幼虫（J2）的活性影响

东莨菪苷、七叶亭和伞形花内酯对南方根结线虫二龄幼虫（J2）都具有活性影响，皆为高浓度毒杀效果最好，随着浓度降低毒杀效果变差。在处理24h，低浓度东莨菪苷，七叶亭和伞形花内酯对南方根结线虫二龄幼虫（J2）的活性最优，但校正死亡率接不高于30%。在处理72h，高浓度东莨菪苷，七叶亭和伞形花内酯对南方根结线虫二龄幼虫（J2）的活性最好，校正死亡率高达100%（图2）。

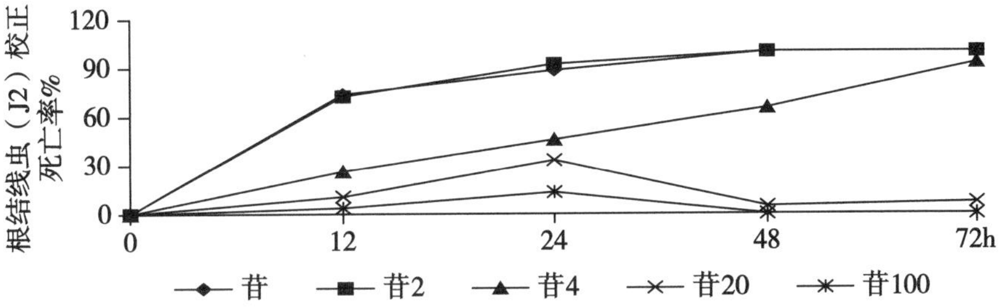

A. 东莨菪苷对南方根结线虫二龄幼虫（J2）的活性影响

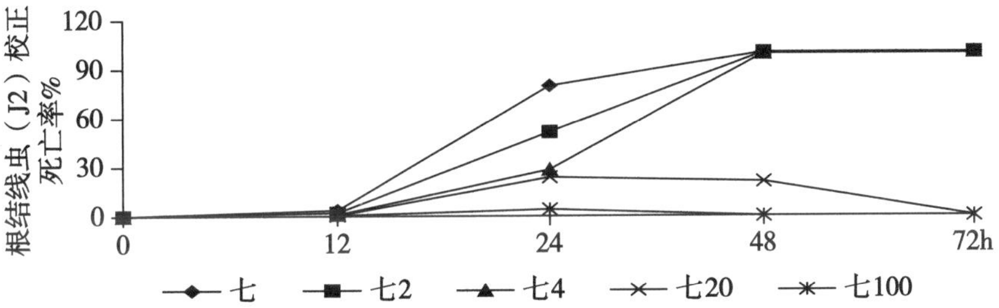

B. 七叶亭对南方根结线虫二龄幼虫（J2）的活性影响

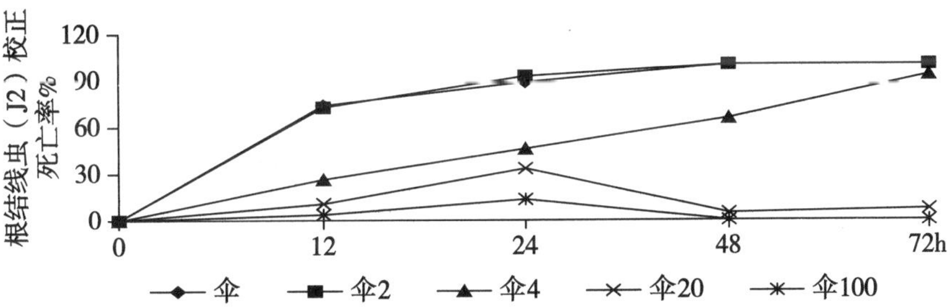

C. 伞形花内酯对南方根结线虫二龄幼虫（J2）的活性影响

图2 简单香豆素对根结线虫二龄幼虫的活性作用

2.3 简单香豆素对甘薯茎线虫的活性影响

东莨菪苷、七叶亭和伞形花内酯对甘薯茎线虫都具有活性影响，皆为高浓度毒杀效果最好，随着浓度降低毒杀效果变差。在处理72h，东莨菪苷，七叶亭和伞形花内酯对甘薯茎线虫的活性最好，校正死亡率高达100%（图3）。

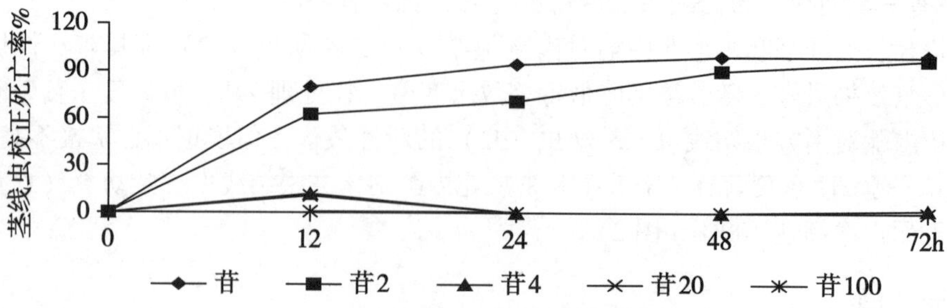

A. 东莨菪苷对甘薯茎线虫的活性影响

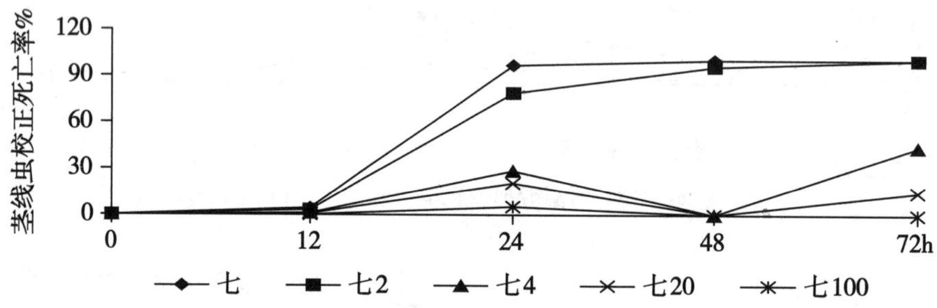

B. 七叶亭对甘薯茎线虫的活性影响

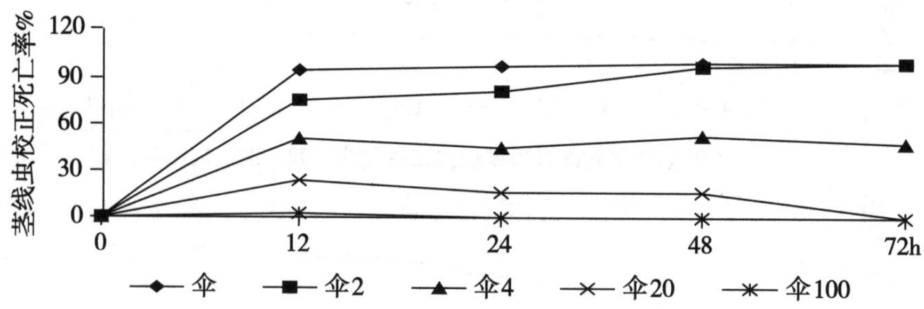

C. 伞形花内酯对甘薯茎线虫的活性影响

图 3　简单香豆素对甘薯茎线虫的活性影响

3　讨论

香豆素和其修饰物因其广谱的生物活性而具有广泛的应用前景[9-10]。一些结构清晰的香豆素如呋喃类香豆素和双香豆素，具有优秀的杀线虫活性为开发高效杀线虫剂提供材料[12-13]。但简单香豆素对植物病原线虫的活性影响知之甚少。

本试验通过测定不同浓度和不同时间下，3 种简单香豆素对 3 种植物病原线虫的活性影响，发现东莨菪苷、七叶亭和伞形花内酯对大豆孢囊线虫，南方根结线虫和甘薯茎线虫都有活性影响。高浓度毒杀效果最好，随着浓度降低毒杀效果变弱。说明简单香豆素对植物病原线虫具有一定防治作用，为杀线虫剂提供新的先导化合物和资源。

参考文献

[1] Ntalli N G, Caboni P. Botanical nematicides: a review. [J]. J Agric Food Chem, 2012, 60 (40): 9929-9940.

[2] Pechacek J T, Bargar T M, Sabol M R. Inhibition of nematode induced root damage by derivatives of methylenecyclopropane acetic acid [J]. Bioorganic & Medicinal Chemistry Letters, 1997, 7 (20): 2665-2668.

[3] Chitwood D J. Research on plant-parasitic nematode biology conducted by the United States Department of Agriculture-Agricultural Research Service [J]. Pest Management Science, 2003, 59 (6-7): 748.

[4] Thoden T C, Boppré M, Hallmann J. Effects of pyrrolizidine alkaloids on the performance of plant-parasitic and free-living nematodes. [J]. Pest Management Science, 2009, 65 (7): 823-830.

[5] Giannakou I O, Anastasiadis I A, Gowen S R, et al. Effects of a non-chemical nematicide combined with soil solarization for the control of root-knot nematodes [J]. Crop Protection, 2007, 26 (11): 1644-1654.

[6] Chitwood D J, Meyer S L F. Meyer, Phytochemically based nematode control: opportunities and challenges [J]. Journal of Nematology, 2014, 46 (2): 145.

[7] Kearn J, Ludlow E, Dillon J, et al. Fluensulfone is a nematicide with a mode of action distinct from anticholinesterases and macrocyclic lactones [J]. Pesticide Biochemistry & Physiology, 2014, 109 (1): 44.

[8] Seo S M, Kim J, Koh S H, et al. Nematicidal activity of natural ester compounds and their analogues against pine wood nematode, *Bursaphelenchus xylophilus* [J]. Journal of Agricultural & Food Chemistry, 2014, 62 (37): 9103-8.

[9] Riveiro M E, De K N, Moglioni A, et al. Coumarins: old compounds with novel promising therapeutic perspectives. [J]. Current Medicinal Chemistry, 2010, 17 (13): 1325-1338.

[10] Vijay B A, Thirusangu P, Lakshmi V R, et al. Synthesis and tumor inhibitory activity of novel coumarin analogs targeting angiogenesis and apoptosis. [J]. European Journal of Medicinal Chemistry, 2014, 75 (8): 211-221.

[11] Riveiro M E, De K N, Moglioni A, et al. Coumarins: old compounds with novel promising therapeutic perspectives. [J]. Current Medicinal Chemistry, 2010, 17 (13): 1325-1338.

[12] Cui H, Jin H, Liu Q, et al. Nematicidal metabolites from roots of Stellera chamaejasme against *Bursaphelenchus xylophilus* and *Bursaphelenchus mucronatus*. [J]. Pest Management Science, 2014, 70 (5): 827 - 835.

[13] Yang Z, Yu Z, Lei L, et al. Nematicidal effect of volatiles produced by *Trichoderma* sp. [J]. Journal of Asia-Pacific Entomology, 2012, 15 (4): 647-650.

中国线虫学研究（第七卷），2018，7：24~27
Nematology Research in China，2018，Vol. 7：24~27

安徽省首次发现竹螺旋线虫（*Helicotylenchus bambesae*）*

杨 青**，吴慧平***，吴 迅，林芳宗，杨 镇
（安徽农业大学植物保护学院，合肥 230036）

摘 要：在安徽省合肥市大蜀山，使用 GPS 定位后，采集络石根际土样，利用浅盆-过筛法分离土壤中的螺旋线虫，在光学显微镜下观察记录线虫形态特征，用 de Man 法测计线虫形态。比对 I. Uzma、K. Nasira 和刘维志等螺旋属线虫的形态资料，将大蜀山分离到的螺旋属（*Helicotylenchus*）线虫鉴定为竹螺旋线虫（*H. bambesae*），为安徽省首次记录。

关键词：竹螺旋线虫；种类；形态学；大蜀山

Helicotylenchus bambesae was firstly recorded in Anhui Province*

Yang Qing[1]**，Wu Huiping[2]***，Wu Xun，Lin Fangzong，Yang Zhen
（*College of Plant Protection*，*Anhui Agricultural University*，*Hefei* 230036，*China*）

Abstract：Soil samples were collected from *Trachelospermum jasminoides* rhizosphere of Dashushan hill，Hefei city，Anhui province，sampling sites were recorded by GPS. Spiral nematodes were separated by trays and sieving method. Morphometric data of spiral nematodes were obtained according to de Man formula under light microscope. Spiral nematode species were identified by comparison of morphometrics according to I. Uzma & K. Nasira and sereval relevant references. *Helicotylenchus bambesae* were identified and recorded for the first time in Anhui Province.

Key words：*Helicotylenchusbambesae*；species；morphology；Dashushan

螺旋线虫（spiral nematode），隶属垫刃目（Tylenchida Thorne，1949）纽带科（Hopololaimidae Filipjev，1934）螺旋属（*Helicotylenchus* Steiner，1945），至 2015 年已报道 230 个有效种[1]。近年在中国，持续有新记录报道，如 2004 年刘维志收录中国螺旋属线虫名录 47 种[2]；2006 年杨文霞、杨宝君收录 48 个线虫名录[3]；2013 年，徐玉梅、赵增旗等报道中提及中国记载的螺旋属线虫已经有 67 个名义种[4]。根据《中国线虫名录》[3]和刘唐玉等[5]2017 年的文献报道，截至本文之前，安徽省已报道 11 种螺旋线虫，即 *H. abunaamai*、*H. africanus*、*H. mucronatus*、*H. pseudorobustus*、*H. multicinctus*、*H. bradys*、*H. californicus*、*H. dihystera*、*H. exallus*、*H. pisi* 和 *H. seshadrii*。

---

* 基金项目：2017 年国家级大学生创新创业训练计划（201710364053）
** 第一作者：杨青，本科生，动植物检疫专业；E-mail：15256576887@ 163. com
*** 通信作者：吴慧平，副教授，从事植物线虫学研究；E-mail：whp@ ahau. edu. cn

大蜀山位于中国安徽省合肥市境内，距合肥市中心约10km，面积8 500亩，海拔284m，系大别山余脉，为国家级森林公园。目前大蜀山属于封闭较好的恢复性自然生态，土壤线虫区系相对稳定，为了调查该区的线虫区系结构，项目组进行连续五年调查，本次调查属该调查内容。

1 材料与方法

1.1 植物根际土样采集

在合肥市大蜀山北面，选择相对封闭人为干预少且植物种类相对丰富的地段，选取3个采样点，记录采样点周围植被信息和GPS位置。铲去表面2cm浮土，在根围取剖面10~20cm深的土样依次放入保鲜袋，标记，带回实验室供分离。采样点位置：样点1：（31°50’26” N，117°10’ 10” E），样点2：（31°50’ 26” N，117°10’ 11” E），样点3：（31°50’26” N，117°10’ 11” E）。

1.2 线虫的分离

利用浅盆-过筛法分离线虫，称取1 000g土样放进塑料桶，加水浸没土样，充分搅拌，使土块分散，静置30s后，将水倒入另一个塑料桶，重复以上步骤，将水倾入由60目、100目、300目的筛子组成的套筛，将滤渣里的线虫尽可能分别冲洗到收集瓶内并做好相应标号，待镜检[6]。

1.3 悬浮液的储存

将分离获得的线虫悬浮液储存于4℃冰箱内，待鉴定，保存时间不超过1个星期。

1.4 线虫的固定

在解剖镜和显微镜下收集具口针线虫，60℃水浴3min固定。将固定后的线虫置于载玻片上，盖上盖玻片，无色透明指甲油封口，制成临时玻片。在光学显微镜下观察线虫热杀死后虫体、口针、食道体、尾部等形态特征，保留确定为螺旋属（*Helicotylenchus* Steiner，1945）线虫[1,6]，待显微拍照。

1.5 显微拍照与形态特征值测定

利用装备显微相机和自带软件的光学显微镜（Nikon DS-Ri2，Nikon corporation，日本）观察线虫并拍照，依据Cobb改进的de Man Formula（1876，1880）形态特征测定方法，测定线虫形态特征值[6][7]。a：体长/最大体宽；b：体长/体前端至食道与肠连接处的距离；c：体长/尾长；c’：尾长/肛门处体宽；V：体前端至阴门的距离×100/体长；Ex. pore：排泄孔至头端的距离；DGO：背食道腺开口至口针基部球的距离，下同。

1.6 种类鉴定

主要参考资料：《Review of the genus *Helicotylenchus* Steiner，1945（Nematoda：Hoplolaimidae）with updated diagnostic compendium》（I. Uzma，K. Nasira，K. Firoza，2015年）；《植物线虫志》（刘维志，2004）等。

分类系统：高阶元采用Maggenti等（1987）和Ebsary（1991）分类系统。科阶元采用Filipjev（1934）分类系统。属阶元根据Fortuner（1984）分类系统[6]。

2 结果与分析

学名：竹螺旋线虫（*Helicotylenchus bambesae* Elmiligy，1970）。

形态描述：热杀死后虫体呈“C”形。角质层环纹较粗，唇区近半球状，连续、略有缢缩，口针基部球圆或扁圆形，前面微凹陷。中食道球卵圆形，食道腺从腹、背和侧覆盖肠，但从腹面盖肠最长。排泄孔位于食道腺后部，阴门横裂，卵巢两个，直伸，受精囊与子宫界限明显，圆形，中空，内无精子。尾有明显的腹突，侧尾腺孔状，位于肛门处，如图1所示。

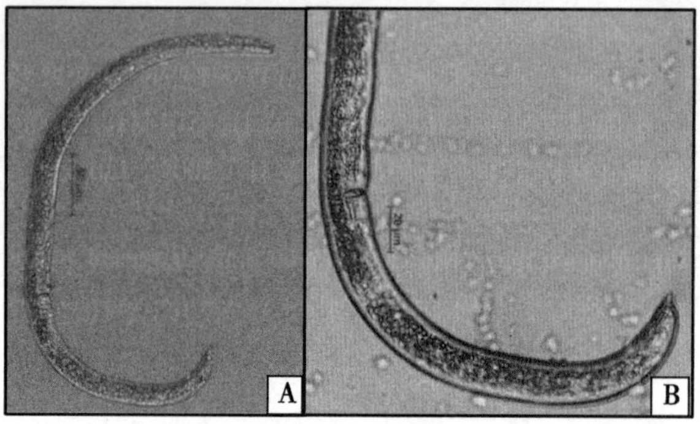

A. 竹螺旋线虫虫体；B. 竹螺旋线虫阴门及尾部

图1 竹螺旋线虫的形态特征

雄虫：未发现。

寄主：络石 *Trachelospermum jasminoides*。

3 结论与讨论

此次鉴定将中国安徽省合肥市大蜀山络石根际分离出的螺旋属（*Helicotylenchus*）线虫鉴定为竹螺旋线虫（*Helicotylenchus bambesae*）。竹螺旋线虫安徽省首次发现，为安徽省螺旋线虫属新记录种。截至本文报道，安徽省共发现12种螺旋线虫，其中在合肥市大蜀山风景区发现5种，约占安徽省螺旋线虫种类的一半，继续调查该区螺旋线虫种类多样性有利于阐明植物线虫多样性与生态的关系。

中国安徽省合肥市大蜀山竹螺旋线虫（*H. bambesae*）体长均值小于刚果原模[8]。雌虫体长与最大体宽的比值小于刚果[8]、马拉维共和国[9]以及中国南部竹螺旋线虫。体长与尾长的比值小于马拉维共和国、中国南部竹螺旋线虫。不同地理分隔的螺旋线虫之间存在一定的形态差异，在进行形态特征比对时，可选用变异系数小且较稳定的形态特征进行比对（表1）。

表1 竹螺旋线虫 *Helicotylenchus bambesae* 大蜀山种群与文献记述的比较

形态指标	大蜀山种群（中国 China）	CV	Elmiligy，1970（刚果 Congo）[8]	Siddiqi，1972（马拉维共和国 Malawi）[9]	冯志新、黎少梅，1981（中国 China）[2]
数量/n	5♀	—	—	20♀	3♀
体长/mm	0.57±0.71（0.50~0.68）	0.12	0.71~0.98mm	0.57（0.46~0.68mm）	0.53~0.63mm
尾长/μm	18.2±1.3（16.4~20.1）	0.07	—	—	—

（续表）

形态指标	大蜀山种群（中国 China）	CV	Elmiligy，1970（刚果 Congo）[8]	Siddiqi，1972（马拉维共和国 Malawi）[9]	冯志新、黎少梅，1981（中国 China）[2]
口针/μm	25.2±2.2（22.3~28.5）	0.09	7~29	23（22~24）	24~31.7
a	23.8±2.7（18.9~27.3）	0.12	27~33	28（24~31）	24~24.7
b	5.7±0.6（4.8~6.3）	0.10	5.4~6.8	5.6（5.0~6.4）	5.1~5.9
c	34.5±3.0（30.5~39.1）	0.09	27~48	46（40-53）	40.3~41.2
c′	1.2±0.3（1.0~1.5）	0.21	1.2~1.6	1.0（0.8~1.3）	0.96~1
V/%	63.2±2.3（60.0~67.0）	0.04	57~62	62（60~64）	63~63.7
Ex. pore/μm	94.0±13.9（78.1~113.2）	0.15	—	—	—
DGO/μm	8.0±1.0（6.2~8.7）	0.12	—	—	—

参考文献

[1] Uzma I, Nasira K, Firoza K, et al. Review of the genus Helicotylenchus Steiner, 1945 (Nematoda: Hoplolaimidae) with updated diagnostic compendium [J]. Pakistan Journal of Nematology, 2015, 33 (2): 115-160.

[2] 刘维志. 植物线虫志 [M]. 北京：中国农业出版社，2004：179-245.

[3] 杨文霞，杨宝君. 中国线虫名录 [M]. 北京：中国林业出版社，2006：218，167.

[4] 徐玉梅，赵增旗，王建明，等. 山西省新记录 *Helicotylenchus indicus* 记述 [J]. 山西农业大学学报（自然科学版），2013（6）：517-519.

[5] 刘唐玉，吴慧平，胡培，等. 安徽省合肥市大蜀山风景区植物根际螺旋线虫种类记述 [J]. 植物保护，2017，43（4）：97-103.

[6] 谢辉. 植物线虫分类学 [M]. 北京：高等教育出版社，2005：209-218，40-212.

[7] Cobb N. Antarctic marine free-living nematodes of the shakelton expedition: Contributions to a science of nematology [M]. Baltimore, 1914.

[8] Elmiligy I A. Three new species of the genus *Helicotylenchus* Steiner, 1945 (Hoplolaiminae: Nematoda) [J]. Mededeling van de Faculteit Landbouwwetenschappen, Rijksuniversiteit Gent, 1970, 35.4: 1099-1106.

[9] Siddiqi M R. On the Genus *Helicotylenchus* Steiner, 1945 (Nematoda: Tylenchida), With Descriptions of Nine New Species [J]. Nematologica, 1972, 18 (1): 74-91.

中国线虫学研究（第七卷），2018，7：28~35
Nematology Research in China，2018，Vol. 7：28~35

青海省春麦区禾谷孢囊线虫经济阈值研究*

侯生英[1 **]，陈明发[2]，马　麟[2]，张　贵[1]，贺双成[2]
（[1] 青海大学农林科学院，农业部西宁作物有害生物科学观测实验站，青海省农业有害生物综合治理重点实验室，西宁　810016；[2] 青海省大通县农业技术推广中心，西宁　810100）

摘　要：经济阈值是防治禾谷孢囊线虫的基本决策依据，为了明确禾谷孢囊线虫在青海省春麦区的经济允许损失率和防治指标，2014—2016 年，在自然发病条件下，通过不同轮作模式造成田间不同的种群密度，2017 年统一施肥、播种、管理，单收单打测产，采用 SPSS16 数据分析软件对小麦产量损失率与禾谷孢囊线虫起始密度进行相关分析并建立回归模型，根据回归模型和 Stern 原理测定在 300~400kg/667m² 的春小麦产区，禾谷孢囊线虫在主栽品种春小麦高原 437 上的经济允许损失水平控制在 3. 46%~2. 60%，防治指标每 1g 土壤中的卵和二龄幼虫数量达 7. 46~5. 60 个时，应采取防控措施。
关键词：禾谷孢囊线虫；种群密度；产量损失；经济阈值；防治指标

Study on Economic Threshold of *Heterodera avenae* on Spring Wheat in Qinghai Province*

Hou Shengying[1 **], Chen Mingfa[2], Ma Lin[3], Zhang Gui[1], He Shuangcheng[2]
([1] *Academy of Agriculture and Forestry Science*, *Qinghai University*, *Scientific Observing and Experimental Station of Crop Pest in Xining*, *Ministry of Agriculture*, *Key Laboratory of Agricultural Integrated Pest Management*, *Xining* 810016, *China*; [2] *Datong Agricultural Technology Promotion Center*, *Qinghai*, *Xining* 810100, *China*)

Abstract: The economic threshold is the decision basis for the control of cereal cyst nematode. In order to study the economic permissible loss rate and control index of cereal cyst nematode on spring wheat area in Qinghai province, from 2014 to 2016, field experiments were carried out under natural conditions, different population densities of cereal cyst nematodes in the field were caused by different rotation patterns. In 2017, they were uniformly fertilized, sown, and managed, and Production measured separately. The correlation between wheat yield loss rate and the population density was analyzed and regression model was established By using SPSS16 data analysis software. According to the model and Stern's principle, the economic permissible loss rate of yield on the main cultivar Gaoyuan 437 was by 3. 46% to 2. 60% in the spring wheat area of 300 to 400kg/667m^2. control index was 7. 46 to 5. 60. eggs and J_2 per gram of soil.
Key words: Cereal Cyst Nematode; Population Density; Yield Loss; The economic threshold

---

* 基金项目：国家公益性行业（农业）科研专项（201503114）
** 第一作者：侯生英；E-mail：shengyinghou@ 163. com

禾谷孢囊线虫（*Heterodera avenae* Wollenweber）又称燕麦孢囊线虫[1]，是一类发生在小麦、大麦、黑麦、燕麦、高粱等禾谷类作物和羊茅、牛尾草、紫羊茅等禾本科牧草上的重要病原线虫[2-4]，全世界有40多个国家发生分布，小麦、大麦产量损失20%~92%[5-7]。我国目前已在湖北、河南、河北、北京、青海、内蒙古、山西、安徽、山东、江苏、天津、陕西、甘肃、宁夏、西藏、新疆等16个省（市、自治区）发生分布[8-19]，发生面积约400万hm^2，产量损失10%~30%，严重地区达50%以上[8-19]。近年来，随着气候变化、耕作制度变革、农业机械化跨区联合作业，禾谷孢囊线虫的发生为害程度加重，已成为我国小麦、大麦等粮食安全生产中的重大问题[20-23]。研究禾谷孢囊线虫经济阈值是预测和防控该病害的重要内容和决策依据。

禾谷孢囊线虫是典型的土传病害，对小麦产量的影响与土壤中种群密度密切相关。2012年侯生英等[24]研究报道，病土盆栽试验，每1g土壤卵和二龄幼虫达10个、20个和40个时造成春小麦产量损失分别为17.8%、38.6%和55.0%；田间实地测定，每1g土壤卵和二龄幼虫为5个、10个、20个时，春小麦产量损失分别为8.1%~8.82%、15.51%~16.73%、34.82%~36.94%。2015年李秀花等[25]研究报道，自然条件下人工定量接种盆栽试验，每1g土壤接种密度为5个卵和二龄幼虫时，开始形成为害；大于29个卵和二龄幼虫时，冬小麦产量损失在50%以上；接种密度为465个卵和二龄幼虫时，冬小麦产量损失高达77.7%。以上研究中存在的问题：一是盆栽或温室接种试验很难准确反映自然发病田实际为害损失率；二是自然条件下较难获得足够多的初始密度，为了解决以上问题，2014—2016年在青海省春麦区禾谷孢囊线虫发生严重的地块，通过三年的不同轮作模式，构建了同一地块40个不同初始密度小区，2017年统一播种、施肥、管理，小麦收获期各小区单收单打，研究确定了禾谷孢囊线虫经济允许损失率及防治指标，以期为生产提供理论指导。

1 材料与方法

1.1 材料

供试品种：春小麦高原437号。

供试线虫：禾谷孢囊线虫 *Heterodera avenae*。

1.2 试验设计

采用自然病田实测法，试验田安排在大通县城关镇寺嘴村禾谷孢囊线虫发生严重的地块，地块总长145m，宽22m，2014—2016年将地块横向分为4段，纵向均分为4条，试验区共分为16个区（图1），连续三年通过不同轮作模式造成田间不同的禾谷孢囊线虫种群密度，2017年春播前，将地块横向均分为10段，纵向均分为4条，试验区共分为40个小区，各小区面积14m×5m，小区间隔0.5m，统一施肥、播种、管理。

1.3 调查统计分析

2017年春播前、收获期分别检测各小区土壤中的禾谷孢囊线虫种群密度（表1），收获期单收单打测量，以种群密度最低的小区为对照，统计相对产量损失率，利用SPSS16数据分析软件建立小麦产量（Y_1）与禾谷孢囊线虫种群密度的回归分析模型，依据模型计算起始密度为零时的无病区产量，以无病区产量为对照，求出不同禾谷孢囊线虫种群密度小区的理

年份	0~33m	33~66m	66~100m	100~145m
2014年	小麦	小麦	小麦	油菜
	小麦	小麦	小麦	油菜
	小麦	小麦	小麦	油菜
	小麦	小麦	小麦	油菜
2015年	小麦	马铃薯	蚕豆	油菜
	小麦	马铃薯	蚕豆	油菜
	小麦	马铃薯	蚕豆	油菜
	小麦	马铃薯	蚕豆	油菜
2016年	马铃薯	马铃薯	马铃薯	油菜
	蚕豆	蚕豆	蚕豆	油菜
	小麦	小麦	小麦	油菜
	油菜	油菜	油菜	油菜
2017年	小 麦	小 麦	小 麦	小 麦
	小 麦	小 麦	小 麦	小 麦
	小 麦	小 麦	小 麦	小 麦
	小 麦	小 麦	小 麦	小 麦

图1　2014—2017年试验区种植农作物示意图

论产量损失率，建立理论产量损失率（Y_2）与起始密度的关系模型。

理论产量损失率（%）=（无病区理论产量-处理区实际）/无病区理论产量×100

1.4　经济允许损失率和防治指标测定方法

根据Stern（1959年）提出的原理[26]：

经济允许损失率TL（%）= 防治费用C/（单位面积产量N×产品价格P×防效E）×100。

依小麦产量损失率Y_2与禾谷孢囊线虫种群密度X的回归模型$Y_2=a+bX$得$X=(Y_2-a)/b$，当产量损失率Y_2等于经济允许损失率TL时的禾谷孢囊线虫种群密度X即为防治指标：

$$ET=\frac{100\times c}{b\times N\times P\times E}-\frac{a}{b}$$

2　结果与分析

2.1　小麦产量与禾谷孢囊线虫种群密度的关系分析

田间禾谷孢囊线虫种群密度与小麦产量测定结果见表1，2017年小麦播种前，每100g土壤中的孢囊数量2.75~80.25个，每1g土壤中的卵和二龄幼虫［以下简称（卵+J_2）］数量2.6~80.3个；收获期，每100g土壤中的孢囊数量增加到4.3~100个，每1g土壤中的（卵+J_2）数量增加到6.0~180个，各区禾谷孢囊线虫种群密度均不同程度增加，繁殖系数1.7~2.4；产量240.25~379.34 kg/666.67m^2，小麦产量随禾谷孢囊线虫种群密度增加而减少。

表 1　禾谷孢囊线虫种群密度与小麦产量测定

小区代号	播种前 pi		收获期 pf		实测产量（kg/667m²）	理论产量损失率（%）（依 X_2）
	孢囊量 X_1（个/100g 土）	（卵+J_2）X_2（个/g 土）	孢囊量 X_3（个/100g 土）	（卵+J_2）X_4（个/g 土）		
1	26.8	26.7	44.6	62.4	300.94	15.05
2	33.8	34.1	45.0	63.0	305.36	13.80
3	21.0	21.5	28.5	39.9	318.64	10.05
4	12.25	12.0	14.8	20.7	339.5	4.16
5	5.25	5.0	6.1	8.5	357.52	-0.92
6	3.75	3.9	5.4	7.5	365.18	-3.09
7	2.75	2.6	4.3	6.0	379.34	-7.08
8	15.8	15.8	19.35	27.1	330.02	6.84
9	39.0	39.5	47.35	66.3	277.89	21.55
10	35.3	35.8	48.05	67.3	285.53	19.40
11	39.3	39.5	52.6	84.2	254.79	28.08
12	49.8	49.6	62.0	99.2	272.49	23.08
13	43.0	43.5	55.9	89.4	267.43	24.51
14	71.8	71.8	86.45	138.3	231.74	34.58
15	28.8	28.6	34.7	55.5	322.43	8.98
16	27.0	27.3	35.55	56.9	314.85	11.12
17	17.3	17.2	25.8	41.3	320.53	9.52
18	43.5	43.9	49.05	78.5	290.19	18.08
19	36.5	36.5	45.35	72.6	299.15	15.55
20	57.5	57.5	74.1	118.6	244.04	31.11
21	49.5	49.5	61.75	111.2	273.29	22.85
22	52.0	52.0	67.5	121.5	267.95	24.36
23	65.25	65.3	85.0	153	238.35	32.72
24	67.75	67.8	75.25	135.5	271.85	23.26
25	80.25	80.3	100.0	180.0	240.25	32.18
26	61.75	61.8	73.5	132.3	263.01	25.76
27	62.75	62.8	71.0	127.8	280.07	20.94
28	69.5	69.5	81.25	146.3	232.66	34.32
29	55.0	55.0	66.5	119.7	273.75	22.72
30	58.75	58.8	79.25	142.7	268.75	24.13
31	35.5	35.5	39.4	59.1	277.67	21.62
32	16.25	25.3	22.2	33.3	336.98	4.87
33	34.5	34.6	44.5	66.8	292.09	17.55

（续表）

小区代号	播种前 pi		收获期 pf		实测产量 (kg/667m²)	理论产量损失率（%）（依 X_2）
	孢囊量 X_1（个/100g 土）	（卵+J_2）X_2（个/g 土）	孢囊量 X_3（个/100g 土）	（卵+J_2）X_4（个/g 土）		
34	22.5	22.4	27.5	41.3	305.36	13.8
35	26.5	26.8	35.7	53.5	311.69	12.01
36	33.8	33.3	43.6	65.4	289.56	18.26
37	38.8	38.7	47.7	71.5	273.75	22.72
38	21.8	21.6	32.2	48.3	311.05	12.19
39	34.8	35	44.4	66.5	269.33	23.97
40	36.5	36.3	47.1	70.7	275.01	22.37

利用 SPSS16 数据分析软件对小麦产量（Y_1）与禾谷孢囊线虫种群密度进行相关分析（表 2）表明，小麦产量与播种前、收获期土壤中的孢囊数量、（卵+J_2）数量均极显著负相关（$R_1=-0.828^{**}$，$R_2=-0.819^{**}$，$R_1=-0.854^{**}$，$R_2=-0.781^{**}$，$n=38$），回归模型（表 2）其 F 值（183.00^{**}、172.31^{**}、222.29^{**}、135.89^{**}，$n=38$）均极显著高于 $F_{0.01}=5.21$，说明回归模型均能较好的模拟小麦产量与四项指标的关系。

表 2　小麦产量与禾谷孢囊线虫种群密度的关系模型

统计项目	回归模型	相关系数 R	F	无病区的理论产量（kg/667m²）
产量 Y_1 与播种前孢囊数量 X_1（个/100g 土）	$Y_1=353.48-1.64x_1$	-0.828^{**}	183.00^{**}	353.48
产量 Y_1 与播种前（卵+J_2）数量 X_2（个/g 土）	$Y_1=354.25-1.64x_2$	-0.819^{**}	172.31^{**}	354.25
产量 Y_1 与收获期孢囊数量 X_3（个/100g 土）	$Y_1=358.00-1.394x_3$	-0.854^{**}	222.29^{**}	358.00
产量 Y_1 与收获期（卵+J_2）数量 X_4（个/g 土）	$Y_1=347.08-0.715x_4$	-0.781^{**}	135.89^{**}	347.08

注：表 2 中相关分析 $df=38$　$R_{0.05}=0.304$　$R_{0.01}=0.393$；回归分析 $df_1=1$　$df_2=38$　$F_{0.05}=4.10$　$F_{0.01}=7.35$

2.2　小麦产量损失率与禾谷孢囊线虫起始密度的关系分析

根据生产实际，以播种前禾谷孢囊线虫起始密度即每 1g 土壤中的（卵+J_2）数量 X_2 预测小麦产量损失率具有可操作性和实际应用价值，因此对小麦产量损失率与禾谷孢囊线虫起始密度进行相关分析（表 2），表 2 回归模型中，当禾谷孢囊线虫起始密度 X_2 等于零时的产量 Y_1 值即为无病区理论产量，以无病区理论产量为对照，求得不同起始密度下的理论产量损失率见表 1，理论产量损失率 Y_2 与播种前禾谷孢囊线虫种群密度 X_2 相关分析（表 3，$R=0.819^{**}$，$n=38$），表明二者极显著正相关，回归模型 $Y_2=0.0003+0.464X_2$ 的 F 值 $=172.32^{**}$ 极显著高于 $F_{0.01}=7.35$，说明依此模型能较好地模拟小麦产量损失率与禾谷孢囊线虫起始密度的关系。

表 3　产量损失率 Y_2 与禾谷孢囊线虫起始密度的关系模型

统计项目	回归模型	R	F	300~400kg/667m² 春麦区	
				经济允许损失率（%）	防治指标（卵+J_2）（个/g 土）
产量损失率 Y_2 与播种前（卵+J_2）数量 X_2（个/g 土）	$Y_2=0.0003+0.464X_2$	0.819**	172.32**	3.46%~2.6%	X_2：7.46~5.60

注：表 3 中相关分析 $df=38$　$R_{0.05}=0.304$　$R_{0.01}=0.393$；回归分析 $df_1=1$　$df_2=38$　$F_{0.05}=4.10$　$F_{0.01}=7.35$

2.3　禾谷孢囊线虫经济允许损失率测定

采用甘肃农业大学研制的甘农Ⅲ防治禾谷孢囊线虫，平均防治效果 E 在 70%以上；防治费用 C：每亩新增药剂费用 6 元，新增劳务费 10 元，合计防治费用每亩 16 元；小麦市场价格 2.2 元/kg，依据经济允许损失率公式，求得：在 300~400kg/667m² 的春小麦产区，禾谷孢囊线虫在高原 437 品种上的经济允许损失率为 3.46%~2.6%。

2.4　禾谷孢囊线虫防治指标确定

根据表 3 小麦产量损失率 Y_2 与禾谷孢囊线虫起始密度 X_2 的回归模型和 1.4 防治指标公式，求得：在 300~400kg/667m² 的春小麦产区，禾谷孢囊线虫在高原 437 品种上的防治指标为播种前每 1g 土壤中的（卵+J_2）数量达 7.46~5.60 个时，即需要采取防治措施。

3　讨论

在自然发病条件下，很难在同一地块获得多个不同种群密度的试验区来研究小麦产量损失率与禾谷孢囊线虫起始密度的关系，本试验选择在青海省禾谷孢囊线虫发生严重的地块，通过三年（2014—2016 年）的不同轮作模式，构建了同一地块 40 个不同的初始密度 2.75~80.25 个（卵+J_2）/g 土，研究确定了主栽品种高原 437 上禾谷孢囊线虫经济允许损失率为 3.46%~2.60%，防治指标：播种前每 1g 土壤中的（卵+J_2）数量 7.46~5.60 个。本研究结果为青海省春麦区禾谷孢囊线虫的综合治理技术方案制定，更加经济有效、科学合理使用防控措施提供了科学依据和参考。

禾谷孢囊线虫的发生为害与不同地区禾谷孢囊线虫群体的致病型、土壤土质、作物品种、耕作栽培管理制度、当地的气候条件等因素密切相关[27-28]，就同一地区而言，以上因素是相对稳定的，因此在特定的环境和时间段，通过研究确定其种群密度与小麦产量损失的关系模型，可以测定经济阈值和防治指标[29]；然而经济阈值和防治指标本质是一个多维、动态、随机的经济学参数[30-31]，实际制定时，要综合考虑所采取的防控措施、防治效果、防治费用、产品市场价格等多种因素，因此研究结果只能是逼近实际，相关因素发生变化，经济阈值随之变化，需要因地制宜做相应调整或重新测定。

参考文献

[1]　陈品三，王祖明，彭德良．我国小麦孢囊线虫（*Heterodera avenae* Wollenweber）鉴定研究［J］．植物病理学报，1992，22（4）：339-342.

［2］ 齐淑华，彭德良，张东升，等．禾谷孢囊线虫病在我国的新寄主及新分布区初报［J］．植物保护，1994，20（4）：52.

［3］ 王明祖，雷智峰，肖炎农．小麦禾谷孢囊线虫寄生范围的研究［J］．植物保护，1996，22（1）：3-5.

［4］ Stephan Z A. Host status of cyst nematodes in Iran. In：Cyst nematodes［M］. New York：Lamberti，F And Taylor，C. E. eds. Plenum Press，1986：391-392.

［5］ Holgado R M，Magnusson C，Hammeraas B. The occurrence and hosts of cereal cyst nematodes：（*Heterodera* spp.）in Norway［J］. International Journal of Nematology，2003：1-19.

［6］ Nicol J M，Rivoal R，Taylor S，et al. Global importance of cyst（*Heterodera* spp.）and lesion nematode（*Pratylenchus* spp.）on cerea：ldis-tribution，yield loss，use of host resistance and integration of molecular tools［J］. Nematology Monographs and Perspectives，2003，2：1-19.

［7］ Rivoal R，Nicol J M. Past research on the cereal cyst nematode com-plex and future needs［C］//Riley IT，Nicol JM，Dababat A A. Cereal cyst nematodes：status，research and outlook. Ankara，Turkey：CIMMYT，2009：3- 10.

［8］ 王祖明，彭德良，武学勤．小麦孢囊线虫病的研究［J］．华中农业大学学报，1991，10（4）：352-356.

［9］ 陈品三，王明祖，彭德良．我国小麦禾谷孢囊线虫（*Heterodera avenae* Wollenweber）的发现与鉴定初报［J］．中国农业科学，1991，24（5）：89.

［10］ 齐淑华，彭德良，张东升，等．禾谷孢囊线虫病在我国的新寄主及新分布区初报［J］．植物保护，1994，20（4）：52.

［11］ 彭德良，张东升，齐淑华，等．我国小麦禾谷孢囊线虫（*H. avenae*）发生分布区域和防治研究进展［J］．植物保护研究，1995：53-56.

［12］ 郑经武，林茂松，程瑚瑞，等．安徽省小麦上两个孢囊线虫群体的鉴定［J］．江苏农业学报，1996，12（1）：31-35.

［13］ Peng D L，Nicol J M，Li H M，et al. Current knowledge of cereal cyst nematode（*Heterodera avenae*）on wheat in China［M］//Riley I T，Nicol J M，Dababat A A，eds. Cereal Cyst Nematodes：Status，Research and Outlook. Ankara，Turkey：CIMMYT Press，2009：29-34.

［14］ 彭德良，李惠霞，王锡峰，等．我国小麦禾谷孢囊线虫的新发生分布地区［M］．北京：中国农业科学技术出版社，2008：344-345.

［15］ 侯生英，彭德良，王爱玲，等．青海省小麦孢囊线虫病调查初报［J］．青海大学学报：自然科学版，2008，26（5）：84-86.

［16］ 李红梅，王暄，彭德良．小麦孢囊线虫病概况及江苏省的发生现状与防治对策［J］．江苏农业科学，2010（6）：1-4.

［17］ 杨远永，赵洪海，彭德良．小麦禾谷孢囊线虫在山东省的分布新报道［J］．青岛农业大学学报，2010，27（1）：17-20.

［18］ 黄文坤，叶文兴，王高峰，等．宁夏地区禾谷孢囊线虫的发生与分布［J］．华中农业大学学报，2011，30（1）：74-77.

［19］ 侯生英，王爱玲，张贵，等．青海省小麦孢囊线虫病发生和分布特点［J］．植物保护，2011，37（3）：139-141.

［20］ 彭德良，张东升，王明祖．我国禾谷孢囊线虫（*Hererodera avenae*）研究进展、问题及展望［C］//全国第三次病虫害综合防治学术讨论会论文．北京：科学出版社，1996：192-195.

［21］ 高军，王朝华，张书敏．小麦禾谷孢囊线虫病研究进展［J］．中国植保导刊，2007，27（5）：

10-13.
[22] Peng D L, Nicol J M, Li H, et al. Currentknowledge of cereal cystnematode (*Heterodera avenae*) on wheat in china [C] //Riley I T, Nicol J M, Dababat A A. Cerealcystnematodes: status, research and outlook. Ankara, Turkey: CIMMYT, 2009: 29-34.
[23] 彭德良，黄文坤，顾晓川，等．小麦孢囊线虫病严重威胁我国小麦生产和粮食安全 [C] //彭友良，朱友勇．中国植物病理学会 2009 年学术年会会议论文集．北京：中国农业科学技术出版社，2009：405.
[24] 侯生英，王爱玲，张贵．小麦禾谷孢囊线虫病危害损失研究 [J]．农学学报，2012，2（8）：33-36.
[25] 李秀花，高波，王容燕，等．河北省禾谷孢囊线虫种群密度和冬小麦产量损失的关系 [J]．植物保护学报，2015，42（1）：124-129.
[26] Stern V M, Smith R F, Ven den Bosch R, et al. The integrated control concept [J]. Hilgardia, 1959, 29 (2): 81-101.
[27] 王燕，马明安，徐伟玲．小麦孢囊线虫病发病因素分析及综合防治对策 [J]．中国植保导刊，2008（4）：15-16.
[28] 李秀花，马娟，陈书龙．不同温度对燕麦孢囊线虫田间群体孵化的影响 [J]．植物保护学报，2012，39（3）：260-264.
[29] 罗守进，胡全胜．害虫防治指标的概念及其研究方法 [J]．安徽农业科技，1996，24（2）：165-166.
[30] 盛乘发，宣维健．正确理解和应用经济阈值 [J]．昆虫知识，2003，40（1）：90-93.
[31] 盛乘发．害虫经济阈值研究进展 [J]．昆虫学报，1989，32（4）：492-497.

中国线虫学研究（第七卷），2018，7：36~40
Nematology Research in China，2018，Vol. 7：36~40

杧果根际1种巴兹尔属垫刃线虫（*Basiria* sp.）的鉴定*

乔凯凯**，陈晶伟，白孟鑫，何亚登，肖 顺，刘国坤***
（福建农林大学植物保护学院，福州 35002）

摘 要：运用形态鉴定与分子鉴定相结合，对从福建杧果根际土壤中分离到的1种垫刃线虫进行鉴定，确定该线虫为纤细巴兹尔垫刃线虫（*Basiria gracilis*）。为国内首次发现的新纪录种。
关键词：杧果；巴兹尔垫刃线虫；鉴定；新纪录

Identification of Species of *Basiria* from Rhizosphere Soil of Mango*

Qiao Kaikai**，Chen Jingwei，Bai Mengxin，He Yadeng，Xiao Shun，Liu Guokun***
（*College of Plant protection*，*Fujian Agriculture and Forestry University*，*Fuzhou* 350002，*China*）

Abstract：*Basiria gracilis* is identificated based on morphological，morphometric and molecular data. It is isolated from rhizosphere soil of mango in Fujian province. The species of *B. gracilis*，which is first reported in China.
Key words：Mango；*Basiria*；Identification；New record

杧果是亚热带重要的果树之一，具有很高的经济价值。我们在对垫刃线虫的研究过程中，从杧果根际土壤分离到了一种巴兹尔属线虫（*Basiria* Siddiqi，1959），并且种群数量较多，运用形态学鉴定与分子数据分析，将该线虫鉴定为纤细巴兹尔垫刃线虫［*B. gracilis*（Thorne，1949）Siddiqi，1963］。现将结果纪录如下。

1 材料与方法

1.1 样本采集、分离与形态鉴定

1.1.1 样本的采集、分离

目标土样采自福建省福州市福建农林大学校园内的杧果根际；取样时，将表面枯枝杂叶清除，选取土层为5~10cm的土壤，放入采样袋中并在采样袋上标记采样人的姓名、采样地点、采样时间；将采到的土样带回线虫研究室，利用浅盘法将线虫从土壤中分离于悬浮液中。

---

* 基金项目：福建省热作病虫害监测防治 17RZBC-09-1
** 第一作者：乔凯凯，男，硕士研究生，进行线虫分类的研究；E-mail：1498689541@qq.com
*** 通信作者：刘国坤，男，博士，教授，从事植物线虫及线虫病害防治研究；E-mail：liuguok@126.com

1.1.2 形态鉴定

缓慢加热杀死分离的线虫，用 TAF 固定液（三乙醇胺-福尔马林固定液）做成线虫临时玻片。在显微镜下对线虫进行拍照、观察，并采用 De Man 公式进行形态测量[1-2]。

1.2 分子生物学鉴定

1.2.1 单条线虫 DNA 的提取

挑取目标线虫，在 ddH_2O 中清洗 1~2 次，放入有 10μL 线虫提取液 WLB（50mM KCl、10 mM Tris pH 值 8.3、2.5 mM $MgCl_2$、0.45% NP-40（（IGEPAL））、0.45% Tween 20，pH 值=8.3）的 PCR 管，放入液氮中 1min 后取出，待提取液融化，加入 1μL 蛋白酶 K 溶液（1mg/ml），放入 PCR 仪中在 65℃下温育 1h，95℃ 10min[3-4]。

1.2.2 PCR 扩增

运用 988 F、1912 R 和 1813 R、2646 R 两对引物对，进行 18S 区的扩增[5]；用 D2A、D3B 引物对[6]，进行 28S-D2D3 区域的扩增。

18S 区扩增反应条件：95℃预变性 120s；95℃变性 30s，55℃退火 30s，72s℃时延伸 120s，共 40 个循环；72℃延伸 600s；于 4℃保存。

28S-D2D3 区扩增反应条件：95℃预变性 180s；95℃变性 30s，54℃退火 40s，72℃延伸 120s，共 35 个循环；72℃时，延伸 600s；于 4℃保存。

1.2.3 测序

运用凝胶电泳技术对扩增产物进行测定，当得到最终的目标条带后，将 PCR 产物送交上海铂尚测序公司，进行纯化、测序。最终得到的测序结果，进行 BLAST 相似性的比对，以确定最终的线虫种类。

2 结果与分析

2.1 形态特征鉴定

雌虫：虫体整体较为粗壮，a=32.9~40.7；经热处理杀死固定后，明显向腹部弯曲（图 1A、I）；环纹明显，有两条明显的侧线（图 1D、F）；头端椭圆，与体不连续，略微缢缩（图 1C、E）；口针纤细，较短（7.7~9.5μm），口针基部球弱，由两部分组成，在光镜下观察时不明显；背食道腺开口位置不明显（图 1C、E）；峡部较短、较窄，中食道球呈近圆形，位于食道中上部，瓣膜在光镜下可见；排泄孔位置明显离后食道球比较近，后食道球前方两端收缩，后部分近长方形（图 2B）；单生殖管，阴门位于体中稍下部（图 1G、H），与肛门的距离为 88.3~109.9μm；尾长占总长的近 1/5，尾端棒状（图 J、K）。

形态数据：见表 1。

雄虫：未知。

2.2 分子鉴定

挑取两条线虫分别进行 DNA 的提取、扩增。将扩增产物送去铂尚测序公司测序，经过拼接、处理，分别得到两条长度在 1 750bp的 18S 序列，在数据库中比对，发现与 *B. gracilis*（EU130839、KJ869351）一致性达 99%；

28S-D2D3 区序列扩增为 778bp 左右，在数据库中比对，与 *B. gracilis*（DQ328717）一致性最高，为 94%。

表 1　雌虫主要形态特征数据表

测量项	数值（单位：μm）
测量种群数	7
虫体长	611±42（564~675）
头顶至肛门距离	470±32（439~523）
体长/最大体宽	36.6±2.6（32.9~40.7）
体长/头端至食道与肠的拼接处距离	6.3±0.3（5.9~6.8）
体长/尾长	4.6±0.3（4.2~5.1）
尾长/肛门处虫体宽度	14.2±1.1（12.1~15.1）
阴门至头顶距离×100/体长	62.4±1.3（60.3~63.5）
头顶至阴门距离×100/头顶至肛门距离	79.6±0.5（79.1~80.3）
口针长度	8.9±0.6（7.7~9.5）
排泄孔处体宽	15.1±1.6（12.3~16.9）
排泄孔处至头端距离	77.2±2.3（74.0~80.9）
肛门处体宽	9.2±0.9（7.7~10.7）
头至中食道球中间距离×100/食道全长	57.6±8.8（44.6~63.8）
食道全长	85.0±2.1（81.9~89.3）
头端至阴门的距离	374±26.1（350~420）
阴门至肛门距离	97.8±6.8（88.3~109.9）
阴门处体宽	14.1±1.4（12.2~16.1）
虫体最大体宽	16.8±2.0（13.8~19.2）
尾长	130±7.1（115.8~137）
尾长/阴门至肛门距离	1.3±0.1（1.2~1.6）

2.3　分类地位

经过形态特征的鉴定，可初步确定该虫为巴兹尔属线虫；结合分子数据的分析，最终可确定该线虫为纤细巴兹尔垫刃线虫（*B. gracilis*）。

3　讨论

巴兹尔属线虫是垫刃科线虫重要的种类之一，分布较为广泛，在果树、景观植物根际均有报道发现[7-8]。到目前为止，该线虫已经被鉴定出了约 30 种，该类线虫主要鉴定特征为：头端有略微的缢缩，口针弱，有的呈管状，长度在 7~14μm，针锥近为口针的 1/3，口针基部球不发达或缺失；侧区侧线 2 条、4 条或 6 条；食道与肠道拼接或略微覆盖；阴门无侧阴膜；尾部呈渐细，尾尖有的钝圆、圆锥或棒状[9]。

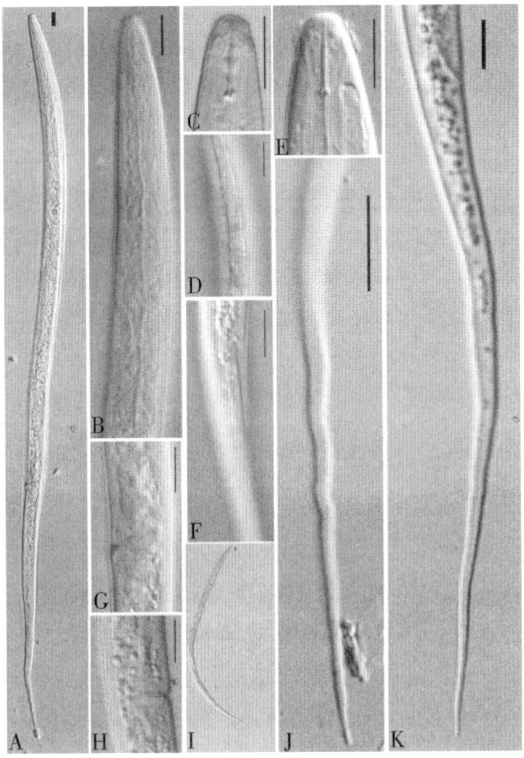

图 1　雌虫形态特征

A、I：整体；B：食前体；G、H：阴门；D、F：侧线；C、E：头部；J、K：尾部

国内对该类线虫的研究较少，除了对冬天巴兹尔属线虫（*B. hiberna* Bernard，1980）[7]的鉴定之外，更多的是对该类线虫的种类调查与记述，大多并没有鉴定到种[8]。本文鉴定的纤细巴兹尔垫刃线虫在调查研究中发现，在杧果根际调查到，种群数量较大，但对于该线虫的取食方式及其他生物学特性，尚不清楚。

参考文献

[1] 张绍升．植物线虫病害诊断与治理［M］．福建：福建科学技术出版社，1999.

[2] 谢辉．植物线虫分类学［M］．北京：高等教育出版社，2005.

[3] De Luca F，Troccoli A，Duncan L W，et al. *Pratylenchusspeijerin* sp.（Nematoda：Pratylenchidae），a new root-lesion nematode pest of plantain in West Africa［J］．Nematology，2012，14（8）：987-1004.

[4] 王江岭，张建成，顾建锋．单条线虫 DNA 提取方法［J］．植物检疫，2011，2（25）：32-35.

[5] Holterman M，Van Der Wurff A，van den Elsen S，et al. Phylum-wide analysis of SSU rDNA revealsdeep phylogenetic relationships among nematodes andaccelerated evolution toward crown clades［J］．Molecular Biologyand Evolution，2006，23：1792-1800.

[6] Nunn G B. Nematode molecular evolution［D］．Nottingham，UK：Dissertation，University of Nottingham，1992.

[7] 滕文凤，谈家金，叶建仁，等．中国巴兹尔属线虫1新纪录种（线虫r-1：垫刃科）[J]．华中农业大学学报，2012，31（5）：589-592.

[8] 李克梅，全俊任，黄家风，谢辉．新疆果树寄生线虫新纪录属、种记述 [J]．植物保护，2003，29（3）：46-49.

[9] Geraert E. The Tylenchidae of the world：identification of the family *Tylenchidae*（Nematoda） [M]. Academia Press，2008.

中国线虫学研究（第七卷），2018，7：41～45
Nematology Research in China，2018，Vol. 7：41～45

茶皂素在植物中的内吸特性研究*

王艳丽**，栗少卿，金春悦，孙玉红，文艳华***
（华南农业大学农学院植物线虫研究室，广州　510642）

Studies on the Absorption Characteristics of Tea Saponin in Plants*

Wang Yanli**，Li Shaoqing，Jin Chunyue，Sun Yuhong，Wen Yanhua***
(*Lab of Plant Nematology*，*College of Agriculture*，
South China Agricultural University，*Guangzhou*　510642，*China*)

摘　要：茶皂素（Tea saponin）是从山茶科植物油茶（*Camellia oleifera*）中提取得到的五环三萜类皂苷物质，是由多种结构相似及多种同分异构的皂苷单体组成的混合物。茶皂素具有良好的杀线虫活性，在农业生产中对防治植物寄生线虫病害有广阔的开发应用前景，但茶皂素在植物中的内吸特性方面的研究还未见报道。

本试验以60%茶皂素为材料，采用室内浸泡方法，用不同浓度茶皂素溶液处理苗期的木耳菜（*Gynura cusimbua*）、芹菜（*Apium graveolens*）、小青菜（*Brassica chinensis*）、小麦（*Triticum aestivum*）、大豆（*Glycine max*）植株，通过香草醛-浓硫酸比色法进行检测分析，研究植物对茶皂素的内吸特性，为茶皂素作为植物源杀线虫资源的研发奠定基础。

关键词：茶皂素；内吸特性；检测
Key words：Tea saponin；Absorption characteristics；Detection

1　材料与方法

1.1　材料

1.1.1　供试植物材料

木耳菜（*Gynura cusimbua*）：品种为大叶藤菜，芹菜（*Apium graveolens*）：品种为黄心白骨香芹，购于广州长合种子有限公司

小青菜（*Brassica chinensis*）：华南农业大学资环学院提供

小麦（*Triticum aestivum*）：巴西3，中国农业科学院植物保护研究所提供

大豆（*Glycine max*）：农大211，中国农业科学院植物保护研究所提供

1.1.2　供试药剂及主要仪器

茶皂素（含量60%）：购于安徽省华银茶油有限公司

---

* 基金项目：公益性行业（农业）科研专项经费项目（201503114）
** 第一作者：王艳丽，女，河南人，硕士研究生，主要从事植物杀线剂研究
*** 通信作者：文艳华，女，副教授，从事植物线虫学研究；E-mail：yhwen@ scau. edu. cn

UNIC-7200 型紫外-可见光分光光度计：尤尼柯（上海）仪器有限公司

1.2 方法

1.2.1 茶皂素的定量检测分析方法（比色法）

参考陈莹（2012）中的香草醛-浓硫酸比色法，以 8%香草醛和 77%浓硫酸为显色剂，60℃水浴 15min，冰浴 10min 的显色条件，对茶皂素标准品及植物样品中的总皂苷进行定量检测分析。

1.2.2 处理方法

将木耳菜、小麦、大豆种子用清水浸泡催芽，待露白时穴施于育苗盆中，置于 25~27℃的恒温培养箱中育苗。

将芹菜种子及小青菜种子采用直播的方法播种在育苗盆中，播撒完后覆盖 1cm 左右的土壤，置于 25~27℃的恒温培养箱中育苗。

浓度分别为 5mg/mL、10mg/mL、15mg/mL 的茶皂素溶液均配制 50mL 分别装入 50mL 三角瓶中，以清水为对照；每只三角瓶中放入 3 株长势相同的木耳菜（育苗期为 54d）进行浸泡处理，浸泡 48h 时取样进行提取检测。

芹菜（育苗期为 57d）、小青菜（育苗期为 48d）、小麦（育苗期为 10d）、大豆（育苗期为 10d）分别以 5 株/瓶、5 株/瓶、20 株/瓶、10 株/瓶，处理方法同木耳菜。

1.2.3 调查方法

1.2.3.1 样品采集

将采集的植株根部洗净；然后用报纸包好置于 60℃烘箱中，烘干后称重磨碎，备用。具体操作如下：

每种植物浸泡试验同一处理所有植株混合烘干、磨碎，然后分别称取 3 份进行提取试验；盆栽试验同一处理每个取样阶段取 10 株混合烘干、磨碎，然后分别称取 3 份进行提取试验。将干燥磨碎后的各样品粉末均准确称取 0.2g 于 5mL 离心管中，每个样品 3 个重复，按料液比 1∶15 向离心管中加入 3mL 80%乙醇，70℃水浴浸提 1h，吸取上层浸提液于 25mL 小烧杯中；按料液比 1∶10 再向离心管中加入 2mL 80%乙醇，70℃水浴浸提，重复 3 次，浸提时间分别为 1h、40min、30min；合并浸提液，60℃水浴蒸干。

1.2.3.2 纯化

将上述蒸干的提取物加入石油醚萃取脱脂，直至加入的石油醚没有颜色为止；待石油醚挥发完全，加入丙酮进行萃取除杂，直至加入的丙酮没有颜色为止；除杂后的提取物用 2mL（V_1）纯水溶解，0.45μm 微孔滤膜过滤至新的 2mL 离心管中，吸取 1mL 提取液于 2mL 新的离心管中，加入 1mL 水饱和正丁醇进行进一步萃取纯化，吸取上层正丁醇相，下层溶液再加 0.5mL 水饱和正丁醇萃取，合并萃取液，60℃水浴蒸干，丙酮除杂后，用 1mL 纯水溶解即制备成样品溶液，放置于 4℃冰箱，待测。

1.2.3.3 检测

精确吸取方法 2.2.3.2 制备的各样品溶液 0.2mL（V_2），用纯水定容至 1.0mL，加试剂显色反应，其中以 1 mL 纯水加显色剂显色后作为空白参比调零，在最大吸收波长下测定各处理组样品溶液吸光值，根据标准曲线回归方程 $y=ax+b$ 计算皂苷含量。

$$皂苷含量（mg）=\frac{(A-b)\ V_1}{aV_2} \tag{1}$$

各植物对茶皂素的吸收量及茶皂素在各植物中的残留量用以下公式计算：

$$茶皂素吸收量/残留量（mg/g）=\frac{处理组皂苷含量-对照组皂苷含量}{原始样品量} \tag{2}$$

2 结果与分析

2.1 茶皂素标准液定量检测结果

2.1.1 最大吸收波长

茶皂素标准溶液（浓度 0.05mg/mL）与香草醛-浓硫酸显色后，在紫外可见分光光度计上扫描，在不同波长下测定吸光值。结果表明茶皂素在波长 518nm 处有最大吸收值（图 1）。

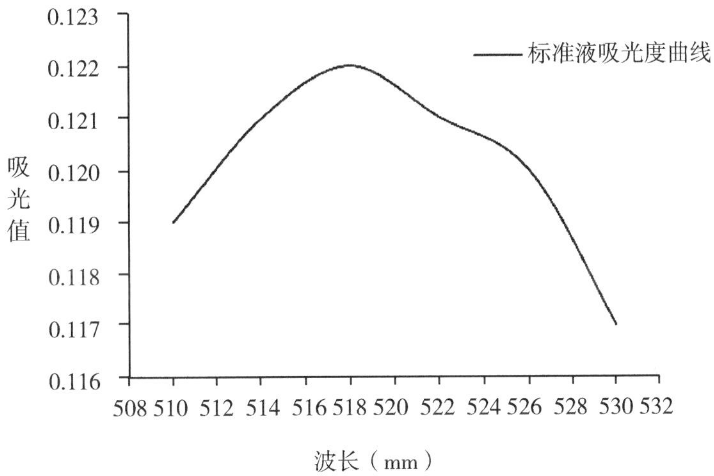

图 1 不同波长下茶皂素的吸光值曲线

2.1.2 茶皂素标准曲线

试验结果表明，茶皂素标准曲线线性良好。在茶皂素最大吸收波长 518nm 处测定不同浓度茶皂素标准溶液的吸光值，以浓度为横坐标，吸光值为纵坐标绘制标准曲线（图 2）。标准曲线回归方程为：$y=1.915x+0.012$；相关系数：$R^2=0.998$。

2.1.3 试验精密度、重现性、稳定性

试验结果表明，试验精密度、重现性良好。两个不同天数测得的标准溶液吸光值的相对标准误差分别为 0.72%、1.35%，平均相对标准偏差为 1.03%。

当显色体系反应完全，茶皂素在显色后放置于室温下的 40min 内吸光值稳定，上升趋势不明显，显色稳定性良好，在此时间段内测定的吸光度值均能反映茶皂素的含量。

2.2 植物对茶皂素内吸含量检测结果

试验结果表明，茶皂素溶液浸泡处理木耳菜、芹菜、小青菜、小麦及大豆苗，茶皂素在以上 5 种植物中均有一定的内吸作用，茶皂素的内吸含量与茶皂素溶液浓度呈正比，均随着

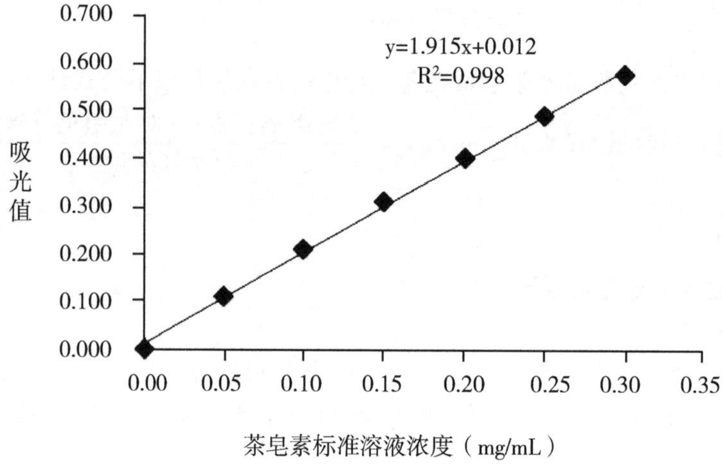

图 2　茶皂素溶液标准曲线

茶皂素溶液处理浓度的增大而增大。

在相同浓度茶皂素溶液处理下，小麦、木耳菜、芹菜对茶皂素的吸收规律相同，其对茶皂素的内吸含量均为：小麦 > 木耳菜 > 芹菜；而大豆在浓度为 5mg/mL 茶皂素溶液处理下，对茶皂素的吸收与木耳菜的接近，在浓度为 10mg/mL 茶皂素溶液处理下，对茶皂素的吸收远高于木耳菜（图 3）。

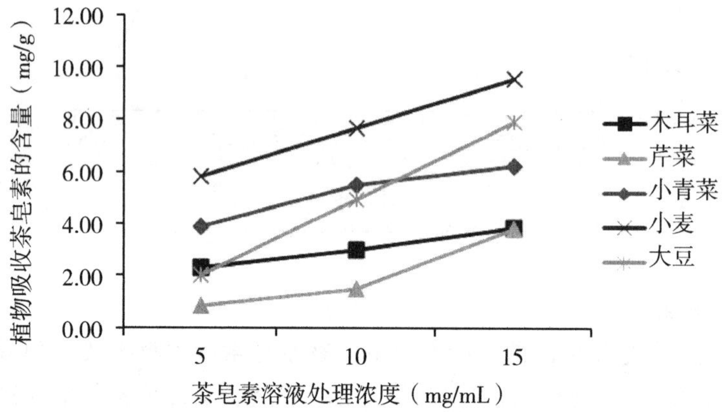

图 3　茶皂素溶液浸泡处理植物 48 h 后对茶皂素的吸收含量

3　结论与讨论

本研究中的茶皂素标准曲线相关系数高、线性关系良好，且精密度高、重现性好。用比色法对茶皂素进行定量分析操作相对简便、分析流程短、试剂消耗少。

茶皂素浸泡试验结果表明，茶皂素在木耳菜、芹菜、小青菜、小麦及大豆苗中具均有一定的内吸作用，且其对茶皂素的内吸含量与茶皂素溶液浓度呈正比。

试验结果表明，不同植物对茶皂素的吸收能力不同，但吸收量均随着茶皂素处理浓度的增大而增大。茶皂素属于三萜皂苷类化合物，是由多种结构相似及多种同分异构的皂苷单体组成的混合物，被植物吸收后，其在植物中的代谢机理尚不清楚。三萜皂苷广泛分布于自然界中，在植物、动物及海洋生物中均有分布。本研究采用分光光度计比色法，通过茶皂素溶液浸泡处理植物苗，检测植物中皂苷含量的变化来明确茶皂素在植物中的内吸特性，该方法是一种间接测定方法，因此结果为初步结论，后续可以通过采用液相色谱法直接检测植物中具体某种皂苷变化，来进一步明确茶皂素在植物中的内吸输导及残留特性，但必须有足够量的茶皂素单体化合物。

参考文献

[1] 白伟. 茶皂素对植物寄生线虫的杀线活性研究［D］. 广州：华南农业大学，2014.

[2] 陈莹，刘松柏，何良兴，等. 油茶籽粕和茶皂素中皂苷的定量检测方法研究［J］. 中国粮油学报，2012，27（2）：105-111.

[3] 陈良宏. 安徽省植物根结线虫鉴定及茶皂素对南方根结线虫杀线活性研究［D］. 合肥：安徽农业大学，2010.

[4] 李丽丽，廖金铃，文艳华. 茶枯饼乙醇抽提物对爪哇根结线虫的毒杀活性［J］. 西北农林科技大学学报（自然科学版），2013（1）：73-77.

中国线虫学研究（第七卷），2018，7：46~50
Nematology Research in China，2018，Vol. 7：46~50

北京市蔬菜根结线虫种类鉴定*

刘艳珂[1**]，向　超[2**]，彭德良[2]，刘　莹[2]，黄文坤[2***]
（[1]北京市农业局植物保护站，北京　100029；
[2]中国农业科学院植物保护研究所，植物病虫害生物学国家重点实验室，北京　100193）

摘　要：近年来，蔬菜生产成为北京市种植业的主要发展方向，而蔬菜根结线虫发生严重，对蔬菜生产造成重大损失。蔬菜根结线虫种类鉴定是开展其他一切防治工作的基础。为了鉴定北京市蔬菜根结线虫的种类，本试验从北京市 4 个区的蔬菜产地共采集 11 个样品。采用形态学鉴定、rDNA-ITS 鉴定和南方根结线虫特异性引物分子检测的鉴定方法，对采集的发病样品中的根结线虫进行种类鉴定。最终，结合形态学鉴定和分子生物学鉴定确定了北京市所采集的不同蔬菜产区的根结线虫样本均为南方根结线虫（*Meloidogyne incognita*）。研究结果将对确定北京市蔬菜产区根结线虫的分类地位、制定相应的防治策略提供参考。
关键词：蔬菜；根结线虫；南方根结线虫；鉴定

Identification of Root-knot Nematode *Meloidogyne* spp. of Vegetables in Beijing*

Liu Yanke[1**]，Xiang Chao[2**]，Peng Deliang[1]，Liu Ying[1]，Huang Wenkun[1***]
（[1] *Plant Protection Station*，*Beijing Agricultural Bureau*，*Beijing* 100029，*China*；
[2] *State Key Laboratory for Biology of Plant Diseases and Insect Pests*，*Institute of Plant Protection*，*Chinese Academy of Agricultural Sciences*，*Beijing* 100193，*China*）

Abstract：In recent years，vegetable industry has become the main development direction of planting industry in Beijing，but the vegetable root knot nematodes have taken place seriously，causing great losses to vegetable industry. The identification of vegetable root-knot nematodes is the basis of all other pests control. In order to identify the species of vegetable root knot nematodes in Beijing，11 samples were collected from 4 different vegetable producing areas of Beijing. The collected samples were identified by morphological identification and rDNA-ITS and molecular detection of specific primers of *Meloidogyne incognita*. Finally，it was determined that all samples collected from different producing areas belonged to *M. incognita*. The results will provide a reference for determining the

* 基金项目：国家重点研发计划（2018YFD0201202，2017YFD0201102）
** 第一作者：刘艳珂，硕士，从事新型农药械推广研究以及蔬菜植保专业化服务推广工作；E-mail：shmilyake@ 126. com
向超，硕士研究生，从事植物线虫防治技术研究；E-mail：xiangchao2018@ 163. com
*** 通信作者：黄文坤，研究员，从事植物线虫综合防治技术及致病机理研究；E-mail：wkhuang2002@ 163. com

taxonomic status of root-knot nematodes in vegetable producing areas of Beijing and making corresponding control strategies.

Key words: Vegetable; Root-knot nematode; *Meloidogyne incognita*; Identification

迄今为止，已经发现根结线虫（*Meloidogyne* spp.）可以侵染约 3 000 种植物，其中包含有许多经济作物，在众多根结线虫中，尤其以南方根结线虫（*M. incognita*）为害最为严重[1]。近几年来北京市种植结构发生极大转变，粮田面积不断缩减，以设施蔬菜为代表的都市现代农业发展发展迅猛，市民对蔬菜品质的要求不断提升，温室大棚连年种植同一种蔬菜易导致复种指数暴增，加之一些人为因素影响，北京市蔬菜根结线虫为害日渐严重，防治难度大，平均每年造成直接经济损失 10%~15%，严重时可高达 30%~45%[2]。据报道，北京地区蔬菜根结线虫病害发生严重，造成温室大棚蔬菜番茄、黄瓜等大幅度减产，发生严重的设施蔬菜地几乎不能种植，特别严重时甚至导致绝收[3]。由此可见，蔬菜根结线虫病已成为制约北京地区蔬菜生产的严重问题，而蔬菜根结线虫的鉴定并对其制定精准高效的防治措施已成为一项异常重要的工作。

1 材料与方法

1.1 样品采集

2017 年 5—7 月，从北京市顺义、大兴、昌平、通州 4 个区的设施蔬菜大棚采集了发病蔬菜根系及根系土壤。病根轻轻洗净后 4℃保存备用。样品信息见表 1。

表 1 蔬菜根结线虫样品采集信息一览表

编号	植物	采样地点	采集时间
VRKN-1	黄瓜	北京市顺义区高丽营镇南王路村	2017 年 5 月 23 日
VRKN-2	番茄	北京市顺义区马坡镇东马坡村	2017 年 5 月 23 日
VRKN-3	香菜	北京市顺义区牛栏山镇禾丰村	2017 年 5 月 25 日
VRKN-4	黄瓜	北京市大兴区魏善庄镇前苑上村	2017 年 5 月 25 日
VRKN-5	小白菜	北京市大兴区安定镇驴房村	2017 年 6 月 13 日
VRKN-6	苦瓜	北京市大兴区青云店镇四村	2017 年 6 月 13 日
VRKN-7	番茄	北京市昌平区南口镇南口村	2017 年 6 月 21 日
VRKN-8	黄瓜	北京市昌平区流村镇王家园村	2017 年 6 月 21 日
VRKN-9	豇豆	北京市通州区永乐店镇德仁务中街村	2017 年 7 月 1 日
VRKN-10	番茄	北京市通州区于家务回族乡果村	2017 年 7 月 1 日
VRKN-11	豇豆	北京市通州区台湖镇外郎营村	2017 年 7 月 1 日

1.2 根结线虫雌虫会阴花纹临时玻片的制作与观察

将轻轻清洗干净的病根放置在体视显微镜下，用解剖针将雌虫小心挑出，并用灭菌后的双蒸水轻轻清洗 2 次。采用段玉玺[4]制作根结线虫雌虫会阴花纹的方法并稍作改良：在洁净的载玻片上滴一滴45%的乳酸，挑入已准备好的雌虫；用手术刀切取雌虫尾部，然后将尾端体内的组织轻轻除去；用手术刀切除会阴以外的多余部分，将剩余部分修成约为平整的正方形；另取一片洁净的载玻片并在正中位置滴一滴甘油，将处理后正方形组织放入甘油中，盖上盖玻片，制成临时玻片，贴上标签并观察记录。

1.3 单条线虫 DNA 提取

根结线虫二龄幼虫 DNA 提取方法参考容万韬等[5]的冻融裂解法并作改良：挑出病根表面卵块置于室温孵化后，将单条线虫挑入装有 10μL 灭菌后的双蒸水的 PCR 管中；每个样品分别加入 7μL 10×PCR Buffer 和 3μL 的蛋白酶 K（2mg/mL）；置于-80℃的超低温冰箱中至少 2h；将样品在液氮和 42℃ 水浴锅中交替来回 4～5 次；置于 PCR 仪中并设置程序为：65℃，90min；85℃，10min；10℃保存，取出后-20℃保存备用。

1.4 rDNA-ITS PCR 扩增与鉴定

采用 Harris 等[6]设计的线虫 ITS 扩增通用引物，F195 和 V5367（目的片段约为 750bp），其序列分别为：5′-TCCTCCGCTAAATGATATG-3′ 和 5′- TTGATTACGTCCCTGCCCTTT-3′。25μL PCR 扩增体系为：10 × Ex Taq Buffer 2.5μL，dNTPs Mix（2.5mmol/L）2μL，引物（10μmol/L）各 0.3μL，Ex Taq 酶（5U/μL）0.3μL，模板 DNA 3μL，灭菌 ddH_2O 16.6μL；扩增条件为：95℃预变性 5min；95℃变性 1min、60℃退火 45s、72℃延伸 1min，35 个循环；72℃延伸 10min；4℃保存。PCR 扩增结束后用 1.1%的琼脂糖凝胶（已加入万分之一凝胶体积的 10 000×GelStain 核酸染料）在 0.5×TAE 电泳缓冲液环境下电泳检测，电泳条件为：120V，30min。电泳结束后在 BIO-RAD 凝胶成像系统上观察 PCR 结果。切下目的片段后，用天根普通琼脂糖凝胶 DNA 回收试剂盒（DP209）进行胶回收，获得的胶回收产物交由生工生物工程（上海）股份有限公司完成测序。

1.5 南方根结线虫特异性引物分子检测

采用孟庆鹏等[7]设计的南方根结线虫特异性引物，MI-F 和 MI-R（目的片段约为 955bp）。其序列分别为：5′-GTGAGGATTCAGCTCCCCAG-3′和 5′-ACGAGGAACATACTTCTCCGT CC-3′。25μL PCR 扩增体系同 1.4；扩增条件为：95℃预变性 5min；95℃变性 1min、55℃退火 45s、72℃延伸 1.5min，35 个循环；72℃延伸 10min；4℃保存。PCR 扩增结束后用 1.1%的琼脂糖凝胶（已加入万分之一凝胶体积的 10 000×GelStain 核酸染料）在 0.5×TAE 电泳缓冲液环境下电泳检测，电泳条件为：120V，30min。电泳结束后在 BIO-RAD 凝胶成像系统上观察 PCR 结果。

2 结果与分析

2.1 根结线虫雌虫会阴花纹临时玻片观察结果

经过仔细观察玻片后发现，试验中所有雌虫的会阴花纹多具有如下的特征：背弓显著且高，背弓线纹平滑，无显著的侧线，一些线纹侧面有分叉，一些线纹弯向阴门。上述特征与国内外学者描述的南方根结线虫雌虫的会阴花纹特征类似，由此可判断，试验的根结线虫样本均为南方根结线虫。

2.2 rDNA-ITS PCR 扩增产物电泳结果

不同样品的单条线虫的基因组 DNA 用线虫通用引物 F195 和 V5367 进行 rDNA-ITS PCR

扩增后，琼脂糖凝胶电泳检测结果见图 1，目的条带大小约为 750bp 。

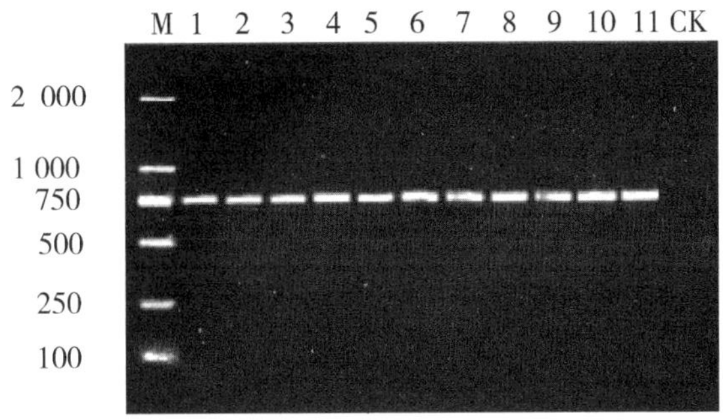

M：DL2000Maker；1～11：VRKN-1～VRKN-11；CK：阴性对照

图 1 全部样品 ITS 片段 PCR 扩增结果

2.3 南方根结线虫特异性引物 PCR 扩增产物电泳结果

不同样品的单条线虫的基因组 DNA 用南方根结线虫特异性引物 MI-F 和 MI-R 进行 PCR 扩增后，琼脂糖凝胶电泳检测结果见图 2，目的条带大小约为 955bp。

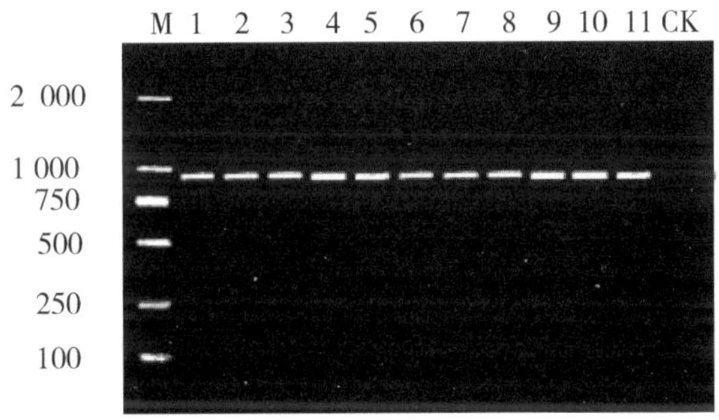

M：DL2000Maker；1～11：VRKN-1～VRKN-11；CK：阴性对照

图 2 全部样品特异性引物 PCR 扩增结果

2.4 序列比对与聚类分析

将生工生物工程（上海）股份有限公司反馈的测序结果在 NCBI（National Center for Biotechnology Information）的 GenBank 数据库进行 BLAST 序列比对，结果显示，所测样品与南方根结线虫 ITS 区序列同源性高达 99%～100%。选取 VRKN-7 样品序列用 MEGA 6 软件进行聚类分析，见图 3。从系统进化树中可看出，VRKN-7 样品为南方根结线虫。

本试验采用形态学方法和分子生物学方法对样品进行鉴定。通过观察根结线虫雌虫的会阴花纹特征，并结合通用引物测序结果和南方根结线虫特异性引物检测结果可以得出，试验所采集的北京市 4 个区 11 个地点的根结线虫样品均为南方根结线虫。

3 总结与讨论

由于根结线虫不同种类之间的形态特征差异极小，且在进化比较保守，仅靠形态特征基本不能对根结线虫进行精确无误的鉴定。本研究利用形态学鉴定方法结合分子生物鉴定方法

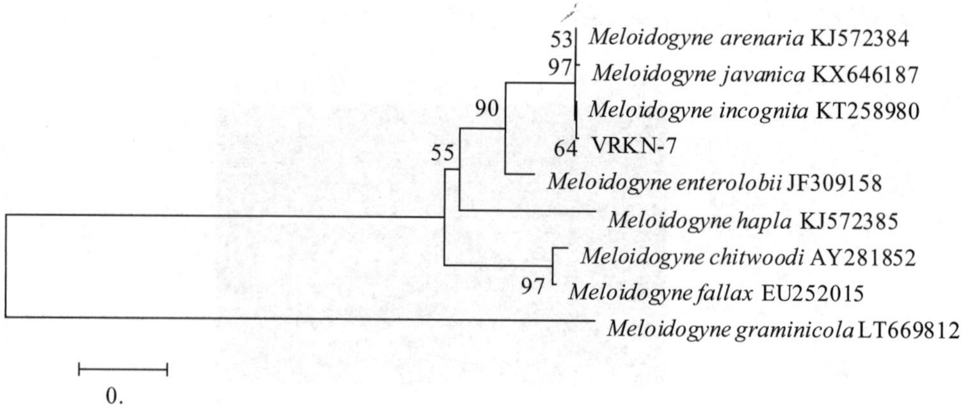

图 3 VRKN-7 和用不同种类根结线虫 ITS 区序列构建的系统进化树

（rDNA-ITS 鉴定和特异性分子检测）对北京 4 个区的设施蔬菜根结线虫进行鉴定，结果显示，所采集的北京市 4 个区 11 个地点的根结线虫样品均为南方根结线虫。与王仁刚[8]、吴篆芳[9]等人研究的结果一致。这说明，北京地区设施蔬菜中南方根结线虫已普遍分布且为害严重。本试验结果为根结线虫的提早预防以及研究精准的防治方法奠定了基础。

参考文献

[1] Liang W J, Lavian I, Steinberger Y. Dynamics of nematode community composition in a potato field [J]. Pedobiologia, 1999, 43 (5): 459-469.

[2] 李敏，白全江，席先梅，等．内蒙古赤峰市保护地蔬菜根结线虫种类鉴定［J］．植物病理学报，2017，47（2）：286-288.

[3] 张芸，胡铁军，师迎春．北京地区蔬菜根结线虫病发生特点及控制对策［J］．中国农技推广，2005，（2）：42-44.

[4] 段玉玺．植物线虫学［M］．北京：科学出版社，2011：89.

[5] 容万韬，王金成，刘鹏 等．单条线虫 DNA 提取方法研究［J］．华北农学报，2014，29（2）：127-132.

[6] Harris T S, Sandal L J, Powers T O. Identification of single *Meloidogyne juveniles* by polymerase chain reaction amplification of mitochondrial DNA [J]. Journal of Nematology, 1990, 22 (4): 518-524.

[7] 孟庆鹏，龙海，徐建华．南方、爪哇和花生根结线虫的快速灵敏的 PCR 鉴定方法（英文）［J］．植物病理学报，2004，34（3）：204-210.

[8] 王仁刚，简恒，向红琼，等．北京地区保护地蔬菜根结线虫种类鉴定［J］．植物保护，2007，33（3）：90-92.

[9] 吴篆芳．京郊保护地蔬菜根结线虫鉴定及种群动态调查［D］．北京：中国农业科学院，2013.

中国线虫学研究（第七卷），2018，7：51~53
Nematology Research in China，2018，Vol. 7：51~53

江西九江水稻根结线虫病发生情况简报

张晓阳[1*]，罗　斌[2]，文艳华[3]，郑刘春[3]，陈齐信[1**]
（[1]江西省九江市植保植检局，九江　332000；[2]江西省九江市共青城市农林水务局，九江　332020；
[3]华南农业大学农学院，广州　510642）

摘　要：自2018年4月以来，江西九江市共青城、德安县、永修县等多地陆续发现水稻根结线虫病为害，其中尤以共青城市金湖乡固村发生严重，成片发生面积近133hm^2，病株率一般30%~60%，严重发病稻田病株率达100%，发病田块秧苗叶片变黄，拔出发病植株可见根系上有很多小球状根瘤，田间初步诊断为水稻根结线虫病。5月7日，中国农科院植保所彭德良研究员、湖南农业大学丁中教授、华南农业大学文艳华副教授一行，在共青城市区的金湖乡进行田间现场调查采样，采集样品经显微镜检查，并经分子生物学鉴定，确诊病原为拟禾本科根结线虫（*Meloidogyne graminicola*），详见图1至图4。据调查，该发病区域为滨湖地区冬闲田，系高标准粮田创建区，沙壤土，常年连作双季水稻，播种方式主要是直播，种植品种以常规稻为主，此外还有中早33、中早35、湘早45、珍珠3号等品种。播种前一般采用咪鲜胺浸种24~48h。农户反映2017年已有零星发生，但不知什么原因而忽略了，今年大面积爆发。常年连作水稻、沙壤土、多湿且20~30℃适宜气温，加上病原的积累，这些条件都有利于水稻根结线虫的侵染传播，可能是造成当地水稻根结线虫大发生的原因。

关键词：拟禾本科根结线虫；水稻根结线虫病

A Brief on the Occurrence of Rhizosis of Rice in Jiujiang City，Jiangxi Province

Zhang Xiaoyang[1*]，Luo bin[2]，Wen Yanhua[3]，Zheng Liuchun[3]，Chen Qixin[**]
（[1] *Jiujiang Plant Protection Inspection Bureau of Jiangxi Province*，*Jiujiang*，*Jiangxi*　332000；
[2] *Jiangxi Provincial Communist Youth League City Agriculture and Forestry Water Bureau*，*Jiujiang*，*Jiangxi*　332020；[3] *South China Agricultural University Agricultural College*，*Guangzhou*，*Guangdong*　510642）

Abstract：Since April 2018，many places in Jiangxi jiujiang city，including yongcheng city，de'an county and yongxiu County，have discovered that rice root worm disease is a serious disease，

* 第一作者：张晓阳，男，农艺师，植物病理学硕士，从事农作物病虫害测报与防治工作；E-mail：zxygogo123@ 126. com
** 通信作者：陈齐信，男，农业技术推广研究员，主要研究与从事农作物病虫害测报与防治工作；E-mail：jjzbzj@ 163. com

especially in gucun, jinhu township of yongsheng city, where nearly 133hm^2 of area has occurred, and the strain rate is generally 30% ~ 60%, The rate of severe rice field disease reached 100%, and the leaves of seedlings in the field became yellow. There were many small globular root tumors in the roots of the uprooted plants. The field was initially diagnosed as rice root nematode disease. On May 7, Pengdeliang, a researcher at the Institute of Plant Protection of the Chinese Academy of Agricultural Sciences, Professor Dingzhong of Hunan Agricultural University, and Associate Professor Wen Yanhua of South China Agricultural University, were in the Gongqing City District.
Key Words: *Meloidogyne graminicola*; Rice root knot nematode disease

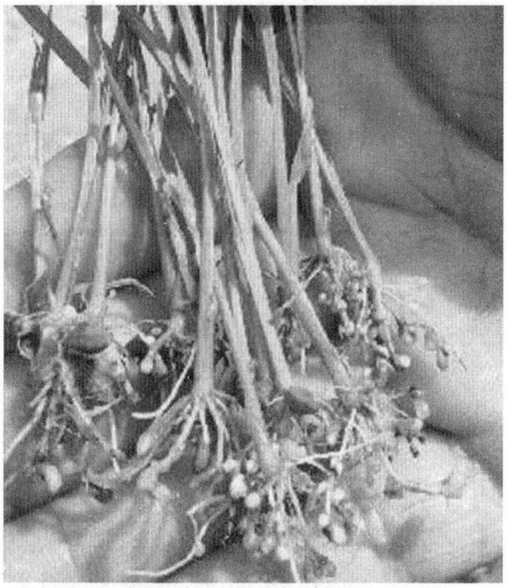

图 1　水稻根结线虫病害根部症状

Fig. 1　Root symptom of rice root nematodes disease

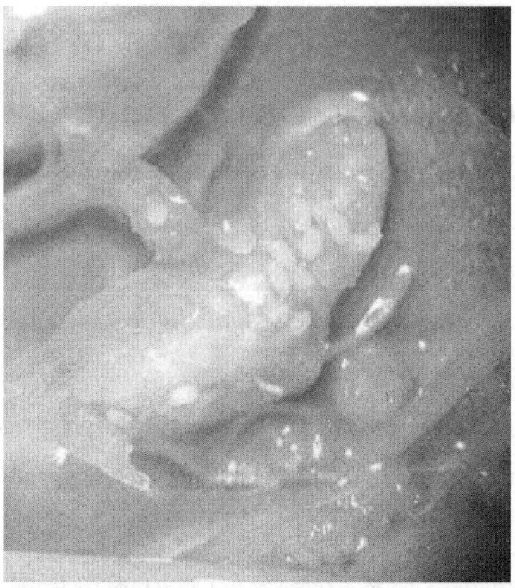

图 2　水稻根结线虫病害镜检照片，示根结内雌虫

Fig. 2　Photographic examination of rice root nematode disease, female in root knot

图 3　田间发病水稻危害症状

Fig. 3　Symptoms of rice hazards in the field

图 4　线虫田间调查合影（由左至右依次是陈齐信，文艳华，彭德良，农户，丁中，农户）

Fig. 4　Photograph of ncmatodc ficld survcy (from lcft to right, followed by Chen Qixin, Wen Yanhua, Peng Deliang, Farmer, Ding Zhong, Farmer)

致谢： 感谢中国农科院植保所彭德良研究员、湖南农业大学丁中教授、华南农业大学文艳华副教授在百忙之中抽出时间调查指导我市水稻根结线虫诊断，并提出切实可行的防治策略。

中国线虫学研究（第七卷），2018，7：54~56
Nematology Research in China，2018，Vol. 7：54~56

6%噻唑膦·寡糖水乳剂对香蕉根结线虫防控效果

曾锦冰*，黄加富，于洋飞**
（佛山市盈辉作物科学有限公司，佛山　528000）

Control Efficacy of 6% Fosthiazate against Banana Root-knot Nematoele

Zeng Jinbing*，Huang Jiafu，Yu Yangfei**
（*Foshan Yinghui Crop Science Co.，Ltd.，Foshan*　528000）

摘　要：针对香蕉根结线虫为害日益严重的趋势，本试验有别于常规的颗粒剂施药方式，而是采用液体制剂淋根，同时探讨噻唑膦与氨基寡糖素的混剂与单剂效果的比较。结果表明6%噻唑膦·寡糖水乳剂（蓝利根砂）效果最好，防效达80%以上，混剂中两种药剂具有增效作用且作用方式不同，可以更好地防治香蕉根线虫，延缓抗药性的产生。

关键词：香蕉；根线虫；杀线虫剂；防治效果

近年来，随着香蕉组培苗生产的迅速发展和大力推广，香蕉种植面积越来越大，线虫病害普遍发生，特别是香蕉根结线虫病极为严重，受害香蕉根部形成根结，须根少，变黑褐色，严重时表皮腐烂，使植株生长缓慢、发育不良。[1]中国的广西、广东、福建、云南等香蕉主产区均发现根结线虫为害。[2-4]目前防治香蕉根结线虫的常规施药方式主要是使用颗粒剂，本试验采用液体制剂淋根，同时进行噻唑膦与氨基寡糖素的混剂与单剂效果的比较，在药剂投入成本相当的条件下筛选更高效的产品，为香蕉健康、高效生产提供依据。

1　材料与方法

1.1　试验地点

试验在广西南宁坛洛香蕉园进行。

1.2　试验材料

供试香蕉品种为巴西蕉，新种植2月，根结线虫发生严重。供试药剂有：6%噻唑膦·寡糖水乳剂（商品名蓝利根砂，佛山市盈辉作物科学有限公司产品）、5%噻唑膦微乳剂（河北三农农用化工有限公司产品）、2%氨基寡糖素水剂（山东国润生物农药有限责任公司产品）。

---

* 第一作者：曾锦冰，主要研究植物线虫学，从事植保技术的开发与推广
** 通信作者：于洋飞，主要从事农药植保技术开发与应用研究

1.3 试验方法

试验设计及施药方法见表1（单位面积的设计用量的用药成本相当）。

施药方法：处理直接用药液淋根，施药次数均为1次，每次处理3次重复，每个重复5株香蕉。

施药时间：2017年3月5日香蕉处于苗期。

分别在施药前和施药后3个月于各小区随机选取3株香蕉采集根际土壤及根系，用改良贝曼漏斗法分离土壤中线虫，调查根际土壤线虫虫口数量；剪碎根系，用过筛法分离根上的线虫，统计根上虫口数量。分别计算虫口减退率和防治效果。

幼虫减退率（%）=（处理区药前幼虫数-处理区药后幼虫数）/处理区药前幼虫数×100

防治效果（%）=（处理区幼虫减退率-对照幼虫减退率）/100-对照幼虫减退率×100

表1 试验设计及施药方法

处理	药剂	施药方法	用量
T_1	6%噻唑膦·寡糖水乳剂	淋根	22 500mL/hm^2
T_2	5%噻唑膦微乳剂	淋根	15 000mL/hm^2
T_3	2%氨基寡糖素水剂	淋根	4 005mL/hm^2
T_4	空白对照（CK）		

2 结果与分析

药后3个月调查结果表明（表2），6%噻唑膦·寡糖水乳剂（蓝利根砂）、5%噻唑膦微乳剂、2%氨基寡糖素水剂处理均能有效控制香蕉根结线虫病，降低土壤中和根上的虫口数量，虫口减退率达40%以上，防治效果均在50%以上。其中，6%噻唑膦·寡糖水乳剂（蓝利根砂）对根结线虫的防治效果最好，其明显抑制了土壤中和根上的虫口，减退率分别达到76.44%和74.03%。

表2 几种药剂处理对根结线虫的防治效果

处理	土壤中				根上			
	药前虫口数（头/100mL）	药后虫口数（头/100mL）	虫口减退率（%）	防效（%）	药前虫口数（头/100mL）	药后虫口数（头/100mL）	虫口减退率（%）	防效（%）
T_1	290	67	76.44	80.93aA	188	48	74.03	80.95aA
T_2	260	78	69.89	75.90abA	188	64	65.10	74.39abAB
T_3	262	156	40.06	51.65cC	162	80	50.26	63.41cB
T_4	259	321	-23.90	—	171	233	-35.68	—

表中数据为3次重复的平均值；同列数据后大小写英文字母分别表示在1%、5%水平下

的差异显著性

3 讨论

6%噻唑膦·寡糖水乳剂（蓝利根砂）对根结线虫的防治效达到80%以上，其毒性低，兼具触杀和内吸作用，为淋根施用，在有水的地方施用要比挖穴施药方便，对环境及施用者安全值得推广。

4 结论

本试验结果表明，在几个对照药剂使用成本相当的条件下，6%噻唑膦·寡糖水乳剂（蓝利根砂）对香蕉根结线虫有较好的防治效果，表明混剂中两种药剂具有增效作用且作用方式不同，可以更好地防治香蕉根结线虫，延缓抗药性的产生。且对香蕉生长无不良影响，可作为香蕉根结线虫的防治药剂进行推广应用。

参考文献

[1] 李树庆，刘志明，韦刚．香蕉根结线虫生物学特性研究［J］．西南农业学报，2003，16（2）：66-69.

[2] 肖雅敏．福建省香蕉病原线虫种类调查与鉴定［D］．福州：福建农林大学，2014：4-6.

[3] 鄢小宁，郑服丛，林茂松．两广地区香蕉根际寄生线虫的调查与鉴定［J］．热带农业科学，2005，25（6）：4-8.

[4] 黄金玲，刘志明，陆秀红，等．广西香蕉植物线虫病发生情况调查［J］．植物保护，2011，37（6）：191-193.

中国线虫学研究（第七卷），2018，7：57~60
Nematology Research in China，2018，Vol. 7：57~60

五种药剂对番石榴根结线虫防治效果研究

于洋飞*，曾锦冰，李次平**
（佛山盈辉作物科学有限公司，佛山　528000）

Study on the Control Efficacy of Five Drugs against Guava Root-knot Nematode

Yu Yangfei*，Zeng Jinbing，Li Ciping**
（*Foshan Yinghui Crop Science Co.，Ltd.，Foshan*　528000）

摘　要：采用田间对比试验的方法，研究分析了蓝利根砂（9%氨基寡糖噻唑膦颗粒剂）、多福（10%噻唑磷颗粒剂）、盈辉快线（5%阿维噻唑膦颗粒剂）、1%阿维颗粒剂、15%毒死蜱颗粒剂共5种药剂对番石榴根结线虫的防治效果。试验结果表明，无论施药30d、45d后，还是70d后，蓝利根砂（9%氨基寡糖噻唑膦颗粒剂）、多福（10%噻唑磷颗粒剂）、盈辉快线（5%阿维噻唑膦颗粒剂）这三种种药剂均对番石榴根结线虫表现出良好的防治效果。防治效果分别为86.21%、84.32%和80.96%。

关键词：番石榴；根结线虫；防治措施；防治效果

植物病原线虫是植物侵染性病原之一，在世界上许多国家和地区均有发生和为害，而且种类繁多。在全球范围内，植物病原线虫的发生和为害随着农林业的发展和耕作栽培制度的眼花而日益严重，已成为农业灾害中继害虫、植物病害之后的第三大灾害。[1]目前国际上报道的根结线虫有效种80多个，我国记录有效种39个，可侵染粮食、经济、蔬菜、果树、花卉、杂草等114科3 000多种植物，尤其在热带、亚热带、温带地区的茄科、葫芦科、十字花科等植物上为害甚为严重，可造成作物减产10%~20%，严重时可达75%以上[2]。

杀线虫剂在植物线虫防治方面起到积极作用，但现有杀线虫剂数量过少，可供选择的品种有限，杀线虫剂大多为非专业杀线虫剂，一些有效但对环境有害的杀线剂正逐步被淘汰和禁限用。如对地球表面的臭氧层具有破坏作用的溴甲烷，高毒农药涕灭威、克百威等。植物线虫的化学防治方法面临严峻挑战[3]。

番石榴的营养成分十分丰富，有蛋白质、脂质、膳食纤维、矿物质、维生素等等，吃番石榴可以补充营养，强身健体。番石榴能够促进新陈代谢，又能润肠通便，因而十分适用于减肥。种植番石榴能够带来很好的经济效益，对调整农业产业结构、增加农民收入、满足人们的物质需求有着重要意义[4]。但种植区域大部分在热带、亚热带的砂性土壤地区，其为

---

* 第一作者：于洋飞，主要研究植物线虫学，从事植保技术的开发与推广
** 通信作者：李次平，主要从事农药植保技术开发与应用研究

根结线虫的生存繁殖提供了适宜的土壤条件；产区常年连作也造成土壤虫口密度极高；据统计，诸多原因造成番石榴上根结线虫的发病率占 30%，造成的损失达 30%~40%，严重影响了番石榴的产量和质量。再者，目前国内外都暂无在番石榴上获得登记和推广的线虫防治药剂。为此，我们在广东珠海开展了番石榴根结线虫病的药剂防治试验，旨在筛选出高效、低毒的农药品种，以期为当地番石榴生产提供参考。

1 材料和方法

1.1 试验材料

选用 9%氨基寡糖噻唑膦颗粒剂（佛山市盈辉作物科学有限公司，产品蓝利根砂）；10%噻唑膦颗粒剂（佛山市盈辉作物科学有限公司，产品多福）；5%阿维噻唑膦颗粒剂（佛山市盈辉作物科学有限公司，产品盈辉快线）1%阿维菌素颗粒剂（山东泰阳生物科技有限公司）、15%毒死蜱颗粒剂（广东省东莞市瑞德丰生物科技有限公司）。

1.2 试验方法

试验在广东珠海市平沙镇的番石榴基地进行，前茬为番石榴，树龄 4 年，根结线虫为害严重。试验共设 6 个处理，蓝利根砂（9%氨基寡糖噻唑膦颗粒剂）30kg/hm^2（A_1）、多福（10%噻唑膦颗粒剂）30kg/hm^2（A_2）、盈辉快线（5%阿维噻唑膦颗粒剂）37.5kg/hm^2（A_3）、1%阿维菌素颗粒剂 45kg/hm^2（A_4）、15%毒死蜱颗粒剂 60kg/hm^2（A_5）前均匀撒施。空白对照（CK）。每个处理 3 次重复，随机区组排列，小区面积 33m^2。2016 年 4 月 12 日按试验设计的剂量撒施药剂后覆土。

1.3 调查方法

1.3.1 土壤线虫量调查

药剂处理前，施药后 30d、45d、70d 调查一次，每小区 5 点随机取土，采用贝尔曼漏斗法测定 100g 土壤中二龄线虫量的消长规律。

1.3.2 根结发病情况调查

2016 年 5 月 12 日，即药剂处理 30d 后调查，每小区随机取 10 株调查发病情况；2016 年 5 月 27 日，即药剂处理 45d 后调查；2016 年 6 月 22 日，即药剂处理 70d 后调查；分级并计算病级指数和防效。

根结线虫病分级标准为：0 级，根系健康，没有根结；1 级，根系有少量根结，根结百分率小于 25%；2 级，根系上根结数量中等，根结百分率 25%~50%；3 级，根系上根结数量很多，根结百分率为 50%~75%；4 级，根系上根结数量特别多，根结百分率达 75%以上。

病情指数=［∑（根结级别代表值×本级病株数）/（调查总株数×9）］×100

防治效果（%）=［1-（处理病情指数/对照病情指数）］×100

2 结果与分析

根据表 1 得出：本试验的不同处理的线虫量，存在极显著性差异，其中利蓝利根砂（9%氨基寡糖噻唑膦颗粒剂）30kg/hm^2（A_1）、多福（10%噻唑膦颗粒剂）30kg/hm^2（A_2）、盈辉快线（5%阿维噻唑膦颗粒剂）37.5kg/hm^2（A_3）表现效果优异，土壤线虫量明显低于其他处理，防效较其他处理药剂要好。处理 $A_1 \sim A_5$ 的土壤线虫量与空白对照均存在显著性差异，表现各处理药剂对番石榴根结线虫均有一定的防效。

表 1　不同处理的土壤线虫量消长动态情况

处理	调查时间				平均值
	4 月 12 日	5 月 12 日	5 月 27 日	6 月 22 日	
A_1	959	614	724	858	786aA
A_2	861	711	713	875	790aA
A_3	851	723	813	975	836aA
A_4	964	1 298	1 421	1 586	1 316bB
A_5	1 096	1 238	1 343	1 532	1 302bB
空白对照（CK）	1 075	1 540	1 847	1 893	1 588cC

注：表中 A_1：利蓝利根砂（19%氨基寡糖噻唑膦颗粒剂）；A_2：多福（10%噻唑膦颗粒剂）；A_3：盈辉快线（5%阿维噻唑膦颗粒剂）；A_4：1%阿维菌素颗粒剂；A_5：15%毒死蜱颗粒剂；下同

根据表 2 得出：本试验的不同药剂处理与空白对照的病情指数存在极显著性差异，其中利蓝利根砂（9%氨基寡糖噻唑膦颗粒剂）30kg/hm^2（A_1）、多福（10%噻唑膦颗粒剂）30kg/hm^2（A_2）、盈辉快线（5%阿维噻唑膦颗粒剂）37.5kg/hm^2（A_3）的病情指数差异不显著，1%阿维菌素颗粒剂 45kg/hm^2（A_4）、15%毒死蜱颗粒剂 60kg/hm^2（A_5）病情指数差异不显著；防治效果以利蓝利根砂（9%氨基寡糖噻唑膦颗粒剂）30kg/hm^2（A_1）、多福（10%噻唑膦颗粒剂）30kg/hm^2（A_2）、盈辉快线（5%阿维噻唑膦颗粒剂）37.5kg/hm^2（A_3）表现效果优异，防治效果超过 80%。

表 2　不同处理对番石榴根结线虫的田间防治效果 86.21%、84.32%和 80.96%

处理	病情指数	防治效果
A_1	4.07cC	86.21
A_2	4.05cC	84.32
A_3	4.00cC	80.96
A_4	13.15bB	42.62
A_5	12.41bB	45.15
空白对照（CK）	23.70aA	

3　结论与讨论

试验初步表明，5 种药剂均能在一定程度上控制番石榴根结线虫的为害；对比不同药剂处理的防治效果，无论是处理后 30d、45d 还是 70 d，蓝利根砂（9%氨基寡糖噻唑膦颗粒剂）表现出良好的防治效果，可较好地控制番石榴根结线虫的为害。鉴于它持效期较长，且属低毒产品，在番石榴生产上较为安全，建议在生产实践中推广应用。

参考文献

[1] HOLDER-DYEL, WALKER R J. Neurobiology of plant parasitic nematodes [J]. Inevertebrate Neyrosciencce, 2011, 11 (1): 9-19

[2] 谢辉, 冯志新. 植物线虫的分类现状 [J]. 植物病理学报, 2000, 30 (1): 1-6.

[3] 廖金铃, 周慧娟, 冯志新, 等. 杀线剂田间药效试验中的问题及对策 [J]. 农药科学与管理, 2001 (b07): 33-34.

[4] 蒙文交, 李群芳, 欧卢才, 等. 番石榴栽培月历 [J]. 南方园艺, 2012, 23 (4): 40-41.

中国线虫学研究（第七卷），2018，7：61～66
Nematology Research in China，2018，Vol. 7：61～66

植物线虫生防细菌和毒力蛋白研究进展*

叶　姗**，丁　中***
（湖南农业大学植物保护学院，长沙　410128）

摘　要：植物寄生线虫在世界范围内严重为害农业生产，目前化学防治依然是控制线虫的主要手段。由于化学农药造成的环境、食品安全等问题，迫切需要环境友好的生物防治措施。利用生防细菌进行线虫生物防治，已引起越来越多研究者的关注。本文从植物寄生线虫的生物防治、生防细菌的主要种类和特点和生防细菌代谢产物中的活性杀线虫蛋白几个方面进行综述，并提出目前研究存在的问题，以及未来的研究展望。

关键词：细菌；线虫；生防；活性蛋白

Advances in the Study of Plant Nematode Biocontrol Bacteria and Virulence Proteins*

Ye Shan**，Ding Zhong***
(*College of Plant Protection*，*Hunan Agricultural University*，*Changsha*　410128，*China*)

Abstract：Plant-parasitic nematodes（PPNs）cause severe losses in agricultural production worldwide and chemical nematicide is still the primary choice for nematode control. However，as the problems of environment and food security caused by chemical nematicides are increasingly serious，biological methods are being urgent for nematode control for the properties of high efficiency and environmental friendly. Bacteria have shown great potential as biological interventions for controlling nematode infections. In this paper，the biocontrol of PPNs，the main types and characteristic of bacteria，nematicidal active proteins were reviewed. Then the problems of current reseach and future prospects were put forward.

Key words：Bacteria；Nematode；Biocontrol；Active protein

1　概述植物寄生线虫和生物防治

植物寄生线虫专门以植物组织为食，主要通过口针刺穿植物细胞壁吸取其营养物质来维持自身的生命活动。植物寄生线虫是植物侵染性病害的重要病原物之一，同时还可以直接导致植物发生各种复合病害，严重为害植物寿命和生长潜能[1]。植物线虫寄主范围广、致病

---

* 基金项目：农业部公益性行业科研专项（201503114）
** 第一作者：叶姗，讲师，主要从事植物线虫和线虫生防菌资源研究；E-mail：shanye33@ aliyun. com
*** 通信作者：丁中，教授，主要从事植物线虫及其研究；E-mail：dingzh@ hunau. net

性强，自身繁殖速度快且极易传播，每年造成的作物损失超百亿美元[2]。目前防治植物寄生线虫仍以化学药剂为主，但其毒性大、污染环境，对人畜健康存在潜在威胁。相比于传统的线虫防控手段，利用微生物及其代谢产物进行植物线虫生物防治不仅符合人们对绿色食品的需求，而且为农业的可持续发展提供保障，同时也不易引发线虫的抗性[3]。

2 线虫生防细菌

植物寄生线虫的天敌包括真菌、细菌、放线菌、病毒、捕食性线虫、昆虫和原生动物等。真菌和细菌是自然界土壤中占绝对优势的微生物，是植物线虫生物防控的重要微生物[4]。目前报道的具有杀线虫潜力的生防菌主要包括多种真菌和不同种类的生防细菌[5]。由于细菌生长快，易于培养并且对线虫有良好的毒杀效果，其已成为生物防治线虫的新方式和研究热点。目前，线虫生防菌研究的较多的包括根际细菌、专性寄生细菌和内生细菌等。

2.1 根际细菌

根际细菌能在植物根系周围生长定殖，并保护根系不被病原菌侵染，并能促进植物的生长。根际细菌可以通过改变根系分泌物影响线虫的生长、孵化和运动等，同时会与线虫竞争空间和营养位点，部分根际细菌可以产生杀线虫物质毒杀线虫。另外，根际细菌可以诱导并增强植物的系统抗性，对寄主抵抗线虫具有积极作用[6]。目前，在田间及温室对植物线虫有较好防治作用的根际细菌主要是芽胞杆菌和假单胞菌[7]。

生长繁殖快、抗逆性强的芽胞杆菌是目前生防菌研究的热点。苏云金芽胞杆菌产生的伴胞晶体蛋白能够毒杀线虫，是一种广谱的杀线物质，并且毒力很稳定。其杀虫机理主要是晶体蛋白作用线虫肠道，导致肠道液泡化并最终瓦解。伴胞晶体蛋白 Cry5B 和 Cry6A 对根结线虫具有显著防控功能。编码 Cry5B 和 Cry6A 毒性蛋白的基因转入目的植物基因组中，可以获得高效抗线虫的转基因植株[8]。利用苏云金芽胞杆菌 YC-10 的伴胞晶体蛋白处理南方根结线虫，可以显著降低根结级数，并且促进植物生长[9]。南海沉积物中分离出一株坚强芽胞杆菌 YBf-10，对南方根结线虫的幼虫和虫卵都有显著的生防活性[10]。从番茄根际土壤中分离的简单芽胞杆菌具有较强且稳定的杀根结线虫活性，并且能有效地抑制根结线虫卵的孵化[11]。

假单胞菌寄主范围广，对环境的适应能力强，既能产生活性代谢产物抑制土壤中植物线虫繁殖，控制植物病害发生，同时还可以促进植物的生长，是生物防治植物线虫中一类具有极大开发潜力的根际细菌[12]。其中，已有研究显示铜绿假单胞菌和荧光假单胞菌具有显著防治根结线虫的活性[13-14]。

2.2 专一性寄生细菌

专一性寄生于线虫的细菌是重要的线虫生防资源，其中穿刺巴氏杆菌是最常见的专性寄生于线虫二龄幼虫上的革兰氏阳性细菌。穿刺巴氏杆菌主要以孢子形式存在于土壤中，遇到线虫时会黏附在其二龄幼虫体表。该细菌的孢子萌发的芽管能穿透线虫体表角质层，并不断增殖，使线虫由于体内充满细菌孢子而被摧毁致死。同时，线虫虫体分解后大量孢子释放，并再次侵染新的寄主。穿刺巴氏杆菌寄生在线虫体表，还能瓦解雌虫生殖系统，阻止线虫的繁殖。当土壤中有足够数量的孢子时，它也能阻止二龄幼虫侵染植物根系[15]。穿刺孢子抗干旱、抗逆性极强，能在干燥条件下保持数年的侵染性，并在化学线虫剂中以及在极端温度条件下都可存活[16]。

穿刺巴氏杆菌因其寄生能力强、增殖迅速，孢子可抵御不良环境等特点，在实际应用中能使线虫密度降低，提高作物产量。无论单独施用还是与某些杀线虫剂混合施用，穿刺巴氏杆菌对很多作物的根结线虫病都有明显的防治效果。虽然穿刺巴氏杆菌应用效果好，但是它是专性寄生物，在人工培养基上进行商业化培养该细菌的难题还没有解决，从而限制了大规模产业化生产和应用，致使目前还未商品化[17]。

2.3 内生细菌

内生细菌主要是寄生在植物体内或者长期定殖在植物的根际周围和其他组织内的细菌，可通过组织学方法或从表面严格消毒的植物组织中分离。大量研究表明，内生细菌几乎存在于所有的植物中，并从植物的根、茎、叶、花、果、胚、种子等组织中均可分离到内生细菌[18]。内生细菌对植物没有为害作用，不仅能促进植物生长，还可减少多种病原菌的为害。由于植物内生菌定殖在植物组织中，相较于土壤或植物根际土壤生防微生物来说，生存环境稳定，能发挥更好的生防效果。内生菌作为新的生防因子，具有其他传统生防微生物不可比拟的优势，对多种真菌病害、植物细菌和寄生线虫等都具有防治作用[19]。彭双等从多种经济作物中筛选到多株对松材线虫具有杀线虫活性的内生细菌[20]。已有相关研究从番茄根系，黄瓜和棉花根系中分离出来的内生菌可以有效防治根结线虫[21]。

3 生防细菌杀线虫活性蛋白研究进展

研究显示，胞外蛋白是杀线虫微生物侵染线虫过程中的一个重要活性因子，能高效抑制并杀死线虫和虫卵[22]。线虫体壁主要由包括角蛋白、胶原蛋白类蛋白质和几丁质，卵壳主要是由几丁质层构成。线虫体壁和卵壳共同形成了防止侵染的主要屏障。丝氨酸蛋白酶、几丁质酶和胶原蛋白酶都被认为是捕食线虫和昆虫真菌的毒力因子，这些胞外蛋白酶大多属于丝氨酸蛋白酶家族[23]。

细菌在侵染线虫过程中，首先突破线虫体壁屏障。细菌产生的胞外蛋白是其侵染线虫过程中的重要毒力因子。研究显示，有部分生防菌产生的胞外蛋白可以有效降解线虫的体表角质层。侧胞短芽胞杆菌 G4 菌株代谢产物中纯化出的丝氨酸胞外蛋白酶可水解胶原和线虫体壁。通过组织病理电镜实验，相关研究确定蛋白酶严重破坏了线虫体壁，造成线虫内含物的泄漏，最终杀死线虫[24]。此外，有研究通过对芽胞杆菌 RH219 产生的杀线虫毒性物质进行分析，发现一种可降解线虫表皮的蛋白酶 Apr219，可以有效毒杀根结线虫[25]。

研究表明，部分生防菌丝氨酸活性蛋白通过口针进入植物线虫消化道后破坏肠道组织，引发线虫死亡[26]。杀线虫芽胞杆菌 B16 产生的碱性丝氨酸蛋白酶 Bace16 和 Bae16 是侵染线虫的重要毒性因子，直接作用于线虫的肠道组织。通过基因工程手段使菌株 Bace16 蛋白酶过量表达，菌株对线虫致死率可以提高 80%[27]。坚强芽胞杆菌 *B. firmus* DS-1 编码的 Sep1 蛋白是一种丝氨酸蛋白酶，具有高效杀线虫功能。通过荧光蛋白标记，并利用转基因线虫 FT63，确定新型 Sep1 蛋白通过线虫口针到达肠道，降解线虫肠道组织[28]。苏云金芽胞杆菌 *B. thuringiensis* 分泌的金属蛋白酶 ColB 能有效作用秀丽隐杆线虫。通过 GFP 荧光标记追踪蛋白酶并进行病理学观察，确定 ColB 蛋白对线虫肠道组织造成显著破坏[29]。从秀丽隐杆线虫体内分离出的一株粪球菌 *Alcaligenes faecalis* ZD02 对南方根结线虫和秀丽隐杆线虫具有显著生防功能。通过体外生物测定，确定该菌株产生的胞外丝氨酸蛋白是高效的毒力因子，通过损伤线虫肠道使线虫致死[30]。

4 展望

经过各国科学工作者的努力，植物线虫的生物防治工作取得了可喜成绩。细菌生长快、易于培养，且对线虫有显著的杀灭作用，目前成为生物防治线虫新的突破口。杀线虫细菌广泛存在于土壤、海洋、植物根部或组织内部等环境中，对不同环境里的细菌菌种进行分离筛选，将成为发现新型杀线虫细菌以及新的杀线虫活性物质的有效来源。

虽然生物防治获得一定成果，但大多数还限于实验阶段，距离实际生产利用还存在一定距离。实验室筛选出对线虫防效显著的菌株，由于自然生态环境的复杂多样性（土壤成分、理化性质及其土壤中其他微生物成分），很难达到预期的生物防治效果，生防菌田间防治效果不稳定。对菌株次生代谢产物的研究，可以获得更稳定、更高效的生物杀线虫剂。加强杀线虫活性物质的研究，促进具有潜在价值的毒力因子基因的应用，对开发新的生物杀线虫剂、实现生物防控提供坚实的科学依据。使用线虫细菌代谢产物进行生物防治已成为目前研究重点和方向，对控制植物线虫的为害、减少化学药剂的使用、促进农业绿色可持续发展具有重大意义。

参考文献

[1] Ishrat Naz, Saifullah Abdulkafi, I. Munir, et al. Cis- and trans-protopinium, a novel nematicide, for the eco-friendly management of root-knot nematodes [J]. Crop Protection, 2016, 81: 138-144.

[2] Ekaterini Riga. The effects of Brassica green manures on plant parasitic and free living nematodes used in combination with reduced rates of synthetic nematicides [J]. Journal of Nematology, 2011, 43: 119-121.

[3] John T. Jones, Annelies Haegeman, Etienne G. J. Danchin, et al. Top 10 plant-parasitic nematodes in molecular plant pathology [J]. Mol Plant Pathol., 2013, 14 (9): 946-961.

[4] Xiong Jing, Zhou Qiaoni, Luo Haiyan, et al. Systemic nematicidal activity and biocontrol efficacy of Bacillus firmus against the root-knot nematode *Meloidogyne incognita* [J]. World J Microbiol Biotechnol., 2015, 31 (4): 661-667.

[5] Yu Zefen, Mo Minghe, Zhang Ying, et al. Taxonomy of nematode-trapping fungi from Orbiliaceae, Ascomycota [J]. Fungal Diversity Research Series., 2014, 41-210.

[6] Tian Baoyu, Yang Jinkui, Zhang Keqin. Bacteria used in the biological control of plant-parasitic nematodes: populations, mechanisms of action, and future prospects [J]. FEMS Microbiol Ecol., 2007, 61: 197-213.

[7] 田宝玉，黄薇，江贤章，等．植物寄生线虫生防细菌及其作用机制研究 [J]. 生物技术，2009, 19 (4): 90-94.

[8] Li Xiangqian, Anderson Tan, Voegtline Michael, et al. Expression of Cry5B protein from Bacillus thuringiensis in plant roots confers resistance to root-knot nematode [J]. Biological Control, 2008, 47 (1): 97-102.

[9] 成飞雪，王忠勇，刘勇，等．杀线虫苏云金芽胞杆菌菌株 YC-10 的分离鉴定及活性测定 [J]. 中国生物防治学报，2011, 27 (4): 540-546.

[10] Sun Jingzu, SookYoung Park, Seogchan Kang, et al. Development of a transformation system for *Hirsutella spp*. and visualization of the mode of nematode infection by GFP-labeled *H. minnesotensis* [J]. Scientific Reports, 2015, 5 (5): 10477.

[11] 王进福，文才艺，刘伟成，等．根结线虫生防细菌的筛选及鉴定 [J]. 北方园艺，2016 (9): 121-124.

[12] Siddiqui IA, Haas D, Heeb S. Extracellular protease of *Pseudomonas fluorescens* CHA0, a biocontrol factor with activity against the root-knnot nematode *Meloidogyne incognita* [J]. Applied and Environmental Microbiology, 2005, 71: 5646-5649.

[13] Lin Chen, Huang Jiang, Qipeng Cheng., et al. Enhanced nematicidal potential of the chitinase pachi from Pseudomonas aeruginosa in association with Cry21Aa [J]. Scientific Reports, 2015, 5: 14395.

[14] 田宝玉，黄薇，江贤章，等．植物寄生线虫生防细菌及其作用机制研究 [J]. 生物技术，2009, 19 (4): 90-94.

[15] Giannakou, I O., Pembroke, B, Gowen S R. Effects of long term storage and above normal temperatures on spore adhesion of Pasteuria penetrans an infection of root-knot nematode Meloidogyne incognita [J]. Nematologiea, 1997 (43): 185-192.

[16] Stirling GR, Sharma R D, Perry J. Attachment of Pasteuria penetrans spores to the root-knot nematode *Meloidogyne javanica* in soil and its effects on infectivity [J]. Nematological, 1990 (36): 246-252.

[17] Davies KG, OPPerman CH. A potential role for collagen in the attachment of Pasteuria penetrans to nematode cuticle [J]. Multitrophic Interactions in the Soil, 2006, 29: 11-16.

[18] 闫孟红，蔡正求，韩继刚．植物内的生细菌在防治植物病害中的应用研究 [J]. 生物技术通报，2004 (3): 8-13.

[19] 姚领爱，胡之壁，王莉莉，等．植物内生菌与宿主关系研究进展 [J]. 生态环境学报，2010, 19 (7): 1750-1754.

[20] 彭双，闫淑珍，陈双林，等．具杀线虫活性植物内生细菌的筛选和活性产物 [J]. 微生物学报，2011, 51 (3): 368-376.

[21] Hallmann J, Quadt-Hallmann A,, Kloepper J W. Interactions between Meloidogyne incognita and endophytic bacteria in cotton and cucumber [J]. Soil Biol Biochem, 1998, 30 (7): 925-937.

[22] Deepti Varshney, Akanksha Jaiswar, Alok Adholeya, et al. Phylogenetic analyses reveal molecular signatures associated with functional divergence among Subtilisin like Serine Proteases are linked to lifestyle transitions in Hypocreales [J]. BMC Evolutionary Biology., 2016, 16 (1): 220.

[23] Filippe E. F. Soares, Fabio R. Braga, Jackson V. Araújo, et al. In vitro activity of a serine protease from *Monacrosporium thaumasium* fungus against first-stage larvae of *Angiostrongylus vasorum* [J]. Parasitol Res., 2012, 110 (6): 2423-2427.

[24] Niu Qiuhong, Huang Xiaowei, Zhang Lin, et al. A neutral protease from bacillus nematocida, another protential virulence factor in the infection against nematodes [J]. Arch Microbiol., 2006, 185 (6): 439-448.

[25] Lian LH, Tian BY, Xiong R, et al. Proteases from Bacillus: a new insight into the mechanism of action for rhizobacterial suppression of nematode populations [J]. Lett Appl Microbiol, 2007, 45: 262-269.

[26] Zhang Fengjuan, Peng Donghai, Ye Xiaobo, et al. In vitro uptake of 140 kDa Bacillus thuringiensi nematicidal crystal proteins by the second stage juvenile of *Meloidogyne hapla* [J]. PLoS ONE, 2012, 7 (6): e38534.

［27］ Niu Qiuhong, Tian Yunxia, Zhang Lin, et al. Overexpression of the key virulence proteases Bace16 and Bae16 in *Bacillus nematocida* B16 to improve its nematocidal activity ［J］. J Mol Microbiol Biotechnol, 2011, 21（3-4）: 130-137.

［28］ Geng Ce, Nie Xiangtao, Tang Zhichao, et al. A novel serine protease, Sep1, from *Bacillus firmus* DS-1 has nematicidal activity and degrades multiple intestinal-associated nematode proteins ［J］. Scientific Reports, 2016, 6: 25012.

［29］ Peng Donghai, Jian Lin, Qiong Huang, et al. A novel metalloproteinase virulence factor is involved in *Bacillus thuringiensis* pathogenesis in nematodes and insects ［J］. Environmental Microbiology, 2016, 18（3）: 846-862.

［30］ Shouyong Ju, Jian Lin, Jinshui Zheng, et al. Alcaligenes faecalis ZD02 is a novel nematicidal bacterium, with an extracellular serine protease（Esp）as a virulence factor ［J］. Appl Environ Microbiol., 2016, 82（7）: 2112-2120.

中国线虫学研究（第七卷），2018，7：67~73
Nematology Research in China，2018，Vol. 7：67~73

线虫溶菌酶的研究进展*

王　宁**，彭　焕，黄文坤，彭德良***
（中国农业科学院植物保护研究所/植物病虫害生物学国家重点实验室，北京　100193）

摘　要：溶菌酶普遍存在于动物、植物和微生物中，是一种小分子碱性蛋白，长期以来一直被作为一种"模型"体系，用于研究蛋白质的空间构象、酶动力学及其与分子进化、分子免疫间的关系。溶菌酶基因工程研究始于20世纪80年代中期，在秀丽隐杆线虫的研究中发现：通过过表达或RNA干扰表明3个溶菌酶基因在线虫中对病原体具有防御作用。本文主要介绍了溶菌酶的分类、结构、作用机制，并描述了原生质型和无脊椎型溶菌酶的最新研究情况，对其应用前景进行了展望。

关键词：植物寄生线虫；溶菌酶；防御反应

Advances on Lysozymes of Soil Nematodes*

Wang Ning**，Peng Huan，Huang Wenkun，Peng Deliang***
(*State Key laboratory for Biology of Plant Disease and Insect Pests*，*Institute of Plant Protection*，
Chinese Academy of Agricultural Sciences，*Beijing*　100193，*China*)

Abstract：Lysozyme is ubiquitous in animals，plants and microorganisms. It is a small molecule basic protein and has long been used as a "model" system for studying the spatial conformation，enzyme kinetics and molecular evolution of proteins，The relationship between molecular immunity. The study of lysozyme gene engineering began in the mid-1980s. In the study of Caenorhabditis elegans，it was discovered that three lysozyme genes showed defense effects against pathogens in nematodes through overexpression or RNA interference. This article mainly introduces the classification，structure，and mechanism of action of lysozyme. It also describes the latest research status of protoplasmic and invertebrate lysozyme，and prospects its application prospects.

Key words：Plant parasitic nematodes；Lysozyme；Defense response

线虫常在腐烂的物质中被发现，以多种多样的微生物为食，在这种生活环境下，线虫必定经常受病原体感染，所以线虫应该有一个很好的防御体系，但线虫先天免疫方面的研究要晚得多也少得多，直到1999年也没有一篇关于线虫防御方面的文章发表。而线虫对免疫的分子遗传学具有极高的价值。在线虫中，存在p38分裂素激活蛋白激酶、程序性细胞凋亡和

* 基金项目：国家自然科学基金项目（31571988，31772142）；国家公益性行业科员专项（201503114）
** 第一作者：王宁，硕士研究生，主要从事植物线虫分子生物学研究；E-mail：954502700@qq.com
*** 通信作者：彭德良，研究员，主要从事植物线虫分子生物学和线虫病害控制研究；E-mail：pengdeliang@caas.cn

组织、生长因子以及胰岛素样受体途径等防御手段。在先天免疫系统中效应物的产生主要是为了清除和消灭病原体。但由于线虫不能产生酚氧化酶，就不能通过黑化来清除异物，但线虫能产生一些溶菌酶和抗菌肽来杀灭病原体[1]。溶菌酶（Lysozyme）是一种能水解黏多糖的碱性酶，它能催化细菌细胞壁中黏多糖 N-乙酰胞壁酸和 N-乙酰氨基葡萄糖之间的 β-1，4 糖苷键的水解，导致细菌细胞壁破裂、内容物逸出而使细菌死亡。溶菌酶是分解细菌细胞壁的水解酶，并分为几组。线虫有 15 种溶菌酶基因：10 种原生质型（也称为阿米巴溶菌酶，lys-1 至 lys-10）和 5 种无脊椎动物型溶菌酶（ilys-1 至 ilys-5）。自从 Fleming 于 1922 年发现以来，已经广泛研究了溶菌酶。根据序列相似性鉴定了几类溶菌酶，最著名的是 C 型（鸡型或 GH22 型），G 型（鹅型或 GH23 型）和 V 型（病毒型或 GH24 型）[2]。特定的溶菌酶基因对线虫的营养和防御有着很大的作用。已有研究发现通过过表达或 RNA 干扰直接表明 4 个溶菌酶基因有助于线虫对病原体的抵抗：lys-1 对黏质沙雷氏菌和金黄色葡萄球菌起作用，lys-2 对铜绿假单胞菌起作用，而 lys-7 对微生物嗜热菌，铜绿假单胞菌，鼠伤寒沙门氏菌，致病性大肠杆菌菌株 LF82 和新型隐球菌起作用[3-7]，此外，有研究指出另外 7 种其他溶菌酶暴露于各种病原体参与免疫导致其转录模式的变化[8]。

1 溶菌酶特点

1.1 溶菌酶分类

溶菌酶是由其神经酰胺酶活性来定义的，它水解 N-乙酰谷氨酸与 N-乙酰氨基葡萄糖之间的 β-1，4-糖苷键，从而引起细菌细胞壁的裂解。对鸡型（c 型）溶菌酶的研究已经有很多，许多 c 型溶菌酶基因已在甲壳动物报道。而后又建立了另一个家族的溶菌酶，无脊椎动物型溶菌酶（i 型溶菌酶）。在甲壳类动物中，也有基因序列测序并被推定为 i 型溶菌酶[9]。

已经在系统发育不同的生物体中鉴定了 I 型溶菌酶，包括软体动物，线虫，环形动物和节肢动物。报道的最早的 i 型溶菌酶基因来自 *Asterias rubens*。通过测序以及蛋白质纯化等已经鉴定了许多溶菌酶基因。对他们中的一些相关于免疫力的功能又进行了深入的研究。研究发现许多 i 型溶菌酶具有抑制细胞的杀伤作用，在双壳类中，i 型溶菌酶在免疫和营养中起作用，因为它们杀死细菌并将其作为摄取食物的能力[10]。i 型溶菌酶具有多种活性。由于其神经酰胺酶活性的特点，它被鉴定为溶菌酶；由于其肽酶活性，被称为去稳定酶。不同 i 型溶菌酶活性的差异表明其功能的多样性。

溶菌酶按作用细胞壁不同分为细菌细胞壁溶菌酶和真菌细胞壁溶菌酶。细菌细胞壁溶菌酶又细分为两种，一种是作用于 β-1，4 糖苷键的细胞壁溶解酶，另一种是作用于肽链“尾”端和酰胺部分的细胞壁溶解酶。真菌细胞壁溶菌酶包括酵母菌细胞壁溶菌酶和霉菌细胞壁溶菌酶。

溶菌酶大体分为 5 种：①内 N-乙酰己糖胺酶，此酶同于鸡蛋清溶菌酶，破坏细菌细胞壁肽聚糖中的 β-1.4 糖苷键。②酰胺酶，切断细菌细胞壁肽聚糖中 N-乙酰氨基葡萄糖胺与肽“尾”之间的 N-乙酰胞壁酸-L-丙氨酸键。③内肽酶，使肽“尾”及肽“桥”内的肽键断裂。④ β-1，3、β-1，6 葡聚糖酶和甘露聚糖酶，此酶分解酵母细胞的细胞壁。⑤壳多糖酶，这是分解霉菌细胞壁的一种溶菌酶[11]。

1.2 溶菌酶作用机理

溶菌酶是一种能水解致病菌中黏多糖的碱性酶。主要通过破坏细胞壁中的 N-乙酰胞壁酸和 N-乙酰氨基葡糖之间的 β-1，4 糖苷键，使细胞壁不溶性黏多糖分解成可溶性糖肽，导致细胞壁破裂内容物逸出而使细菌溶解。溶菌酶还可与带负电荷的病毒蛋白直接结合，与 DNA、RNA、脱辅基蛋白形成复盐，使病毒失活。因此，该酶具有抗菌、消炎、抗病毒等作用。

溶菌酶对革兰氏阳性细菌有抵御作用，对革兰阴性细菌无较好的抵御作用。因为革兰氏阳性细菌细胞壁主要成分是肽聚糖，并且肽聚糖位于表层，革兰氏阳性细菌肽聚糖含量少。肽聚糖位于较内层，其外有外膜保护，溶菌酶不能直接作用于肽聚糖，因此溶菌酶对革兰氏阴性细菌无较好作用。溶菌酶作用于肽聚糖（细菌细胞壁的组分，特别在革兰氏阳性菌的细胞壁中含量丰富）水解连接 N-乙酰胞壁酸和 N-乙酰葡糖胺第四位碳原子的糖苷键。整个历程是，溶菌酶通过其两个结构域之间的“沟”结合到肽聚糖分子上，随后其底物在酶中形成过渡态的构象，根据 Phillips 机制，溶菌酶与葡聚六糖结合。然后溶菌酶将葡聚六糖上的第四个糖扭曲为半椅形构象，在这种扭曲状态（能量较高）中，糖苷键很容易就发生断裂[12]。之后发现位于溶菌酶蛋白序列 35 位的谷氨酸（Glu35）和 52 位的天冬氨酸（Asp52）的侧链对于溶菌酶的活性也是非常关键的。Glu35 作为糖苷键的质子供体，剪切底物的 C-O 键，而 Asp52 参与天生糖基酶中间体。随后糖基酶中间体与水分子发生反应水解产物，而酶保持稳定。

1.3 防御反应

一般认为无脊椎动物没有获得性免疫系统，先天免疫系统就成了无脊椎动物唯一的防御手段。无脊椎动物遭受微生物感染后可引起细胞免疫和体液免疫反应的激活，从微生物侵袭到最终清除病原一般要经过下列几个步骤：首先是识别外来异物，称为感染的非己识别；引发激活丝氨酸蛋白酶和解除丝氨酸蛋白酶抑制剂的细胞外级联反应，将受到感染的信号放大为更强的“危险”信号或解除错误警报，这个过程称为信号的调整和放大；然后引发信号转导途径，导致目的基因的转录活性并激活了效应物反应系统[13]。

由于线虫是生物学研究，特别是在发育生物学、神经生物学及老人医学等领域中的一个主要的模式物种。它有几个特征在了分子遗传学的分析中特别占优势，如它在实验室中容易饲养和操作；躯体透明，用简单的显微镜方法就可观察到表型。线虫 1 代的时间很短，因此方便了繁殖实验；并且它有 2 个性别类型：两性体和雄体。两性体可以自我繁殖，允许同基因品系的产生，因此线虫对免疫的分子遗传学具有极高的价值。无脊椎动物不具有脊椎动物特异性的免疫系统，所以先天免疫系统就是无脊椎动物抵御外界病原微生物入侵的唯一手段[14]。

线虫和果蝇先天免疫的模式识别受体、信号转导途径和效应物等方面的主要差异如下：模式识别受体的差异，虽然它们的先天免疫的模式识别受体没有高等动物 B 细胞和 T 细胞系统有显著的特异性，但可以识别或结合那些微生物中表面保守的、而在宿主中又不存在的病原相关分子，如脂多糖、肽聚糖和甘露聚糖等。之后，这些受体通过激活存在于血淋巴的蛋白酶和利用免疫反应组织的细胞内信号转导途径而引起免疫反应。在黑腹果蝇中至少存在 8 种 Toll 受体，而在秀丽线虫中只发现有 1 种受体。线虫还含有在抗原识别中起作用的 C 型凝集素，而在果蝇中的识别受体是肽聚糖识别蛋白。在线虫中发现的唯一的硫基蛋白显示有保守的硫基序列，它在线虫发育中多在上皮细胞表达而不被免疫刺激所诱导[14]。

2 溶菌酶的相关研究

2.1 关于无脊椎型溶菌酶的研究

使用系统发育树和序列分析工具来评估来自三种同系线虫种类，秀丽隐杆线虫，*C. briggsae* 和 *C. remanei* 的溶菌酶的进化。它们的溶菌酶分为三个不同的分支，一个属于无脊椎动物型，另外两个属于原生动物型溶菌酶。它们的多样化特征是（i）物种分离之前的基因重复，然后是维持基因，（ii）物种分离之前的基因重复，随后在一些物种中遗传基因丢失，以及（iii）物种分离后的重复。目前的数据清楚地表明，遗传多样性转化为功能多样性。

经对进化枝 1 原生质型溶菌酶的两个基因测试了免疫功能。Cel-lys-1 的过表达增强了对黏膜结核分枝杆菌的抗性[15]，而 Cel-lys-7 的沉默增加了对嗜球丝虫的敏感性。溶菌酶多样化对免疫的特异性的重要性显然需要进一步的研究。

无脊椎动物的作用以及进化枝 2 原生质体型溶菌酶的作用尚不清楚。唯一研究的可能是 Cel-ilys-3。其基因沉默增强了对微生物的敏感性。在同一研究中，Cel-ilys-2 沉默后没有观察到效果[16]。一般来说，无脊椎动物型和进化枝 2 原生质型溶菌酶比进化枝 1 原生质体型溶菌酶更少地被病原体所激活。同时，几种基因被已知的免疫途径下调。后一种可能表明它们的主要功能以某种方式被干扰。对于黑腹果蝇的一些消化溶菌酶也有类似的发现，在免疫攻击时也被下调[17]。这种特殊的相似性可能表明这些线虫溶菌酶的主要功能也是消化。关于它们的分子特征（例如等电点）或基因表达的定位的信息与免疫和消化中的作用一致。不幸的是，线虫的肠道是细菌消化的主要位置，同时影响了在喂养期间摄取病原体的免疫防御作用的探究[18]。因此，预期溶菌酶具有相似的特征（例如，关于 pH 最佳）。因此，未来的研究分析应该与专食细菌或排他性病原体一起进行，以便能更好地探索功能[19]。

作为重要的天然免疫效应物，溶菌酶广泛分布于无脊椎动物和脊椎动物。鸡型（c 型），鹅型（g 型），噬菌体型，细菌型，植物型和无脊椎动物型（i 型）。i 型溶菌酶最近被鉴定为溶菌酶家族的新成员，并且研究了 i 型溶菌酶的功能和进化。有文献还研究了来自克拉克氏杆菌的两种 i 型溶菌酶基因，可以提供关于 i 型溶菌酶的功能和进化的新信息[9]。

i 型溶菌酶具有多种活性。由于其神经酰胺酶活性，它被鉴定为溶菌酶；由于其肽酶活性，被称为去稳定酶；几丁质酶活性和非酶抗菌活性也表现出来不同 i 型溶菌酶活性的差异表明其功能多样性。在从 *H. medicinalis* 获得的一种 i 型溶菌酶中，可以检测到所有四种活性[20]。在另一个来自 *E. andrei* 的情况下，几丁质酶活性无法检测到[21]。在来自 *C. virginica* 的两种中，不能检测到肽酶活性[22]。来自 *P. monodon* 的两种 i 型溶菌酶显示为缺陷型的神经酰胺酶，但具有抗微生物活性[23]。

C. briggsae 和 *C. remanei* 的基因组分别含有 2 个和 3 个无脊椎动物型溶菌酶基因。考虑到它们与秀丽隐杆线杆菌溶菌酶的相似性。来自秀丽隐杆线虫的五种无脊椎动物型溶菌酶中有 3 种发现于单个簇染色体上具有相同的取向。其他基因都不存在于簇中。所有的无脊椎动物型溶菌酶在蛋白质水平和 DNA 序列都有所相似，两个基因显示出不寻常的性质，因此它们可能是非序列水平。与其他基因相比功能性的（即它们是假基因）。特别地，基因 Cbr-ilys-4 具有不寻常的氨基末端，并且缺少信号肽。Cel-ilys-1 含有大量插入物，与其他序列也

显示出许多核苷酸差异，并且还缺乏信号肽[24]。

2.2 关于原生质型溶菌酶的研究

长期以来，单独使用或与杀菌剂协同作用的溶菌酶在天生防御反应中起重要作用。不同于脊椎动物和其他无脊椎动物，包括果蝇[25]，秀丽隐杆线虫似乎不具有鸡型溶菌酶，也不具有其他良好表征的溶菌酶蛋白家族的同源物，而是具有与变形虫同源的溶菌酶家族原生动物阿米巴组织溶解[26]。在研究中表面十个线虫溶菌酶基因中的六个被表示在过滤器上。除了 lys-1 外，其他两个 lys-7 和 lys-8 在 Northern 分析证实感染后显示出强烈的诱导。

为了确定这些不同基因的组成型表达的位点，我们使用相应的 cDNA 作为探针，对未感染的线虫进行原位杂交。对于 lys-1，lys-7 和 lys-8，主要在肠细胞中检测到表达，与所有其他基因的情况一致。而且这结果这与以下事实是一致的：在感染期间，黏液霉菌保留在肠腔内。对于不同的基因，沿肠长度的组成型表达的相对水平是不同的。对于 lys-8，已经报道了表达域延伸到咽的末端[27]。

鉴于其与阿米巴溶菌酶的清楚同源性[25]，具有已知的抗菌功能，我们决定更详细地研究 lys-1 的表达和功能。在未感染的线虫中，lys-1 启动子驱动肠细胞和六个 IL1 和六个 IL2 神经元以及几个未鉴定的神经元中的 lys-1-GFP 融合构建体的表达头神经节。这种假设反映了内源基因的表达，神经元表达的意义目前尚不清楚[28]。

同样家族的同系物（参见 http：//www. sanger. ac. uk /Software /Pfam /），是具有与变形虫原生动物同源的一系列溶菌酶。这些结果表明，线虫确实通过诱导防御相关基因对感染作出反应[28]。这一现象为未来的挑战打下基础。最终，人们希望能通过研究发现，不同的病原体诱导溶菌酶家族的不同成员：由金黄色葡萄球菌诱导的 lys-7，黏液霉菌诱导 lys-1 和 lys-8，即使是非常弱地诱导，铜绿假单胞菌更强烈地诱导的是 lys-2[29]。秀丽隐杆线虫似乎不具有鸡型溶菌酶，也不能像其他具有良好表征的溶菌酶蛋白够将线虫抗微生物反应的各个方面从识别病原体到其被宿主消除。这可能导致先天免疫机制进化的保守[30]。Mallo 等人还专门研究了编码溶菌酶的基因，并发现了其在先天免疫应答中与抗菌肽协同作用。他们发现 lys-1，lys-7 和 lys-8 均在感染后均显示诱导。这些秀丽隐杆线杆菌溶菌酶与溶解组织的溶菌酶同源，表明它们可以与以前发表的阿莫巴新肽协同作用以消除入侵的微生物。

值得注意的是，将该阵列实验的结果与之前进行的用于鉴定转化生长因子-β 相关信号分子 DBL-1 控制下的基因的结果进行比较，揭示了两种在黏液霉菌感染后诱导的基因是也受这种生长因子的调节。通过该观察提示，测试了 dbl-1 功能丧失突变体对感染的反应，并发现是超敏感的。实际上，这种突变体甚至在通常无害的饲养菌株大肠杆菌 OP50 中表现敏感[28]，有趣的是，Decapentaplegic（Dpp）的果蝇同源物最近被发现是诱导响应感染。有越来越多的证据表明其他分支的病原体在苍蝇和线虫中的反应途径重叠[31]。

已有研究测定了 ILYS-3 蛋白在咽和骨髓细胞中组成型表达，并在肠中动态表达。免疫攻击后在线虫中引起的预测抗微生物蛋白质包括 C 型凝集素，CUB 样结构域蛋白和溶菌酶，发现 ILYS-3 是由细菌病原体和饥饿产生的危险信号诱导的缓慢效应物。在非致病条件下，肠道 ilys-3 表达水平在 L1 孵化后升高，L2 后下降，L4 再次在成虫大量表达[32]。

3 展望

自从伊恩 · 弗莱明（Ian Fleming）发现以来，溶菌酶是生物医学研究中重要的模型酶，具有广泛的分类分布范围，从噬菌体到植物和动物。它们的主要功能似乎是防治病原体，尽管其中一些也涉及消化。大多数生物体只有很少的溶菌酶基因，秀丽隐杆线虫属的线虫具有惊人的大量的多达 15 个基因。随着生物技术和生物信息学的不断发展，届时我们对植物线虫基因的功能将有着更多的了解，对线虫防御的机理将越发明晰，对植物线虫的防控越来越有新的思路和视角。

参考文献

[1] 卜兴江．线虫与果蝇先天免疫系统的比较［J］．生物学通报，2006，41（11）：11-12.

[2] Wohlkönig A, Huet J, Looze Y, et al. Structural Relationships in the Lysozyme Superfamily: Significant Evidence for Glycoside Hydrolase Signature Motifs [J]. Plos One, 2010, 5 (11): e15388.

[3] Nandakumar M, Tan M W. Gamma-linolenic and stearidonic acids are required for basal immunity in Caenorhabditis elegans through their effects on p38 MAP kinase activity [J]. Plos Genetics, 2008, 4 (11): e1000273.

[4] O'Rourke D, Baban D, Demidova M, et al. Genomic clusters, putative pathogen recognition molecules, and antimicrobial genes are induced by infection of *C. elegans* with *M. nematophilum* [J]. Genome Research, 2006, 16 (8): 1005.

[5] Kawli T, Tan M W. Neuroendocrine signals modulate the innate immunity of Caenorhabditis elegans through insulin signaling [J]. 2008, 9 (12): 1415-1424.

[6] Marsh E K, Mc V D B, May R C. A two-gene balance regulates *Salmonella typhimurium* tolerance in the nematode *Caenorhabditis elegans* [J]. Plos One, 2011, 6 (3): e16839.

[7] Simonsen K T, Møller-Jensen J, Kristensen A R, et al. Quantitative proteomics identifies ferritin in the innate immune response of *C. elegans* [J]. Virulence, 2011, 2 (2): 120-130.

[8] Boehnisch C, Wong D, Habig M, et al. Protist-Type Lysozymes of the Nematode *Caenorhabditis elegans* Contribute to Resistance against Pathogenic *Bacillus thuringiensis* [J]. Plos One, 2011, 6 (9): e24619.

[9] Bachali S, Jager M, Hassanin A, et al. Phylogenetic analysis of invertebrate lysozymes and the evolution of lysozyme function [J]. Journal of Molecular Evolution, 2002, 54 (5): 652-664.

[10] Zhang H W, Sun C, Sun S S, et al. Functional analysis of two invertebrate-type lysozymes from red swamp crayfish, *Procambarus clarkii* [J]. Fish & Shellfish Immunology, 2010, 29 (6): 1066-1072.

[11] Song Y T, Azakami H, Hamasu M, et al. In vivo glycosylation suppresses the aggregation of amyloidogenic hen egg white lysozymes expressed in yeast [J]. Febs Letters, 2001, 491 (1): 63-66.

[12] 王燕，车振明．溶菌酶的提取和应用［J］．口腔护理用品工业，2005（3）：17-19.

[13] 于燕，余莉莉，赵苗，等．秀丽隐杆线虫先天免疫机制研究进展［J］．淮南师范学院学报，2012，14（3）：27-29.

[14] Fleming A. On a Remarkable Bacteriolytic Element Found in Tissues and Secretions [J]. Proceedings of the Royal Society of London, 1922, 93 (653): 306-317.

[15] Mallo G V, Kurz C L, Couillault C, et al. Inducible antibacterial defense system in *C. elegans* [J]. Current Biology, 2002, 12 (14): 1209-1214.

[16] O'Rourke D, Baban D, Demidova M, et al. Genomic clusters, putative pathogen recognition molecules, and antimicrobial genes are induced by infection of C. elegans with *M. nematophilum* [J]. Genome Research, 2006, 16 (8): 1005.

[17] Prof. Dr. P. Jollès. Lysozymes: Model Enzymes in Biochemistry and Biology [M]. Birkhäuser Basel, 1996.

[18] Perrier G, Houry S, Lacaine F, et al. Evolution of the innate immune system: the worm perspective [J]. Immunological Reviews, 2004, 198 (1): 36-58.

[19] Claudia B, Hinrich S. Diversification and adaptive sequence evolution of *Caenorhabditis lysozymes* (Nematoda: Rhabditidae) [J]. Bmc Evolutionary Biology, 2008, 8 (1): 114.

[20] Baskova I P, Zavalova L L. [Polyfunctionality of destabilase, a lysozyme from a medicinal leech] [J]. Bioorg Khim, 2008, 34 (3): 337-343.

[21] Josková R, Silerová M, Procházková P, et al. Identification and cloning of an invertebrate-type lysozyme from Eisenia andrei [J]. Developmental & Comparative Immunology, 2009, 33 (8): 932-938.

[22] Xue Q G, Itoh N, Schey K L, et al. A new lysozyme from the eastern oyster (*Crassostrea virginica*) indicates adaptive evolution of i-type lysozymes [J]. Cellular & Molecular Life Sciences, 2007, 64 (1): 82-95.

[23] Supungul P, Rimphanitchayakit V, Aoki T, et al. Molecular characterization and expression analysis of a c-type and two novel muramidase-deficient i-type lysozymes from Penaeus monodon [J]. Fish & Shellfish Immunology, 2010, 28 (3): 490-8.

[24] Claudia B, Hinrich S. Diversification and adaptive sequence evolution of *Caenorhabditis lysozymes* (Nematoda: Rhabditidae) [J]. Bmc Evolutionary Biology, 2008, 8 (1): 114.

[25] Hultmark D. Insect lysozymes [J]. EXS, 1996, 75 (75): 87.

[26] Leippe M. Antimicrobial and cytolytic polypeptides of amoeboid protozoa—effector molecules of primitive phagocytes [J]. Developmental & Comparative Immunology, 1999, 23 (4-5): 267-279.

[27] Mochii M, Yoshida S, Morita K, et al. Identification of transforming growth factor-beta- regulated genes in caenorhabditis elegans by differential hybridization of arrayed cDNAs [J]. Proceedings of the National Academy of Sciences of the United States of America, 1999, 96 (26): 15020-5.

[28] Mallo G V, Kurz C L, Couillault C, et al. Inducible antibacterial defense system in C. elegans [J]. Current Biology, 2002, 12 (14): 1209-1214.

[29] Schulenburg H, Hoeppner M P, Iii J W, et al. Specificity of the innate immune system and diversity of C-type lectin domain (CTLD) proteins in the nematode *Caenorhabditis elegans* [J]. Immunobiology, 2008, 213 (3): 237-250.

[30] Ewbank J J. Tackling both sides of the host-pathogen equation with *Caenorhabditis elegans* [J]. Microbes & Infection, 2002, 4 (2): 247-256.

[31] Supungul P, Rimphanitchayakit V, Aoki T, et al. Molecular characterization and expression analysis of a c-type and two novel muramidase-deficient i-type lysozymes from Penaeus monodon [J]. Fish & Shellfish Immunology, 2010, 28 (3): 490-498.

[32] Gravatonobre M J, Vaz F, Filipe S, et al. The Invertebrate Lysozyme Effector ILYS-3 Is Systemically Activated in Response to Danger Signals and Confers Antimicrobial Protection in C. elegans [J]. Plos Pathogens, 2016, 12 (8): e1005826.

中国线虫学研究（第七卷），2018，7：74~79
Nematology Research in China，2018，Vol. 7：74~79

分子标记用于马铃薯线虫鉴定及遗传多样性的研究*

李云卿**，彭德良***
（中国农业科学院植物保护研究所/植物病虫害生物学国家重点实验室，北京 100193）

摘 要：分子标记技术由于能够反映 DNA 水平上的遗传变异，同时不受环境影响，且稳定、简便、精确，目前已经成为研究遗传多样性的重要方法。本研究简述了分子标记技术在线虫鉴定研究中的应用及遗传多样性研究中几种常用的分子标记技术，最后对分子标记用于马铃薯线虫的鉴定及遗传多样性研究进行了展望。
关键词：分子标记；遗传多样性；马铃薯线虫

The Research of Identification and Genetic Diversity in Potato Nematode using Molecular Marker Techniques*

Li Yunqing**，Peng Deliang***
(*State Key laboratory for Biology of Plant Disease and Insect Pests*，*Institute of Plant Protection*，*Chinese Academy of Agricultural Sciences*，*Beijing* 100193，*China*)

Abstract：Using molecular markers to analyze genetic diversity become an important method，because they can reflect genetic variance on DNA level，and DNA-based molecular markers are stable，accurate，and independent of environment impacts，which is powerful tools for genetic diversity. In this review，we will summarize molecular markers in the study of nematode identification，the several of molecular markers application in the study of genetic diversity，and the future prospects of molecular markers are used for the research of identification and genetic diversity in potato nematode.
Key words：Molecular markers；Genetic diversity；Potato nematode

马铃薯是世界上仅次于小麦、水稻、玉米之后的第四大粮食作物，适生范围广泛[1,2]。随着我国产业结构调整，目前中国已成为马铃薯第一生产大国[3]，因此马铃薯在国民经济中占有举足轻重的地位。然而，马铃薯在生长及存储过程中会受到多种病虫害威胁，近几年在中国马铃薯根结线虫、马铃薯腐烂茎线虫的危害愈加严重，已严重影响马铃薯的产量及品质。同时，不同地区的线虫由于人类活动、气候条件及生态环境等的差异，使得作物线虫为

* 基金项目：国家自然科学基金（31571988）；国家 973 计划（2013CB127502）；公益性行业（农业）科研专项（201503114，200903040）
** 第一作者：李云卿，博士研究生，从事植物线虫分子生物学研究；E-mail：1549935275@ qq. com
*** 通信作者：彭德良，研究员，从事植物线虫研究；E-mail：pengdeliang@ caas. cn

适应不同环境而发生相应的遗传变异[4-7]。

中国地理环境复杂多变，从南到北呈现6个温度带，分别为赤道带、热带、亚热带、暖温带、温带、寒带；不同地区平均降水量差异较大，从东南向西北逐渐减少；不同可耕作地区海拔差异达3 000m[5]。这些气候和环境的差异，为马铃薯线虫的种群多样性及遗传变异提供了良好的天然条件。目前，对马铃薯线虫种群多样性及遗传分化的研究常集中于一种线虫或少数几个地区，尚未见在全国范围内研究马铃薯线虫种群多样性及遗传分化的相关报道。因此，在全国范围内深入研究不同地区马铃薯线虫的遗传多样性，对防止马铃薯线虫进一步扩散蔓延具有重要的指导意义。目前，关于线虫的种群多样性及遗传多样性的研究，主要有以下几个方面。

1 病原鉴定

病原鉴定是种群多样性研究的基础。目前，植物线虫常用的两种鉴定方法分别为形态鉴定和分子鉴定[8-12]。其中形态鉴定是分类学中最简单、直接的方法，是早期线虫鉴定的主要分类依据。目前，形态鉴定仍是非常重要的分类依据。线虫分类主要依据2龄幼虫及孢囊的形态。如幼虫唇环的个数，口针的长度、口针基部的形状，半月体长度、位置；排泄孔至体前端的长度；侧区侧线条数；尾长的形态、尾长与体宽的比例、末端形态；侧尾腺的大小、位置等；2龄幼虫被杀死后虫体的弯曲程度、形态、唇区的形状、是否缢缩；孢囊的形状、颜色、阴门锥膜孔的形状、类型等[13-17]。然而，通过形态鉴定具有一定的局限性，如不同人对同一线虫鉴别可能存在差异，不够准确，过程耗时，费力，并且需要丰富的专业知识，很难满足目前快速检测的需求。随着分子生物学的发展，分子检测技术己广泛运用到有关植物线虫的快速检测中。宛飞通过核糖体DNA的ITS区将我国甘薯茎线虫划分为A型和B型两种类型[18]；R Neilson等利用剑线虫rDNA中18S基因高度保守的特性，通过引物扩增剑线虫的3个种，通过测序揭示不同种间的系统发育关系[19]；Ferris等通过扩增甜菜孢囊线虫（*H. schachtii*）和大豆孢囊线虫（*H. glycine*）rDNA的两个ITS区，比较它们之间核酸序列的差异，得出孢囊线虫属内的遗传距离[20]；Subbotin等用通用引物扩增27种孢囊线虫，证实了禾谷孢囊线虫的ITS存在A型和B型，并可以通过酶切区分这些不同的孢囊线虫[21]；彭德良等用PCR技术对根结线虫群体进行rDNA-ITS-RFLP及其序列进行研究，可以区分常见的4种根结线虫及象耳豆根结线虫[22]；廖金铃等通过rDNA-ITS-PCR成功区分了松材线虫和拟松材线虫；目前rDNA-ITS分析技术还在鳞球茎线虫（*D. dipsaci*）、刺线虫属（*Aplhelenchoides*）和马铃薯腐烂茎线虫（*D. destructor*）等特征及分子诊断研究中得到广泛应用[23]。

2 遗传多样性研究

对遗传多样性的研究有助于人们更加清楚的了解生物多样性的来源及进化原因，尤其能加深人们对微观世界的认知，为进化研究提供有力的证据，为系统发育，分类系统的建立提供证据。目前，用于遗传多样性检测方法主要有：形态学标记，细胞学标记，生化标记以及分子标记。前3种遗传标记都是以表现型为基础的，是对基因的间接反映；而分子标记则是直接在DNA分子上检测生物间的差异，是DNA水平上遗传变异的直接反映[24]，同时分子标记与其他遗传标记相比具有许多优点，如检测产物为 DNA，不易受外界环境、个体发育阶段及组织器官差异的影响，同时多态性高、检测方法简洁，迅速易于观察等。正是由于以上所述的诸多优点，分子标记技术使群体遗传学研究进入了一个崭新重要的发展时期[25]。遗传多样性研究常用的分子标记方法主要有以下几种。

2.1 RFLP（Restriction Fragment Length Polymorphisms）

RFLP 技术是 20 世纪 80 年代中期发展起来的最早的一种分子标记。其原理是：不同材料的 DNA 序列在进化过程中发生突变，造成限制性位点的插入，缺失，置换或点突变。RFLP 标记等位基因结果稳定、可靠、重复性好，但进行 RFLP 分析时，需要使用放射性同位素及核酸杂交技术，不安全同时其灵敏度不高[26]。

2.2 RAPD（Random Amplified Polymorphie DNA）

RAPD 是建立在多聚合酶链式反应的基础上，采用一套随机核苷酸序列为引物扩增基因组 DNA，产生随机长度的 DNA 片段，获得一种新的 DNA 标记方法[27]。其基本原理是：以一系列人工合成的不同随机寡核苷酸序列单链（通常为 10bp）作为 PCR 反应的引物，对所有研究的生物基因组 DNA 进行 PCR 扩增。RAPD 技术目前已被广泛的用于遗传多样性的检测。RAPD 分子标记所需 DNA 量少、操作简易、检测速度快，可以检测出 RFLP 标记不能检测的重复序列区，但是该标记重复性及特异性较差[26]。

2.3 AFLP（Amplified Fragment Length Polymorphism）

AFLP 是一种基于 RFLP 技术和 PCR 技术相结合的检测 DNA 多态性的方法[28]。基本原理是不同物种基因组 DNA 的大小不同，利用限制性内切酶对基因组 DNA 进行酶切，形成分子量大小不等的随机限制性片段，这些酶切片段与具有共同粘性末端的人工接头连接，连接产物作为 PCR 扩增的模板，引物是在接头互补顺序和限制性内切酶识别位点的基础上增加 1~3 个选择性核苷酸设计而成的。从而使那些与引物的选择性碱基严格配对的酶切片段能被扩增出来，通过调整引物 3′端选择碱基的数目可获得丰富的多态性。该方法综合了 RFLP 和 RAPD 技术的优点，具有严格的 PCR 退火条件和很好的稳定性和重复性，不受基因组来源和复杂度的影响，没有种属特异性，多态性好，灵敏性高，同时还具有不受环境影响，无复等位效应，带纹丰富等。因此非常适合研究物种的遗传多样性。但 AFLP 技术也有诸多的不足之处如不能区分纯合子与杂合子、操作难度大、试剂盒昂贵、成本较高等。

2.4 SSR（Simple Sequence Repeat）

SSR 又称微卫星（Micro-satellite）或者是短序列串联重复，是一类由少数几个核苷酸（2~6 个）组成的串联重复 DNA 序列，这种序列几乎存在于所有真核生物体基因组中，含量丰富[29]。SSR 标记与其他 DNA 分子标记相比具有以下优点：重复性好，特异性强，对 DNA 的量及纯度要求不高；操作方法简单等；呈共显性遗传，可鉴别杂合子和纯合子；一般检测到的是一个单一的多等位基因位点；与 RFLP 相比，SSR 检测到的多态位点要高很多。目前已广泛运用于遗传图谱的构建，遗传多样性分析和系统发育的研究中。

2.5 ISSR（Inter-simple Sequence Repeat）

ISSR（Inter-simple Sequence Repeat）分子标记技术也称为以微卫星为引物的 PCR 技术[30]，是继 SSR 后发展起来的一种新型分子标记，与 SSR 相比，ISSR 引物的设计无需预先克隆和测序，经济方便，在很大程度上节约了实验成本[31]，并且该技术所用的引物序列比

RAPD 引物序列长，故退火温度高，反应系统更为稳定，但 ISSR 同样也存在着一些缺点如 ISSR-PCR 扩增时需要一定的时间摸索最适反应条件。

3 分子标记技术在研究马铃薯线虫种群及遗传多样性中的展望

近年来，分子标记技术已被广泛的用于植物寄生线虫的研究。亓晓莉等利用 SCAR 标记快速分子检测体系能够从禾谷孢囊线虫及其近缘种的混合种群中快速检测出禾谷孢囊线虫，检测准确灵敏度高[32]；刘斌通过 rDNA-ITS-PCR 及限制性酶切技术对扩增产物进行了 RFLPs 分析，表明兰州、潍坊群体与其他五个群体相比发生了一定的种内变异[33]；于海英等人利用 28S rDNA-D2/D3 区，成功的将马铃薯腐烂茎线虫分为 A 型和 B 型，从而展现出群体的来源及发育关系[34]；陈萍通过 RAPD 对襄阳市牛首镇 CCN 群体中 20 个样品进行遗传多样性分析，RAPD 谱带多态性为 82.98%，具有较丰富的遗传多样性[35]；成飞雪等利用 AFLP 技术对 27 个松材线虫种群样品进行遗传多样性检测，表明 AFLP 是进行松材线虫种群遗传学研究的一种很灵敏可靠的分子标记[36]；付博采用 ISSR 标记方法分析黄淮麦区禾谷孢囊线虫的遗传多样性，发现 *H. avenae* 种群的遗传变异大于 *H. filipjevi* 种群，并且发现 *H. avenae* 郑州荥阳居群与其他 *H. avenae* 群体亲缘关系较远等[37]。目前，我们利用分子标记技术研究不同地区马铃薯线虫种群多样性，深入探讨马铃薯线虫的不同种类的区域分布和遗传多样性，有助于解释其种群进化及产生变异的主要原因，对于有效防控马铃薯线虫这种有害生物具有重要的理论价值和现实意义。

参考文献

[1] 谢从华．马铃薯产业的现状与发展［J］．华中农业大学学报（社会科学版），2012（1）：1-4.

[2] 魏延安．世界马铃薯产业发展现状及特点［J］．世界农业，2005（3）：29-32.

[3] 李文华，吕典秋，闵凡祥．中国、荷兰和比利时马铃薯生产概况对比分析［J］．中国马铃薯，2018（1）：54-60.

[4] 南宫自艳．松毛虫属部分种类遗传多样性及影响因素研究［D］：保定：河北农业大学，2008：1-105.

[5] 黄文坤，何旭峰，丁中，等．马铃薯腐烂茎线虫的遗传变异及其与生态因子的相关性［J］．农业生物技术学报，2012，20（1）：62-9.

[6] 丁中，彭德良，高必达．不同地理种群甘薯茎线虫乙酰胆碱酯酶对抑制剂的敏感性［J］．植物保护学报，2007，34（4）：410-414.

[7] Huang W K，Peng D L，Zhang D S，et al. Assessment of genetic variability in population of *Ditylenchus destructor*（Thorne 1945）（Tylenchida：Anguinidae）from China［J］. Russian Journal of Nematology，2010，18（1）：19-30.

[8] 武天龙，杨庆凯，赵淑文，等．大豆抗孢囊线虫鉴定方法及 3 号小种的抗性遗传分析［J］．东北农业大学学报，1992，（4）：322-327.

[9] 李怡珍，金殷文，陈纯．水稻孢囊线虫鉴定初报［J］．植物检疫，1985（1）：54-57.

[10] 何自福，殷友琴．分子生物技术在植物线虫鉴定中的应用［J］．华南农业大学学报，1996（2）：112-116.

[11] 高源，常玮，韩英鹏，等．2 种大豆孢囊线虫鉴定方法比较及分析［J］．大豆科学，2012，31（2）：274-277.

[12] 蔡秋锦，宋漳，龚其锦，等．杉木半穿刺线虫病的研究［J］．林业科学，1990，26（1）：506-514.

[13] 邹宗峰．牡丹寄生线虫的分类研究［D］：青岛：青岛农业大学，2007：1-88.

[14] 章淑玲．甘薯线虫病害及线虫种类鉴定［D］：福州：福建农林大学，2005：1-173.

[15] 孙占彪．寄生于甘薯和当归的茎线虫形态学比较［J］．甘肃农业，2016（3）：40-42.

[16] 陈森玉，陈品三．大豆根结线虫病病原生物学特性观察［J］．植物病理学报，1990（4）：253-258.

[17] 陈品三，彭德良，郑经武．马铃薯繁峙根结线虫新种（*Meloidogyne fanzhiensis* n. sp.）之发现描述［J］．山西农业大学学报（自然科学版），1990（1）：55-60.

[18] 宛菲，彭德良，杨玉文，等．马铃薯腐烂茎线虫特异性分子检测技术研究［J］．植物病理学报，2008，38（3）：263-270.

[19] Neilson R，Ye W，Oliveira C，et al. Phylogenetic relationships of Longidoridae species（Nematoda：*Dorylaimida*）from North America inferred from 18S rDNA sequence data［J］．Helminthologia，2004，41（4）：209-215.

[20] Ferris V R，Miller L I，Faghihi J，et al. Ribosomal DNA comparisons of globodera from two continents［J］．Journal of Nematology，1995，27（3）：273-283.

[21] Subbotin S A，Halford P D，Warry A，et al.．Variations in ribosomal DNA sequences and phylogeny of Globodera parasitising solanaceous plants［J］．Nematology，2000，2（1）：591-604（14）.

[22] Peng D，Subbotin S，Moens M. Molecular characterization of some species of the genus Meloidogyne from China［J］．Phytopa thology，2002，4（2）：175.

[23] 赵鸿，彭德良，朱建兰．rDNA-ITS-PCR 技术在植物寄生线虫分子诊断中的应用［J］．植物检疫，2004，18（2）：100-105.

[24] 周延清．DNA 分子标记技术在植物研究中的应用［J］．生命科学，2005，17（3）：15-17.

[25] 沈浩，刘登义．遗传多样性概述［J］．生物学杂志，2001，18（3）：5-7.

[26] 白玉．DNA 分子标记技术及其应用［J］．安徽农业科学，2007，35（24）：7422-7424.

[27] Williams J G K，Kubelik A R，Livak K J，et al. DNA polymorphisms amplified by arbitrary primers are useful as genetic markers［J］．Nucleic Acids Research，1990，18（22）：6531-6535.

[28] Vos P，Hogers R，Bleeker M，et al. AFLP：a new technique for DNA fingerprinting［J］．Nucleic Acids Research，1995，23（21）：4407.

[29] Zietkiewicz E，Rafalski A，Labuda D. Genome fingerprinting by simple sequence repeat（SSR）-anchored polymerase chain reaction amplification［J］．Genomics，1994，20（2）：176-183.

[30] Godwin I D，Aitken E A B，Smith L W. Application of inter simple sequence repeat（ISSR）markers to plant genetics［J］．Electrophoresis，1997，18（9）：1524-1528.

[31] 王建波．ISSR 分子标记及其在植物遗传学研究中的应用［J］．遗传，2002，24（5）：613-616.

[32] 亓晓莉，彭德良，彭焕，龙海波，黄文坤，贺文婷．基于 SCAR 标记的小麦禾谷孢囊线虫快速分子检测技术［J］．中国农业科学，2012，45（21）：4388-4395.

[33] 刘斌．中国腐烂茎线虫（*Ditylenchus destructor*）不同地理群体形态学及特异性检测研究［D］：杭州：浙江大学，2006：1-53.

[34] 于海英，彭德良，胡先奇，等．马铃薯腐烂茎线虫 28S rDNA-D2/D3 区序列分析［J］．植物病理学报，2009，39（3）：254-261.

[35] 陈萍．湖北省禾谷孢囊线虫遗传多样性及其生活世代研究［D］．武汉：华中农业大学，2011：1-54.

[36] 成飞雪，成新跃，谢丙炎，等．松材线虫遗传多样性 AFLP 标记的建立及其应用［J］．植物病理学报，2005，35（5）：410-419.

[37] 付博．黄淮麦区禾谷孢囊线虫 ITS 分子特征及遗传多样性分析［D］．郑州：河南农业大学，2011：1-62.

中国线虫学研究（第七卷），2018，7：80~85
Nematology Research in China，2018，Vol. 7：80~85

植物激素在植物与线虫互作的研究进展*

雷　飘**，朱晓峰，陈立杰，王媛媛，刘晓宇，范海燕，玄元虎，段玉玺***
（沈阳农业大学植物保护学院，北方线虫研究所，沈阳　110161）

摘　要：植物寄生线虫是一类重要的植物病原。在植物对线虫的响应过程中，植物激素发挥了重要作用。本文对近年来植物与线虫互作之中关于植物激素的研究进展进行了总结，为进一步研究植物与线虫的互作提供借鉴。

关键词：植物寄生线虫；植物激素；互作

Research Progress of Response of Phytohormone In The Interaction of Plant and Nematode*

Lei Piao**，Zhu Xiaofeng，Chen Lijie，Wang Yuanyuan，
Liu Xiaoyu，Fan Haiyan，Xuan Yuanhu，Duan Yuxi***
(*Nematology Institute of Northern China*，*Shenyang Agricultural University*，*Shenyang*　110866，*China*)

Abstract：Plant parasitic nematode is a kind of important plant pathogen，phytohormones involve in the complicated-interaction between plant and nematode. This paper briefly summarizes the research progress on plant hormones in the interaction of plant and nematode in recent years，to provide references for further research on the interaction between plant and nematode.

Key words：Plant parasitic nematode；Phytohormones；Interaction

植物寄生线虫（Plant parasitic nematode，PPN）是一类重要的植物病原物，被称之为农业上的隐蔽敌人，能够造成巨大的作物产量损失。在响应线虫的入侵的时候，感病品种和抗病品种都有着不同的信号转导途径，包括植物激素的合成及其转导通路，抗性基因或蛋白的表达，活性氧暴发等，这些信号通路及反应都会在植物寄生线虫与植物的互作用中被激活，启动植物的相关反应，从而决定植物表现出对线虫是抗病性还是感病性[1]。在这些信号通路的转导之中，植物激素的合成及其转导通路对于植物抵抗线虫侵染有着决定性作用，因此，解析植物激素信号通路在植物与线虫互作过程之中的作用，对植物线虫病害的防控显得十分的重要。

---

* 基金项目：现代农业产业技术体系建设专项项目（CARS-04-PS13）
** 第一作者：雷飘，硕士研究生，从事植物线虫学研究；E-mail：piaolei9411@163.com
*** 通信作者：段玉玺，教授，博士生导师，从事植物病理学和线虫学的教学和科研工作；E-mail：duanyx6407@163.com

1 植物激素与植物免疫

从生物进化的方向来看，植物也已进化出一套精准的侦查识别生物胁迫的系统，并且根据不同的生物胁迫做出相应的反应。在 ETI（Effector Triggered Immunity，ETI）或 PTI（Pathogen Triggered Immunity，PTI）的下游激活过程中，植物激素信号通路网络对于植物免疫信号网络的激活发挥着至关重要的作用[2-3]。大量的研究表明，植物激素是一类低分子量且在低浓度下起作用的物质，在众多的植物激素之中，水杨酸（Salicylic Acid，SA）、茉莉酸（Jasmonic Acid，JA）、乙烯（Ethylene，ET）对植物防卫反应的信号通路的调控是植物抵抗多种病原的基础[4-5]。SA 信号通路可以增强植物抵抗活体寄生性病原的入侵和繁殖，而 JA/ET 信号通路则是抵抗死体营养性病原和植食性昆虫所必需的[6]。现已证实 SA 通路是（Systemic Acquired Resistance，SAR）的重要组成部分，JA/ET 信号通路则是根际细菌诱导植物抗性（Induced Systemic Resistance，ISR）的不可或缺的部分。

除了以上 3 种基础的防卫相关激素，其他植物激素如：脱落酸（Abscisic Acid，ABA），生长素（Indole-3-acetic Acid，IAA），油菜素内酯（Brassinosteroids，BRs），细胞分裂素（Cytokinins，CKs），这些在植物生长调控中有着重要作用的激素也同样在植物免疫信号通路网络中有着重要的作用。

2. 植物与线虫互作中的植物激素

2.1 SA

SA 作为一种次生代谢产物，通过激活植物防御反应从而在植物与线虫互作中发挥着重要的作用。SA 信号通路也是 R 基因（Resistant gene）介导的植物对植物寄生线虫的抗性所必须的[7-9]，例如在番茄的 *Mi*-1 基因所介导的抗线虫过程之中就依赖于 SA 信号通路[10]。除了 SA 的生物合成，SA 的响应与信号转导也影响着植物对线虫的基础抗性，如在异分支酸合成酶（Isochorismate Synthase，ICS）与 *NahG* 的缺失突变体中，植物对大豆孢囊线虫（*Heteroderaglycines*，Soybeancystnematode，SCN）的感病性就会增加[11]。ICS 是 SA 合成的关键酶，在 *SAMT*（SA Methyltransferase）基因过表达的大豆根中，ICS 有着较高水平的表达，从而能使植物表现出抗病性[12]。

SA 信号通路的拟南芥 At*pad*4 突变体（Phytoalexin Deficient）表现出对 SCN 抗病性的增加；在大豆中过表达 *AtPAD*4 使得大豆对根结线虫的抗性增加[11,13]。*PAD*4 通过与 *EDS*1（Enhanced Disease Susceptibility 1）相互作用，二者在 SA 的信号通路的上游起着作用，且 *EDS*1 与 *PAD*4 有着相似的作用[14]。在大豆根中，不管大豆对某一 SCN 群体具有抗性与否，在被侵染后 *EDS*1 的转录水平都会受到提高[15]。

SA 的下游信号通路受到 *NPR*1（Non-expressor of Pathogenesis Related 1）基因的调控[14]。在细胞核内，*NPR*1 与 TGA 转录因子相互作用，TGA 可与 SA 响应所需的基因顺式元件相互作用，从而影响植物对线虫的抗性[14]。拟南芥 *NPR*1 缺失突变体会增加对孢囊线虫的感病性，*SNI*（Suppressor OF npr1-1 Inducible）缺失突变体能增加对孢囊线虫的抗病性[11]，转 At*NPR*1 基因与过表达 At*TGA*2 的大豆都增加了对 SCN 的抗性[16]。在 SCN 的 10A06 效应子转化的大豆，PR1、PR2、PR5 都受到了抑制，且对 SCN 的感病性增加[17]。

2.2 JA/ET

近来，国内外关于 JA/ET 途径参与植物与线虫互作的报道也越来越多。王从丽等通过外源施用 JA 可以诱导大豆产生对北方根结线虫（*Meloidogyne hapla*）侵染的抗性。诱导 JA 生物合成基因会使得植物对线虫的抗性增加，这表明 JA 的生物合成可能在植物对线虫的感病性中起着作用[18-19]。此外 JA 的施用剂量与植物对线虫的抗感性有着密切的关系[20]，一些研究表明 PI（Protease Inhibitor）可能在 JA 诱导抗线虫的下游起着作用，*Mj-FAR*-1 线虫效应子基因在番茄中过表达则会抑制 JA 响应基因，如 PI 等表达。

在水稻中施用 ET 与 JA 的合成抑制剂，使得植物对线虫的感病性增加[21]。在线虫入侵之后，与 ET、JA 相关的基因也会受到抑制[22]，且 ET 介导的根结线虫抗性依赖于 JA 的生物合成途径。在叶部施用 ET 对于水稻抗根结线虫并没有作用，但是在大豆根被 ET 处理后则会增加 SCN 感病性[23]。在使用乙烯的抑制剂之后，大豆抗线虫性则会增加，拟南芥 ET 的过表达突变体（*eto*1、*eto*2 和 *eto*3）对孢囊线虫表现出感病性增加[24]，而对根结线虫则表现出相反的趋势[25]。拟南芥 ET 受体突变体 *etr*1 和信号转导突变体 *ein*2 和 *ein*3 对孢囊线虫的感病性减少[24]，且 ET 合成与信号转导通路正向调控植物对孢囊线虫的抗性，而对根结线虫则与之相反。

2.3 IAA

植物的生长激素不敏感突变体对孢囊线虫有着抗性[26-27]，且生长激素在扩张的 NFS 与周围的细胞中有着短暂的增加[28]。特别是，生长激素的响应元件在 *NtCel*7 基因中顺式元件中发现，*NtCel*7 编码的 β-1，4 内葡聚糖酶在细胞壁的降解中有着重要的作用，会受到孢囊线虫与根结线虫的强烈诱导[29]。生长激素的极性运输子调控激素的分布，在孢囊线虫侵染的初始阶段，生长激素的积累由 *LAX*3/*AUX*1 所介导的运入增强，然而 *PIN*1 介导的运出减弱。*PIN*3、*PIN*4 侧向转运生长激素到围绕着刚开始发育的合胞体的细胞中[30]，且甜菜孢囊线虫的 Hs19C07 效应子蛋白能直接激活拟南芥的 *LAX*3 基因。

生长激素对于植物对线虫的抗感性也能通过 ARF（Auxin Response Factors）来激活生长激素的响应基因[16]。许多 ARF 家族基因的成员都能直接或动态地调节拟南芥对于线虫的侵染反应，相较于没有被侵染的根系[31]。生长激素的积累，ARF 的响应，似乎都在线虫取食位点的形成中起着重要的作用，且高度表达的 ARFs 在合胞体和巨细胞中可能都有着维持的作用[26,28]。值得注意的是，ARFs 可以与许多的 sRNA 相互作用。在 ARFs 的下游，生长激素的响应基因（Lateral Organ Boundaries-Domain 16，*LBD*16），该基因在侧根形成与根结形成之中有着重要的作用，在根结线虫侵染的时候被激活[32]。

2.4 Cytokinin（CK）

在根结线虫侵染百脉根（*Lotus Japonicus*）的时候，CK 的响应基因 ARR5 在快速分裂的巨细胞周围的细胞中受到了强烈地诱导，而在巨细胞中却没有，在 CK 氧化酶的突变体中，植物对根结线虫的抗性增加，根中的巨细胞变小变少[33]。CK 信号通路的不同元件在 SCN 的侵染中也有着不同的作用，Mitchum 等研究发现，在根结线虫和孢囊线虫分别侵染拟南芥时，细胞分裂素的合成、代谢、响应基因有不同的表达模式[34]。

2.5 其他植物激素

除了以上所提到的集中研究较多的植物激素之外，其他的植物素，如 GA、BR、独脚金内酯等可能都参与植物与线虫的互作，且不同植物激素之间有着复杂的作用网络。例如，最近，根特大学的研究团队就发现外源 GA 可以拮抗 JA，从而降低水稻对根结线虫的抗病性[35]。BR 也有被报道在别的植物病害上起着作用，例如 BR 处理烟草后，烟草对 TMV、*Pseudomonas syringae* pv. *tabaci* 的抗性增加，BR 诱导植物体内短暂的 NADPH 氧化酶与过氧化氢的增加以此提高对黄瓜花叶病毒的抵抗性，根部病原菌（*Pythium graminicola*）可以“劫持”水稻 BR 通路以促进病害的发生通过与 SA 和 GA 路径的负向作用[36-37]，但在线虫与植物互作中，BR 等植物激素起作用的机制也有待探索。也正由于各种植物激素之间的错综复杂的作用网络，使得对于植物激素在植物与线虫互作过程中的作用变得难以阐明，除了明确各种植物激素的具体作用之外，而且还有很多的问题等待去解决。

3 展望

植物激素，尤其是 SA、JA、ET 所介导的信号转导通路，是植物抵御生物胁迫的核心。这些激素之间复杂而又灵活的相互作用，使得植物最大化的利用资源、有效地抵御生物胁迫、利于自己的健康。过去 10 年来，在阐明植物激素的相互作用方面取得了较大的进展。SA 通路主要与抗活体寄生性病原有关，JA/ET 信号通路主要与死体营养型有关，且 SA 与 JA/ET 通路一般为拮抗作用。其他的植物激素如生长素、CK、ABA、BR 等都参与调控植物的免疫反应，尽管取得以上的进步，但是我们对与激素在植物免疫线虫中的作用还是知之甚少。结合不同学科的方法，如：基因组学（genomics）、蛋白质组学（proteomics）、代谢组学（metabolomics）、转录组学（transcriptomics）以及生物信息学分析等技术，将会更有利于我们了解植物激素在植物与线虫互作过程中发挥的作用。

参考文献

[1] Li R, et al. Integrated signaling networks in plant responses to sedentary endoparasitic nematodes: a perspective [J]. Plant Cell Reports, 2015, 34 (1): 5-22.

[2] Pieterse C M J, et al. Networking by small-molecule hormones in plant immunity [J]. Nature Chemical Biology, 2009, 5 (5): 308-316.

[3] Katagiri F, K Tsuda. Understanding the plant immune system [J]. Mol Plant Microbe Interact, 2010, 23 (12): 1531-1536.

[4] Robertseilaniantz A, M Grant, Jones J D G. Hormone crosstalk in plant disease and defense: more than just jasmonate-salicylate antagonism [J]. Annual Review of Phytopathology, 2011, 49 (1): 317-343.

[5] Pieterse C M, et al. Hormonal modulation of plant immunity [J]. Annu Rev Cell Dev Biol, 2012, 28 (1): 489-521.

[6] Bari R, Jones J D. Role of plant hormones in plant defence responses [J]. Plant Molecular Biology, 2009, 69 (4): 473-488.

[7] Branch C, et al. Salicylic acid is part of the Mi-1-mediated defense response to root-knot nematode in tomato [J]. Mol Plant Microbe Interact, 2004, 17 (4): 351-356.

[8] Kandoth P K, et al. The Soybean Rhg1 Locus for Resistance to the Soybean Cyst Nematode Heterodera glycines Regulates the Expression of a Large Number of Stress- and Defense-Related Genes in

Degenerating Feeding Cells [J]. Plant Physiology, 2011, 155 (4): 1960-1975.

[9] Uehara T, et al. Resistant and susceptible responses in tomato to cyst nematode are differentially regulated by salicylic acid [J]. Plant & Cell Physiology, 2010, 51 (9): 1524-1536.

[10] Mantelin S, et al. Mi-1-Mediated Resistance to Meloidogyne incognita in Tomato May Not Rely on Ethylene but Hormone Perception through ETR3 Participates in Limiting Nematode Infection in a Susceptible Host [J]. Plos One, 2013, 8 (5): e63281-e63281.

[11] Wubben M J E, Jin J, Baum T J. Cyst nematode parasitism of Arabidopsis thaliana is inhibited by salicylic acid (SA) and elicits uncoupled SA-independent pathogenesis-related gene expression in roots [J]. Mol Plant Microbe Interact, 2008, 21 (4): 424-432.

[12] Lin J, et al. Overexpression of a soybean salicylic acid methyltransferase gene confers resistance to soybean cyst nematode [J]. Plant Biotechnology Journal, 2013, 11 (9): 1135-1145.

[13] Youssef R M, et al. Ectopic expression of AtPAD4 broadens resistance of soybean to soybean cyst and root-knot nematodes [J]. Bmc Plant Biology, 2013, 13 (1): 67.

[14] Vlot A C, Dempsey D A, Klessig D F. Salicylic Acid, a Multifaceted Hormone to Combat Disease. Annual Review of Phytopathology, 2009, 47 (1): 177-206.

[15] Klink V P, et al. Laser capture microdissection (LCM) and comparative microarray expression analysis of syncytial cells isolated from incompatible and compatible soybean (Glycine max) roots infected by the soybean cyst nematode (*Heterodera glycines*) [J]. Planta, 2007, 226 (6): 1389-1409.

[16] Matthews B F, et al. Engineered resistance and hypersusceptibility through functional metabolic studies of 100 genes in soybean to its major pathogen, the soybean cyst nematode [J]. Planta, 2013, 237 (5): 1337-1357.

[17] Hewezi T, et al. Arabidopsis spermidine synthase is targeted by an effector protein of the cyst nematode *Heterodera schachtii* [J]. Plant Physiology, 2010, 152 (2): 968-984.

[18] Gao X, et al. Maize 9-lipoxygenase Zm LOX3 controls development, root-specific expression of defense genes, and resistance to root-knot nematodes [J]. Mol Plant Microbe Interact, 2008, 21 (1): 98-109.

[19] Ozalvo R, et al. Two closely related members of Arabidopsis 13 - lipoxygenases (13 - LOXs), LOX3 and LOX4, reveal distinct functions in response to plant - parasitic nematode infection [J]. Molecular Plant Pathology, 2014, 15 (4): 319-332.

[20] Fujimoto T, et al. Expression profile of jasmonic acid-induced genes and the induced resistance against the root-knot nematode (*Meloidogyne incognita*) in tomato plants (*Solanum lycopersicum*) after foliar treatment with methyl jasmonate [J]. Journal of Plant Physiology, 2011, 168 (10): 1084-1097.

[21] Nahar K, et al. The jasmonate pathway is a key player in systemically induced defense against root knot nematodes in rice [J]. Plant Physiology, 2011, 157 (1): 305-316.

[22] Kyndt T, et al. Comparing systemic defence - related gene expression changes upon migratory and sedentary nematode attack in rice [J]. Plant Biology, 2012, 14 (s1): 73-82.

[23] Tucker M L, Ping X, Yang R. 1-Aminocyclopropane-1-carboxylic acid (ACC) concentration and ACC synthase expression in soybean roots, root tips, and soybean cyst nematode (*Heterodera glycines*) - infected roots [J]. Journal of Experimental Botany, 2010, 61 (2): 463-472.

[24] Wubben M J, et al. Susceptibility to the sugar beet cyst nematode is modulated by ethylene signal transduction in *Arabidopsis thaliana* [J]. Molecular plant-microbe interactions: MPMI, 2001, 14 (10): 1206.

[25] Fudali S L, Wang C, Williamson VM. Ethylene signaling pathway modulates attractiveness of host roots to the root-knot nematode *Meloidogyne hapla* [J]. Mol Plant Microbe Interact, 2013, 26 (1): 75-86.

[26] Goverse A, et al. Both induction and morphogenesis of cyst nematode feeding cells are mediated by auxin [J]. Mol Plant Microbe Interact, 2000, 13 (10): 1121-1129.

[27] Karczmarek A, et al. Feeding cell development by cyst and root-knot nematodes involves a similar early, local and transient activation of a specific auxin-inducible promoter element [J]. Molecular Plant Pathology, 2004, 5 (4): 343-346.

[28] Absmanne B, Stadler R, Hammes U Z. Phloem development in nematode-induced feeding sites: the implications of auxin and cytokinin [J]. Front Plant Sci, 2013, 4 (1): 241.

[29] Wang X, et al. The tobacco Cel7 gene promoter is auxin-responsive and locally induced in nematode feeding sites of heterologous plants [J]. Molecular Plant Pathology, 2007, 8 (4): 423-436.

[30] Lee C, et al. The Novel Cyst Nematode Effector Protein 19C07 Interacts with the Arabidopsis Auxin Influx Transporter LAX3 to Control Feeding Site Development [J]. Plant Physiology, 2011, 155 (2): 866-880.

[31] Hewezi T, et al. Spatial and temporal expression patterns of auxin response transcription factors in the syncytium induced by the beet cyst nematode *Heterodera schachtii* in Arabidopsis [J]. Molecular Plant Pathology, 2014, 15 (7): 730-736.

[32] Cabrera J, et al. A role for LATERAL ORGAN BOUNDARIES-DOMAIN 16 during the interaction *Arabidopsis-Meloidogyne* sp provides a molecular link between lateral root and root-knot nematode feeding site development [J]. New Phytologist, 2014, 203 (2): 632-645.

[33] Lohar D P, et al. Cytokinins play opposite roles in lateral root formation, and nematode and Rhizobial symbioses [J]. Plant Journal, 2004, 38 (2): 203-214.

[34] Dowd C D, et al. Divergent expression of cytokinin biosynthesis, signaling and catabolism genes underlying differences in feeding sites induced by cyst and root-knot nematodes [J]. Plant Journal, 2017: 92.

[35] Yimer H Z, et al. Gibberellin antagonizes jasmonate - induced defense against Meloidogyne graminicola in rice [J]. New Phytologist, 2018 (suppl 1).

[36] Xia X J, et al. Reactive Oxygen Species Are Involved in Brassinosteroid-Induced Stress Tolerance in Cucumber [J]. Plant Physiology, 2009, 150 (2): 801-14.

[37] De V D, et al. Brassinosteroids antagonize gibberellin- and salicylate-mediated root immunity in rice [J]. Plant Physiology, 2012, 158 (4): 1833.

中国线虫学研究（第七卷），2018，7：86~89
Nematology Research in China，2018，Vol. 7：86~89

重要植物寄生线虫效应蛋白功能研究进展*

坚晋卓**，彭　焕，黄文坤，刘世名，孔令安，彭德良***
（中国农业科学院植物保护研究所/植物病虫害生物学国家重点实验室，北京　100193）

摘　要：植物寄生线虫在侵染寄主过程中分泌许多与寄生相关的蛋白质，这些蛋白在植物细胞内发挥各种作用，从而有利于线虫侵染、寄生和生长发育。研究这些效应蛋白的功能对于掌握线虫和植物之间的互作机制非常重要，也为植物线虫病害的防控提供了理论依据。本文对目前研究发现的植物寄生线虫效应蛋白的功能进行了概述。

关键词：植物寄生线虫；效应蛋白；功能研究

The Research Progress of Effector Proteins Functions of Major Plant-parasitic Nematode*

Jian Jinzhuo**，Peng Huan，Huang Wenkun，Liu Shiming，Kong Ling'an，Peng Deliang***
（*Institute of Plant Protection*，*Chinese Academy of Agricultural Sciences*，*Beijing*　100193，*China*）

Abstract：Plant parasitic nematodes secrete many proteins associated with parasites during the process of infestation of hosts，and these proteins play a variety of roles in plant cells，thereby facilitating nematode infestation，parasitism，and growth and development. The study of the function of these effector proteins is very important for understanding the interaction mechanism between nematodes and plants，and it also provides a theoretical basis for the prevention and control of plant nematode diseases. This article gives an overview of the function of plant-parasitic nematode effector proteins found in current research.

Key words：Plant parasitic nematode；Effector protein，Function

植物寄生线虫是一类分布于世界各地的重要植物病原物，具有广泛的寄主范围，强大的环境适应性，能对多种农作物造成严重的产量损失。已报道约 4 000 种植物寄生线虫[1]，每年在全球范围内造成超过 1 750亿美元的损失[2]。植物寄生线虫是一类专性寄生物，能在侵染和寄生植物的过程中由食道腺细胞分泌许多蛋白质，这一类的相关蛋白称为效应蛋白。这些效应蛋白在线虫侵染和寄生、抑制寄主防卫反应、建立并维持取食位点等的过程中发挥重要作用[3]。本文对目前研究发现的植物寄生线虫效应蛋白的主要功能进行了概述。了解这些分泌物在病原物与寄主互作中发挥的作用，对研究线虫侵染植物的分子机制和设计新型的

* 基金项目：国家自然科学基金项目（31772142，31571988）和公益性行业科研专项（201503114）
** 第一作者：坚晋卓，博士研究生，从事植物线虫分子生物学研究；E-mail：jianjinzhuo@ 163. com
*** 通信作者：彭德良，研究员，从事植物线虫和线虫病害控制技术研究；E-mail：pengdeliang@ caas. cn

防控策略具有重要意义。

植物对病原物的防卫反应分为 PTI（PAMPs-triggered Immunity）和 ETI（Effector-triggered Immunity）。PTI 由病原物相关分子模式（Pathogen-associated Molecular Patterns，PAMPs）引起。PTI 反应主要引起植物体内活性氧产生、细胞内胼胝质沉积和防卫相关基因表达量变化等。ETI 是效应蛋白被植物抗病蛋白识别后引起的免疫反应，ETI 反应导致在侵染点附近产生过敏性反应（Hypersensitive Reaction，HR）[4]。最早报道能抑制植物防卫反应的效应蛋白是由爪哇根结线虫（*Meloidogyne javanica*）和大豆孢囊线虫（*Heterodera glycines*）产生的分支酸变位酶，推测线虫可能通过产生分支酸变位酶，与植物竞争分支酸，从而达到抑制水杨酸和植保素合成来调控寄主的防御反应[5-6]。研究发现，由马铃薯金线虫分泌的泛素羧基延伸蛋白 GrCEP12 在本氏烟叶片中瞬时表达后抑制了 ROS 的产生，并且能诱导由细菌 PAMP flg22 触发的 PTI 标记基因表达。这些结果提供了 GrCEP12 参与抑制 PTI 的直接证据[7]。MiMsp40 是一种根结线虫的特异性效应子，其通过线虫的早期寄生阶段注入植物细胞并在抑制 PTI 和/或 ETI 信号中起作用来促进线虫的寄生[8]。孢囊线虫效应蛋白 30C02 与植物 β-1，3-内切葡聚糖酶的相互作用可抑制寄主防御以促进寄生作用[9]。孢囊线虫效应子 Hs25A01 能结合不同的植物蛋白来增加线虫易感性[10]。象耳豆根结线虫（*Meloidogyne enterolobii*）效应蛋白 MeTCTP[11] 和南方根结线虫（*Meloidogyne Incognita*）效应子 MiISE5[12] 能通过抑制寄主细胞的程序性死亡来促进寄生。拟禾本科根结线虫（*Meloidogyne graminicola*）效应蛋白 MgGPP 被分泌到宿主细胞中与蛋白质水解一起发生糖基化以抑制植物防御促进寄生[13]。南方根结线虫（*M. incognita*）效应子 MiISE6 参与线虫与植物之间的相互作用，并且通过干扰植物的多个信号转导途径来实现在寄生早期阶段中发挥的重要作用[14]。南方根结线虫效应子 MiPFN3 能扰乱植物肌动蛋白丝并促进寄生，并且首次证明了线虫正在分泌的效应蛋白对植物的肌动蛋白细胞骨架具有显着的、直接的影响[15]。南方根结线虫效应子 Misp12 在病毒介导的沉默中上调茉莉酸（JA）和水杨酸（SA）途径防御相关基因，并且在表达 Misp12 的植物中下调 SA 途径防御相关基因，说明该基因能抑制植物的防御反应，并在线虫寄生的后期阶段发挥作用[16]。在植物免疫定位分析中显示，爪哇根结线虫（*M. javanica*）效应蛋白 MJ-NULG1a 在线虫寄生阶段定位于巨细胞的细胞核中，并且在侵染后 J2 上表达量上调，推测其可能在线虫侵染和早期寄生过程中起作用[17]。研究显示，爪哇根结线虫效应蛋白 MjTTL5 可以抑制植物的先天免疫反应从而促进寄生，而其互作蛋白 AtFTRc 的表达受爪哇根结线虫侵染的诱导产生。AtFTRc 和 MjTTL 之间的相互作用可以极大地提高宿主活性氧清除活性，并且导致植物基础防御的抑制和减弱宿主对线虫侵染的抗性[18]。在拟南芥根中存在细胞凋亡和非凋亡 PTI 抵抗根结线虫，表明存在多种线虫识别机制[19]。甜菜孢囊线虫（*Heterodera schachtii*）Hs4F01 膜联效应蛋白分泌到宿主根细胞中可能在寄生相互作用期间模拟植物膜联蛋白功能[20]。甜菜孢囊线虫能够改变激素水平的具体变化，从而在其寄生阶段调节以激素为基础的防御反应和信号转导途径[21]。植物对甜菜孢囊线虫的抗性是由 MPK3 和 MPK6 激酶介导的，而这两种激酶是由拟南芥有丝分裂素激活蛋白激酶类（MAPK）中的蛋白 AP2C1 调控[22]。拟南芥免疫调节剂 SRFR1 能减弱寄主对甜菜孢囊线虫的防卫反应，并且 SRFR1 处于多个防御途径之间的交叉点[23]。一种拟禾本科根结线虫（*M. graminicola*）效应子 MgMO237 能与多个宿主防御相关的蛋白质相互作用从而抑制植物基础免疫和促进寄生[24]。

对效应蛋白在植物中的作用靶标和参与调控的植物信号通路进行研究，这将成为植物寄生线虫效应蛋白研究中的重点和热点，这将为人们更加深入地了解植物寄生线虫与植物相互作用的分子机理奠定基础，为寻找可持续的植物寄生线虫防控策略提供理论依据。

参考文献

[1] Decraemer W, Geraert E, Perry R N, et al. Ectoparasitic nematodes [J]. Journal of Zoology, 2006, 232 (2): 341-346.

[2] Nicol J M, Turner S J, Coyne D L, et al. Current Nematode Threats to World Agriculture [M] // Genomics and Molecular Genetics of Plant-Nematode Interactions. 2011: 21-43.

[3] Gheysen G, Fenoll C. Gene Expression in Nematode Feeding Sites [J]. Annual Review of Phytopathology, 2002, 40 (4): 191-219.

[4] Doyle E A, Lambert K N. *Meloidogyne* javanica chorismate mutase 1 alters plant cell development [J]. Molecular plant-microbe interactions: MPMI, 2003, 16 (2): 123.

[5] Barcala M, GarcãA A, Cabrera J, et al. Early transcriptomic events in microdissected Arabidopsis nematode-induced giant cells [J]. Plant Journal, 2010, 61 (4): 698-712.

[6] Bekal S, Niblack TLLambert KN. A chorismate mutase from the soybean cyst nematode Heterodera glycines shows polymorphisms that correlate with virulence [J]. Mol Plant Microbe Interact, 2003, 16 (5): 439-446.

[7] Chen S, Chronis D, Wang X. The novel GrCEP12 peptide from the plant-parasitic nematode Globodera rostochiensis suppresses flg22-mediated PTI [J]. Plant Signaling & Behavior, 2013, 8 (9).

[8] Niu Junhai, Liu Pei, Liu Qian et al. Msp40 effector of root-knot nematode manipulates plant immunity to facilitate parasitism [J]. Sci Rep, 2016, 6: 19443.

[9] Jaubert S, Milac A L, Petrescu A J, et al. In planta secretion of a calreticulin by migratory and sedentary stages of root-knot nematode [J]. Mol Plant Microbe Interact, 2005, 18 (12): 1277-1284.

[10] Pogorelko G, Juvale P S, Rutter W B, et al. A cyst nematode effector binds to diverse plant proteins, increases nematode susceptibility and affects root morphology [J]. Molecular Plant Pathology, 2016, 17 (6): 832-844.

[11] Zhuo K, Chen J, Lin B, et al. A novel *Meloidogyne enterolobii* effector MeTCTP promotes parasitism by suppressing programmed cell death in host plants [J]. Molecular Plant Pathology, 2016, 18 (1): 45-54.

[12] Shi Qianqian, Mao Zhenchuan, Zhang Xi et al. A *Meloidogyne incognita* effector MiISE5 suppresses programmed cell death to promote parasitism in host plant [J]. Sci Rep, 2018, 8 (1): 7256.

[13] Chen BJ, Lin B, Huang Q, et al. A Novel *Meloidogyne Graminicola* effector, Mggpp, Is Secreted Into Host Cells and Undergoes Glycosylation in Concert with Proteolysis to Suppress Plant Defenses and Promote Parasitism [J]. Plos Pathogens, 2017, 13 (4).

[14] Shi Q, Mao Z, Zhang X, et al. The Novel Secreted *Meloidogyne Incognita* Effector Miise6 Targets the Host Nucleus and Facilitates Parasitism in Arabidopsis [J]. Frontiers in Plant Science, 2018, 9.

[15] Leelarasamee N, Zhang L, Gleason C. The Root-knot Nematode Effector Mipfn3 Disrupts Plant Actin Filaments and Promotes Parasitism [J]. Plos Pathogens, 2018, 14 (3): 0.

[16] Xie Jialian, Li Shaojun, Mo Chenmi et al. A Novel *Meloidogyne incognita* Effector Misp12 Suppresses

Plant Defense Response at Latter Stages of Nematode Parasitism [J]. Front Plant Sci, 2016, 7: 964.

[17] Lin B, Zhuo K, Wu P, et al. A Novel Effector Protein, Mj-nulg1a, Targeted to Giant Cell Nuclei Plays a Role in *Meloidogyne Javanica* Parasitism [J]. Molecular Plant-microbe Interactions: mpmi, 2013, 26 (1): 55-66.

[18] Lin B, Kan Z, Chen S, et al. A Novel Nematode Effector Suppresses Plant Immunity By Activating Host Reactive Oxygen Species-scavenging System [J]. New Phytologist, 2016, 209 (3): 1159-1173.

[19] Teixeira M A, Wei L, Kaloshian I. Root-knot Nematodes Induce Pattern-triggered Immunity in Arabidopsis Thaliana Roots [J]. New Phytologist, 2016, 211 (1): 276-287.

[20] Patel N, Hamamouch N, Li C, et al. A nematode effector protein similar to annexins in host plants [J]. Journal of Experimental Botany, 2010, 61 (1): 235-248.

[21] Nina K, Zoran R, Regis JMA, et al. Role of Stress-related Hormones in Plant Defence During Early Infection of the Cyst Nematode *Heterodera Schachtiiin* Arabidopsis [J]. New Phytologist, 2015, 207 (3): 778-789.

[22] Sidonskaya E, Schweighofer A, Shubchynskyy V, et al. Plant Resistance Against the Parasitic Nematode *Heterodera Schachtii* Is Mediated By Mpk3 and Mpk6 Kinases, Which Are Controlled By the Mapk Phosphatase Ap2c1 in Arabidopsis [J]. Journal of Experimental Botany, 2016, 67 (1): 107-118.

[23] Nguyen PDT, Pike S, Wang J, et al. The Arabidopsis Immune Regulator Srfr1 Dampens Defences Against Herbivory By Spodoptera Exigua and Parasitism By *Heterodera Schachtii* [J]. Molecular Plant Pathology, 2016, 17 (4): 588-600.

[24] Chen J, Hu L, Sun L, et al. A novel *Meloidogyne graminicola* effector, MgMO237, interacts with multiple host defense-related proteins to manipulate plant basal immunity and promote parasitism [J]. Molecular Plant Pathology, 2018.

中国线虫学研究（第七卷），2018，7：90~94
Nematology Research in China，2018，Vol. 7：90~94

滑刃线虫属植物寄生性种类的多样性和系统进化研究*

蔡晶晶**，王倩倩，周仁鹏，王　暄，李红梅***
（南京农业大学/农作物生物灾害综合治理教育部重点实验室，南京　210095）

摘　要：滑刃线虫属大多数种类取食真菌，有 14 个种可以寄生植物，最常见的具破坏性的种类有贝西滑刃线虫、草莓芽叶线虫、菊花滑刃线虫以及次薄滑刃线虫等，寄主植物超过 900 种。滑刃属线虫形态特征存在高度的种内变异和较小的种间差异，利用分子鉴定可提高形态学鉴定的准确性，mtCOI、rDNA 18S、28S D2-D3 区和 ITS 分子标记均适用于滑刃线虫属种类的鉴定和系统进化分析。
关键词：滑刃线虫；植物寄生性；线粒体 DNA；核糖体 DNA；系统进化

Diversity and Phylogeny of the Genus *Aphelenchoides* (Nematoda: Aphelenchoidea), with Focus on the Plant-parasitic Species*

Cai Jingjing**, Wang Qianqian, Zhou Renpeng, Wang Xuan, Li Hongmei***
(*Key Laboratory of Integrated Management of Crop Diseases and Pests, Ministry of Education*, *Nanjing Agriculture University*, *Nanjing* 210095, *China*)

Abstract: Most species of the genus *Aphelenchoides* are fungivorus species, except 14 species are plant-parasitic species. *Aphelenchoides besseyi*, *A. fragariae*, *A. ritzemabosi* and *A. subtenuis* have been reported as the most common and devastating species and having more than 900 plant species as the hosts. The *Aphelenchoides* species possess the low inter-specific and high intra-specific morphological variability, therefore molecular tools have been employed to ensure accurate diagnoses of the species based on morphological characters. The mitochondrial cytochrome oxidase I gene (mtCOI), ribosomal DNA 18S, 28S and ITS markers are all suitable for the diagnoses and phylogenetic analysis for *Aphelenchoides* species.
Key words: *Aphelenchoides*; Plant parasitism; Mitochondrial DNA; Ribosomal DNA; Phylogeny

1　滑刃线虫属寄生性种类的多样性

目前，全世界已报道的植物寄生线虫大约有 4 000种，其中，寄生植物的滑刃线虫属（*Aphelenchoides*）种类大约有 14 种[1]，能够引起植物严重病害的种类主要有 3 种，包括贝西滑刃线虫（*A. besseyi*）、草莓芽叶线虫（*A. fragariae*）和菊花滑刃线虫（*A. ritzemabosi*），它们主要寄生于植物芽叶和球茎的生长点，寄主范围广泛，涉及种子植物门的 98 个科和蕨类

---

* 基金项目：国家自然科学基金（31471751）
** 第一作者：蔡晶晶，硕士研究生，从事植物线虫学研究；E-mail：CJJingg@163.com
*** 通信作者：李红梅，教授，博导，从事植物线虫学研究；E-mail：lihm@njau.edu.cn

植物门的25个科；贝西滑刃线虫可以侵染水稻引起叶片的干尖症状，能为害91种植物；菊花滑刃线虫为害菊花叶片并造成组织变色坏死，可为害包括菊花在内的321种植物；草莓芽叶线虫的寄主范围更广泛，达620种[2]。

此外，寄生植物的其他11种滑刃线虫分别是落花生滑刃线虫（*A. arachidis*）、双尾滑刃线虫（*A. bicaudatus*）、毁芽滑刃线虫（*A. blastophthorus*）、大连滑刃线虫（*A. dalianensis*）、埃塞俄比亚蕉滑刃线虫（*A. ensete*）、游泳滑刃线虫（*A. nechaleos*）、西洋参滑刃线虫（*A. panaxofolia*）、拟游泳滑刃线虫（*A. paranechaleos*）、腐生滑刃线虫（*A. saprophilus*）、圆头滑刃线虫（*A. sphaerocephalus*）以及次薄滑刃线虫（*A. subtenuis*），它们的寄主范围相对较窄，造成的经济损失相对较轻[2]。其中，埃塞俄比亚蕉滑刃线虫、游泳滑刃线虫、西洋参滑刃线虫、拟游泳滑刃线虫、腐生滑刃线虫、圆头滑刃线虫这六种滑刃线虫的寄主植物单一。大连滑刃线虫（*A. dalianensis*）最初分离自我国大连老铁山的黑松死树，接种实验证明其能够寄生马尾松[3]。落花生滑刃线虫（*A. arachidis*）相继在尼日利亚[4]、埃及[5]、南非[6]的落花生上被发现并能引起病害，在禾本科植物以及一些野草的根上也发现了该线虫[7-8]。双尾滑刃线虫（*A. bicaudatus*）寄主范围广泛，大部分寄主是单子叶植物，在观赏植物上较为常见，此外也能在水稻和蝴蝶兰属植物的根部生长和存活，但并不能引起明显的侵染症状[9]。毁芽滑刃线虫（*A. blastophthorus*）能严重破坏山胡萝卜属植物的花序[10]，常见寄生于牛舌草属、秋海棠属、铃兰属等观赏植物上，在挪威对草莓也存在潜在的为害[11]。次薄滑刃线虫（*A. subtenuis*）近年来也引起广泛关注，寄主植物数量仅次于贝西滑刃线虫，达到23种，其中大部分是单子叶植物，包括葱属、水仙属、番红花属、鸢尾科、郁金香属、绵枣儿属和秋水仙属植物，双子叶植物中仅发现的寄主有夹竹桃属和三叶草属植物[12]。

与专性寄生高等植物的根结线虫（*Meloidogyne* spp.）和孢囊线虫（*Heterodera* spp. 和 *Globodera* spp.）不同的是，有着广泛寄主的寄生性滑刃线虫在取食植物过程中，不会形成巨细胞或合胞体这类特定的取食结构，有研究证据表明滑刃科线虫的植物寄生行为相对原始，对线虫的植物寄生性起源和进化研究有着非常重要的启示作用[13]。值得注意的是，有关寄生性滑刃线虫与寄主间的关联以及其非特异性取食行为尽管已经有很多的报道，但是在一种植物上存在一种以上寄生性滑刃线虫的现象并不常见；在滑刃线虫寄生的925种植物中，只有6种植物能够同时作为贝西滑刃线虫、草莓芽叶线虫、菊花滑刃线虫这三种滑刃线虫的寄主[2]，因此，寄生性滑刃线虫与寄主植物之间的相互关系仍需更深入的研究。

2 滑刃线虫属寄生性种类的系统进化研究

滑刃线虫属种类众多，Hunt于2008年整理滑刃线虫属的有效种是154个[14]，此后又相继描述了20多个新种。滑刃属线虫形态特征存在高度的种内变异以及较小的种间差异，单纯依赖传统的形态学鉴定手段已无法实现准确鉴定该属的种类，而利用形态学鉴定与分子特征分析相结合的方法，现已广泛应用于植物线虫的分类研究中[15]。

在生物体内，核糖体DNA（rDNA）通常为多拷贝的多基因家族，其小亚基18S、内转录间隔区ITS和大亚基28S的D2D3区这3个位点被广泛用于海洋线虫、土壤线虫、动物或植物寄生线虫的种类鉴定中[16]。18S序列保守性最高，主要应用于属级别或更高分类阶元的鉴定研究中，在滑刃线虫属种类鉴定中，18S基因表现出了良好的分辨率[15]；28S D2-D3

区基因序列的保守程度不及 18S，主要应用于种和近似种的鉴别中[17]；ITS 区序列变异程度高，有高度的串联重复，变异速度快，广泛应用于近似种以及种内不同地理种群的鉴别中[18]。

线粒体 DNA（mtDNA）基因有较高的突变率，能够积累足够的差异从而将物种区分开，且对于近缘种的鉴定特别高效，mtDNA 的细胞色素氧化酶基因（mtCOI）是生物条形码的首选基因[19-20]。由于 mtCOI 基因的扩增比较困难，mtCOI 基因作为标准条形码，目前仅应用于海洋线虫和几种植物寄生线虫如伞滑刃线虫（*Bursaphelenchus* spp.）、根结线虫、短体线虫（*Pratylenchus* spp.）和盾线虫（*Scutellonema* spp.）的分类鉴定中[21-24]，而关于滑刃科线虫（Aphelenchoidea）的 mtCOI 基因研究相对欠缺，在 GenBank 中检索到的 mtCOI 序列少于 100 条，且多数序列来自贝西滑刃线虫和菊花滑刃线虫，mtCOI 序列的缺乏在一定程度上阻碍了 mtCOI 基因作为条形码在滑刃线虫属物种鉴定中的应用。

Sánchez-Monge 等[15]研究了贝西滑刃线虫、草莓芽叶线虫、菊花滑刃线虫和次薄滑刃线虫的 mtCOI 片段，并结合 rDNA18S 和 28S D2D3 标记获得的分辨率、序列可变性和树状拓扑结构，评估 mtCOI 序列在寄生性滑刃线虫种类及相关分类群鉴定中的应用潜力；用 mtCOI、18S 和 28S 3 种标记获得的树状拓扑结构总体上呈现一致，表明这些分子标记均适用于滑刃属线虫的诊断鉴定，且它们之间扩增成功率相似。此外 Sánchez-Monge 等[15]还证实了滑刃线虫属、食榕线虫属（*Ficophagus*）、咽滑刃线虫属（*Laimaphelenchus*）、马丁线虫属（*Martininema*）和狭义裂齿滑刃线虫属（*Schistonchus sensu strico*）组成了一个进化枝，且这些属之间构成了复杂的并系群（paraphyly）。Sánchez-Monge 等[15]首次用多基因方法（multigene approach）鉴定了滑刃线虫属种类，并且支持滑刃线虫的植物寄生性有多个独立起源的观点，推测其可能来源于真菌食性的祖先。

3 讨论

目前已报道的寄生性滑刃线虫可能只是冰山一角，而且在有些情况下滑刃线虫及其寄主的鉴定并不准确，寄生关系也不符合科赫氏法则，特别是对滑刃线虫与野生植物或非农作物寄主的寄生关系更是知之甚少。因此，通过实验室接种测定和田间调查，可以推断滑刃线虫的寄主范围，为研究滑刃属线虫的寄生性起源提供更多有力的证据。此外，第二代测序技术的迅猛发展开创了植物线虫寄生机制研究的新局面，一些重要的植物寄生线虫，包括南方根结线虫（*M. incognita*）[25]、北方根结线虫（*M. hapla*）[26]、松材线虫（*B. xylophilus*）[27]、马铃薯白线虫（*G. pallida*）[28]、马铃薯金线虫（*G. rostochiensis*）[29]和咖啡短体线虫（*P. coffeae*）[30]等的全基因组测序工作均已完成，从这些基因组数据中挖掘与植物寄生性密切相关的基因，对于揭示滑刃属线虫的植物寄生性起源可提供新的研究契机。

参考文献

[1] RYBARCZYKMYDŁOWSKA K，MOOYMAN P，VAN M H，et al. Small subunit ribosomal DNA-based phylogenetic analysis of foliar nematodes（*Aphelenchoides* spp.）and their quantitative detection in complex DNA backgrounds［J］. Phytopathology，2012，102（12）：1153-1160.

[2] SÁNCHEZ-MONGE A，FLORES L，SALAZAR L，et al. An updated list of the plants associated with

plant-parasitic *Aphelenchoides* (Nematoda: Aphelenchoididae) and its implications for plant-parasitism within this genus [J]. Zootaxa, 2015, 4013 (2): 207-224.

[3] CHENG W, HOU H, LIN M S. *Aphelenchoides dalianensis* sp. nov. (Nematoda: Aphelenchoididae) from Pinus thunbergii from China [J]. Acta Zootaxonomica Sinica, 2009, 34 (3): 401-406.

[4] BOS W S. *Aphelenchoides arachidis* n. sp. (Nematoda: Aphelenchoidea), an endoparasite of the testa of groundnuts in Nigeria [J]. Zeitschrift Für Pflanzenkrankheiten Und Pflanzenschutz, 1977, 84 (2): 95-99.

[5] MONTASSER S, SWEELAM M, EL-MESALAMY A. Occurrence and distribution of *Aphelenchoides arachidis* on groundnut pods in Egypt - a new record [J]. Pakistan Journal of Nematology, 2008, 26 (2): 151-152.

[6] LESUFI M M, SWART A, MCDONALD A H, et al. Morphological and molecular studies on *Aphelenchoides arachidis* Bos, 1977 (Tylenchina: Aphelenchoididae) from groundnuts in South Africa [J]. Nematology, 2015, 17 (4): 433-445.

[7] BOS W S. A preliminary report on the distribution and host-range of the nematode *Aphelenchoides arachidis* Bos. in the north of Nigeria [J]. Samaru Agricultural Newsletter, 1977, 19 (1): 21-23.

[8] ESCUER M, PÉREZ A B. Nematodos del género *Aphelenchoides* de interés fitopatológico y su distribución en España [J]. Boletín De Sanidad Vegetal Plagas, 2000, 26: 47-64.

[9] JEN F Y, TSAY T T, CHEN P. *Aphelenchoides bicaudatus* from ornamental nurseries in Taiwan and its relationship with some agricultural crops [J]. Plant Disease, 2012, 96 (12): 1763-1766.

[10] FRANKLIN M T. A disease of *Scabiosa caucasica* caused by the nematode *Aphelenchoides blastophthorus* n. sp [J]. Annals of Applied Biology, 1952, 39: 54-60.

[11] SINGH S K, HODDA M, ASH G J. Plant-parasitic nematodes of potential phytosanitary importance, their main hosts and reported yield losses [J]. EPPO Bulletin, 2013, 43 (2): 334-374.

[12] DEIMI A M, MAAFI Z T, RIUS J, et al. *Aphelenchoides subtenuis* (Cobb, 1926) Steiner & Buhrer, 1932 (Nematoda: Aphelenchoididae) from Iran with morphological and morphometric characterisation [J]. Nematology, 2006, 8 (6): 903-908.

[13] JONES J T, HAEGEMAN A, DANCHIN E G, et al. Top 10 plant-parasitic nematodes in molecular plant pathology [J]. Molecular Plant Pathology, 2013, 14 (9): 946-961.

[14] HUNT D. A checklist of the Aphelenchoidea (Nematoda: Tylenchina) [J]. Journal of Nematode Morphology and Systematics, 2008, 10: 99-135.

[15] SÁNCHEZ-MONGE A, JANSSEN T, FANG Y, et al. mtCOI successfully diagnoses the four main plant-parasitic *Aphelenchoides* species (Nematoda: *Aphelenchoididae*) and supports a multiple origin of plant-parasitism in this paraphyletic genus [J]. European Journal of Plant Pathology, 2017, 148 (4): 853-866.

[16] SMIT S, WIDMANN J, KNIGHT R. Evolutionary rates vary among rRNA structural elements [J]. Nucleic Acids Research, 2007, 35 (10): 3339-3354.

[17] KANZAKI N, MAEHARA N, AIKAWA T, et al. *Bursaphelenchus firmae* n. sp. (Nematoda: Aphelenchoididae), isolated from *Monochamus grandis* Waterhouse that emerged from dead firs, *Abies firma* Sieb. et Zucc [J]. Nematology, 2012, 14 (4): 395-404.

[18] ZASADA I A, PEETZ A, HOWE D K, et al. Using mitogenomic and nuclear ribosomal sequence data to investigate the phylogeny of the *Xiphinema americanum* species complex [J]. PLoS One, 2014, 9 (2): e90035.

[19] PALOMARES-RIUS J E, NAVARRETE C C, CASTILLO P. Cryptic species in plant-parasitic nematodes [J]. Nematology, 2014, 16 (10): 1105-1118.

[20] POWERS T. Nematode molecular diagnostics: from bands to barcodes [J]. Annual Review of Phytopathology, 2004, 42 (4): 367-383.

[21] KANZAKI, N, GIBLIN-DAVIS R M. *Aphelenchoidea*. In: Manzanilla-Lopez R, Marbán-Mendoza N (Eds), Practical Plant Nematology [M]. Biblioteca Básica de Agricultura, Guadalajara, México, 2012: 161-208.

[22] KIEWNICK S, HOLTERMAN M, ELSEN S V D, et al. Comparison of two short DNA barcoding loci (COI and COII) and two longer ribosomal DNA genes (SSU & LSU rRNA) for specimen identification among quarantine root-knot nematodes (*Meloidogyne* spp.) and their close relatives [J]. European Journal of Plant Pathology, 2014, 140 (1): 97-110.

[23] TROCCOLI A, SUBBOTIN S A, CHITAMBAR J J, et al. Characterisation of amphimictic and parthenogenetic populations of *Pratylenchus bolivianus* Corbett, 1983 (Nematoda: Pratylenchidae) and their phylogenetic relationships with closely related species [J]. Nematology, 2016, 18 (6): 651-678.

[24] BERG E V D, TIEDT L R, COYNE D L, et al. Morphological and molecular characterisation and diagnostics of some species of *Scutellonema* Andrássy, 1958 (Tylenchida: Hoplolaimidae) with a molecular phylogeny of the genus [J]. Nematology, 2013, 15 (6): 719-745.

[25] ABAD P, GOUZY J, AURY J M, et al. Genome sequence of the metazoan plant-parasitic nematode *Meloidogyne incognita* [J]. Nature Biotechnology, 2008, 26 (8): 909-915.

[26] OPPERMAN C H, BIRD D M, WILLIAMSON V M, et al. Sequence and genetic map of *Meloidogyne hapla*: a compact nematode genome for plant parasitism [J]. Proceedings of the National Academy of Sciences of the United States of America, 2008, 105 (39): 14802-14807.

[27] KIKUCHI T, COTTON J A, DALZELL J J, et al. Genomic insights into the origin of parasitism in the emerging plant pathogen *Bursaphelenchus xylophilus* [J]. PLoS Pathogens, 2011, 7 (9): e1002219.

[28] COTTON J A, LILLEY C J, JONES L M, et al. The genome and life-stage specific transcriptomes of *Globodera pallida*, elucidate key aspects of plant parasitism by a cyst nematode [J]. Genome Biology, 2014, 15 (3): R43.

[29] EVES-VAN DEN AKKER S, LAETSCH D R, THORPE P. The genome of the yellow potato cyst nematode *Globodera rostochiensis*, reveals insights into the basis of parasitism and virulence [J]. Genome Biology, 2016, 17 (1): 124.

[30] BURKE M, SCHOLL E H, BIRD D MCK, et al. The plant parasite *Pratylenchus coffeae* carries a minimal nematode genome [J]. Nematology, 2015, 17 (6): 621-637.

中国线虫学研究（第七卷），2018，7：95~100
Nematology Research in China，2018，Vol. 7：95~100

短体线虫属种类的分子检测研究进展*

王亚东**，蔡晶晶，于家荣，秦　鑫，王　暄，李红梅***
（南京农业大学/农作物生物灾害综合治理教育部重点实验室，南京　210095）

摘　要：短体线虫是一类重要的迁移性植物寄生线虫，破坏植物地下组织引起坏死和腐烂，还能诱发病原真菌或细菌的复合侵染，本文对短体线虫属的分类以及分子检测研究进展进行了综述。
关键词：短体线虫；分类；分子检测

Molecular Identification of the Species from Genus *Pratylenchus* (Nematoda: Pratylenchidae)*

Wang Yadong**, Cai Jingjing, Yu Jiarong, Qin Xin, Wang Xuan, Li Hongmei***
(*Key Laboratory of Integrated Management of Crop Diseases and Pests*, *Ministry of Education*,
Nanjing Agriculture University, *Nanjing*, *Jiangsu*　210095, *China*)

Abstract: The *Pratylenchus* species are migratory endoparasites of plant roots, not only causing root lesion and rot, but also making complex infection combined with pathogenic fungi and bacteria. This review introduced the update knowledge of taxonomy and molecular identification of *Pratylenchus* species.
Key words: *Pratylenchus*; Taxonomy; Molecular identification

短体线虫（*Pratylenchus* Filipjev，1936），又称根腐线虫，是一类迁移性的植物地下组织内寄生线虫，不仅能取食植物地下组织的皮层细胞，引起表皮破损和内部组织的腐烂，而且能诱发病原真菌或细菌的复合侵染[1]。短体线虫种类众多，分布广泛，寄主植物种类多样，对全世界作物造成的经济影响仅次于根结线虫（*Meloidogyne* spp.）和孢囊线虫（*Heterodera* spp. 和 *Globodera* spp.）[2]利用形态学和分子生物学手段对短体线虫种类进行准确的鉴定，不仅为根腐线虫病的综合治理提供技术指导，也为更好的理解短体线虫种类系统进化关系提供理论依据。

1　短体线虫属的分类现状

短体线虫属隶属于线虫门（Nematoda），色矛纲（Chromadorea），小杆目（Rhabditida），

* 基金项目：公益性行业农业科研专项“作物孢囊线虫综合治理技术方案”（201503114）
** 第一作者：王亚东，男，河南人，硕士研究生，从事植物线虫学研究；E-mail：WWangYD@126.com
*** 通信作者：李红梅，教授，博导，从事植物线虫学研究；E-mail：lihm@njau.edu.cn

垫刃亚目（Tylenchina），垫刃总科（Tylenchoidea），短体线虫科（Pratylenchidae）[3]。2007年Castillo和Vovlas整理了短体线虫属有效种是68个[1]，2013年Geraert整理了短体线虫属有效种是98个[4]。此后又相继报道了油橄榄短体线虫（*P. oleae*）、类圆肌短体线虫（*P. quasitereoides*）、拟玉米短体线虫（*P. parazeae*）、卢旺达短体线虫（*P. rwandae*）和海阳短体线虫（*P. haiduongensis*）等种类[5-9]。此外，De Luca等（2010）[10]提出朱顶红短体线虫（*P. hippeastri*）复合种概念，包括朱顶红短体线虫、佛罗里达短体线虫（*P. floridensis*）、拟佛罗里达短体线虫（*P. parafloridensis*）以及另外8种有待进一步鉴定的群体；De Luca等（2012）[11]又提出咖啡短体线虫复合种，包括咖啡短体线虫、史佩奇短体线虫（*P. speijeri*）和一个日本的待鉴定群体。

短体线虫严重危害世界农业经济作物的种类主要有10余种，包括最短尾短体线虫（*P. brachyurus*）、咖啡短体线虫（*P. coffeae*）、刻痕短体线虫（*P. crenatus*）、古德短体线虫（*P. goodeyi*）、卢斯短体线虫（*P. loosi*）、落选短体线虫（*P. neglectus*）、穿刺短体线虫（*P. penetrans*）、草地短体线虫（*P. pratensis*）、斯克里布纳短体线虫（*P. scribneri*）、桑尼短体线虫（*P. thornei*）、伤残短体线虫（*P. vulnus*）以及玉米短体线虫（*P. zeae*）等[1,12]。我国已报道的短体属线虫有37种，但一些种类缺少线虫形态图和详细的文字描述，分子数据更是缺乏[13]，其中有形态描述的种类有23个，包括2个描述的新种艾短体线虫（*P. artemisiae*）[14]和薯蓣短体线虫（*P. dioscoreae*）[15]。短体线虫主要危害我国的小麦、玉米、水稻、甘薯、烟草、花生、棉花、苎麻、马铃薯、山药、柑橘、香蕉、石榴等作物并造成严重的经济损失[16]。近年来在我们调查黄淮麦区短体线虫种类过程中，发现主要有咖啡短体线虫、落选短体线虫和斯克里布纳短体线虫3个种为害小麦，与小麦孢囊线虫复合侵染的现象普遍存在，且同一田块存在多种短体线虫混合侵染小麦根系的现象[17]。传统的线虫形态学鉴定，需要有足够的单一种类线虫样本，鉴定耗时且操作繁琐，而分子鉴定技术作为一种辅助手段在一定程度上可解决这些难题。

2 短体线虫属种类的分子检测

短体线虫属种间的形态特征差异较小，而种内有较高的变异性[1,18]，给短体线虫种类的准确鉴定带来挑战，而随着核糖体DNA（rDNA）的内转录间隔区（ITS）的限制性片段分析（ITS-RFLP）、短体线虫种类特异性引物（SCAR）、多重PCR（Multiplex PCR）、定量PCR以及DNA条形码等这些分子生物学技术的不断发展，一定程度上提高了短体线虫种类鉴定的可靠性、准确性和高效性[1]。

2.1 ITS-RFLP技术

利用限制性内切酶酶切rDNA ITS扩增产物获得片段长度多态性（RFLP）鉴定短体线虫种类曾得到广泛的应用。Pourjame等[19]利用ITS-RFLP技术区别了形态相似的咖啡短体线虫加纳和洪都拉斯群体以及卢斯短体线虫的伊朗和美国群体。Waeyenberge等[20]利用ITS-RFLP区分18种短体线虫。Troccoli等[21]利用ITS-RFLP技术区别了形态相似的扁豆短体线虫（*P. lentis*）、地中海短体线虫（*P. mediterraneus*）以及桑尼短体线虫。李戌清和郑经武[22]利用ITS-RFLP技术鉴定了我国咖啡短体线虫、伤残短体线虫、斯克里布纳短体线虫和玉米短体线虫。Taheri等[23]利用PCR-ITS-RFLP技术区别了穿刺短体线虫、假草地短体线虫

(*P. pseudopratensis*)、德拉特短体线虫（*P. delattrei*）等 15 种短体线虫。

2.2 种特异性引物 PCR 鉴定

利用特异性引物对短体线虫基因组或者 rDNA 的某一区域进行扩增，根据扩增条带的有无及大小，就可以从混合样品中检测出一个或多个线虫种，可以极大节省时间和费用。Al-Banna 等[24]利用设计的 28S D2/D3 区特异性引物将最短尾短体线虫、落选短体线虫、穿刺短体线虫、斯克里布纳短体线虫、桑尼短体线虫和伤残短体线虫区分开。Troccoli 等[25]利用设计的 ITS-rDNA 反向引物与通用正向引物 TW81 可以特异性地检测玻利维亚短体线虫（*P. bolivianus*）和玉米短体线虫。Peetz 和 Zasada[26]利用编码 β-1，4-内切葡聚糖酶基因设计了刻痕短体线虫、落选短体线虫、桑尼短体线虫和穿刺短体线虫的特异性引物，可以有效的鉴定这四个种。

2.3 多重 PCR

多重 PCR（Multiplex PCR）技术即利用多对引物经单一 PCR 反应可同时检测多种短体线虫。Saeki 等[27]利用多重 PCR 可从土壤的植物线虫类群中快速鉴定出咖啡短体线虫和南方根结线虫（*M. incognita*）。Waeyenberge 等[28]利用特异性双重 PCR（Duplex PCR）技术可以从不同短体线虫中检测到穿刺短体线虫。Mekete 等[29]设计了斯克里布纳短体线虫、刻痕短体线虫和穿刺短体线虫的 3 组特异性引物，可以快速地检测出这 3 种短体线虫。

2.4 实时定量 PCR

随着 PCR 技术的发展，实时定量 PCR（Real time-PCR）技术也应用到了短体线虫的鉴定中。Sato 等[30]利用实时定量 PCR 对土壤中的穿刺短体线虫进行了定量检测。Yan 等[31-32]建立了土壤中落选短体线虫和桑尼短体线虫的实时定量 PCR 检测体系。Mokrini 等[33] 利用基于 β-1，4-内切葡聚糖酶基因设计的 qPCR 引物和 TaqMan 探针对穿刺短体线虫进行了定量检测。Huang 和 Yan[34]利用实时定量 PCR 对斯克里布纳短体线虫进行了检测。Baidoo 等[35]设计了穿刺短体线虫的 28S rDNA D2-D3 区实时定量 PCR 引物，可以有效的检测和定量土壤中的穿刺短体线虫。Oliveira 等[36]利用 rDNA ITS 区特异性引物的荧光标记探针，可以定量检测土壤种群中的刻痕短体线虫、落选短体线虫和穿刺短体线虫，发现刻痕短体线虫种群数量最多。Dauphinais 等[37]利用多重 qPCR 对加拿大魁北克省的艾氏短体线虫（*P. alleni*）和穿刺短体线虫同时进行了定量检测。

2.5 DNA 条形码技术

国际上通常利用线粒体 DNA 细胞色素氧化酶基因（mtCOI）的特定区段作为全球物种鉴定系统的通用条形码序列，通过 DNA 条形码技术（DNA barcoding）对物种进行快速、准确的识别和鉴定[38]。DNA 条形码技术在哺乳动物、鸟类、鱼类、软体动物以及昆虫等物种的鉴定中得到了应用，在自由生活线虫和动物寄生线虫种类鉴定中也有一些应用，目前在植物寄生线虫的鉴定中尚处于尝试应用阶段。为了准确鉴定短体线虫种类，Subbotin 等[39]发现短体线虫的 28S D2-D3 区片段序列比 18S 片段序列具有更高的种间变异，因此更适合做为分子鉴定的靶标。王金成等[40]比较分析了短体线虫 rDNA 的 ITS 区和 28S D2-D3 区序列，同样揭示了 28S D2-D3 区靶标更适用于短体线虫种类的检测。此外，Janssen 等[41]通过分析 rDNA 28S、ITS 以及 mtDNA-COI 基因序列，澄清了穿刺短体线虫、伪短体线虫（*P. fallax*）和铃兰短体线虫（*P. convallariae*）的分类地位。当前 GenBank 数据库中已经有大量的短体线虫种类分子数据，这为今后确立短体线虫条形码分子靶标提供了可行性。

3 问题与展望

植物寄生线虫种类的传统鉴定方法主要是依据形态学特征，而基于线虫 DNA 发展起来的多种分子鉴定技术，可作为传统形态学鉴定的一种辅助手段。ITS-RFLP、SCAR 引物、多重 PCR、实时定量 PCR 以及 DNA 条形码等技术，虽然能够快速、准确地鉴定出目标短体线虫，但是这些技术的应用也都有一定的局限性。ITS-RFLP 技术需要筛选不同的限制性内切酶才能获得多态性片段，操作相对复杂且耗时长，在一定程度上限制了其应用。尽管目前已经开发了针对多种短体线虫的 SCAR 特异性引物，但是在应用中需要分别使用多种引物对同一 DNA 样本进行扩增，如果种特异性引物与短体线虫的种类没有对应，就不会有扩增条带产生，从而无法对线虫种类进行检测鉴定。多重 PCR 和实时定量 PCR 不仅能够快速的鉴定出目标短体线虫，而且对线虫种群能够定量，但是引物设计复杂，应用成本相对较高。总而言之，这些分子技术的开发应用，可为我国农作物以及口岸进境短体线虫种类的快速鉴定提供强有力的技术支持，为我国的农业生产和生态安全提供保障。

参考文献

[1] CASTILLO P, VOVLAS N. *Pratylenchus* (Nematoda: Pratylenchidae): Diagnosis, Biology, Pathogenicity and Management [M]. Nematology Monographs and Perspectives, 2007, 6: 1-7.

[2] JONES J T, HAEGEMAN A, DANCHIN E G J, et al. Top 10 plant-parasitic nematodes in molecular plant pathology [J]. Molecular Plant Pathology, 2013, 14 (9): 946-961.

[3] PERRY R N, MOENS M. Plant Nematology [M]. Wallingford, UK, CABI, 2006.

[4] GERAERT E. The *Pratylenchidae* of the World: identification of the Family Pratylenchidae (Nematoda: Tylenchida) [M]. Ghent Academia Press, 2013.

[5] HODDA M, COLLINS S J, VANSTONE V A, et al. *Pratylenchus quasitereoides* n. sp. from cereals in Western Australia [J]. Zootaxa, 2014, 3866 (2): 277-288.

[6] PALOMARESRIUS J E, GUESMI I, HORRIGUERAOUANI N, et al. Morphological and molecular characterisation of *Pratylenchus oleae* n. sp. (Nematoda: Pratylenchidae) parasitizing wild and cultivated olives in Spain and Tunisia [J]. European Journal of Plant Pathology, 2014, 140 (1): 53-67.

[7] WANG H, KAN Z, YE W, et al. Morphological and molecular charaterisation of *Pratylenchus parazeae* n. sp. (Nematoda: Pratylenchidae) parasitizing sugarcane in China [J]. European Journal of Plant Pathology, 2015, 143 (1): 173-191.

[8] SINGH P R, NYIRAGATARE A, JANSSEN T, et al. Morphological and molecular characterisation of *Pratylenchus rwandae* n. sp. (Tylenchida: Pratylenchidae) associated with maize in Rwanda [J]. Nematology, 2018, DOI: 10. 1163/15685411-00003175.

[9] NGUYEN T D, LE T, NGUYEN H T, et al. Morphological and molecular characteristics of *Pratylenchus haiduongensis* n. sp. a new species of root-lesion nematodes associated with carrot in Vietnam [J]. Journal of Nematology, 2017, 49 (3): 276-285.

[10] DE LUCA F, TROCCOLI A, DUNCAN L W, et al. Characterisation of a population of *Pratylenchus hippeastri* from bromeliads and description of two related new species, *P. floridensis* n. sp. and

P. parafloridensis n. sp. from grasses in Florida [J]. Nematology, 2010, 12 (6): 847-868.

[11] DE LUCA F, TROCCOLI A, DUNCAN L W, et al. *Pratylenchus speijeri* n. sp. (Nematoda: Pratylenchidae), a new root-lesion nematode pest of plantain in West Africa [J]. Nematology, 2012, 14 (8): 987-1004.

[12] MANZANILLA-LOPEZ R H, EVANS K, BRIDGE J. Plant dieases caused by nematodes. In: CHEN Z X, CHEN S Y, DICKSON D W, et al. Nematology: Advances and Perspectives. Volume Ⅱ: Nematode Management and Utilization [M]. 2004, 2: 637-716.

[13] 江丽辉, 边勇, 汪万春. 短体线虫 (*Pratylenchus* spp.) 非中国种问题探讨 [C] //廖金铃, 彭德良, 段玉玺. 中国线虫学研究 (第三卷). 北京: 中国农业科学技术出版社, 2010: 116-122.

[14] 郑经武, 陈品三. 短体线虫属一新种记述 [J]. 山西农业大学学报: 自然科学版, 1994, 14 (4): 387-390.

[15] 杨宝君, 赵来顺. 短体属线虫一新种 (垫刃目: 短体科) [J]. 动物分类学报, 1992, 17 (2): 160-164.

[16] 李广帅, 施艳, 崔娟, 等. 小麦根腐线虫发生规律及其对小麦产量的影响. 河南农业科学, 2011, 40 (4): 93-97.

[17] 刘海璐, 王暄, 李红梅, 等. 我国黄淮麦区 10 个短体线虫样品种类的分子鉴定. 中国农业科学, 2018 (已录用).

[18] 顾建锋, 王江岭, 何洁, 等. 4 种常见短体线虫形态特征比较鉴别. 植物检疫, 2013, 27 (6): 69-71.

[19] POURJAME E, WAEYENBERGE L, MOENS M, et al. Morphological, morphometrical and molecular study of *Pratylenchus coffeae* and *Pratylenchus loosi* (Nematoda: Pratylenchidae) [J]. Mededelingen Faculteit Landbouwkundige en Toegepaste Biologische Wetenschappen Universiteit Gent, 1999, 64 (3a): 391-402.

[20] WAEYENBERGE L, RYSS A, MOENS M, et al. Molecular characterisation of 18 *Pratylenchus* species using rDNA restriction fragment length polymorphism [J]. Nematology, 2000, 2 (2): 135-142.

[21] TROCCOLI A, DE LUCA F, HANDOO Z A, et al. Morphological and molecular characterization of *Pratylenchus lentis* n. sp. (Nematoda: Pratylenchidae) from Sicily [J]. Journal of Nematology, 2008, 40 (3): 190-196.

[22] 李戌清, 郑经武. 4 种短体线虫形态及 rDNA-ITS 的 PCR-RFLP 鉴定 [J]. 植物病理学报, 2013, 43 (4): 444-448.

[23] TAHERI Z M, MAAFI Z T, SUBBOTIN S A, et al. Molecular and phylogenetic studies on *Pratylenchidae* from Iran with additional data on *Pratylenchus delattrei*, *Pratylenchoides alkani* and two unknown species of *Hirschmanniella* and *Pratylenchus* [J]. Nematology, 2013, 15 (6): 633-651.

[24] AL-BANNA L, PLOEG A T, WILLIAMSON V M, et al. Discrimination of six *Pratylenchus* species using PCR and species-specific primers [J]. Journal of Nematology, 2004, 36 (2): 142-146.

[25] TROCCOLI A, SUBBOTIN S A, CHITAMBAR J J, et al. Characterisation of amphimictic and parthenogenetic populations of *Pratylenchus bolivianus* Corbett, 1983 (Nematoda: Pratylenchidae) and their phylogenetic relationships with closely related species [J]. Nematology, 2016, 18 (6): 651-678.

[26] PEETZ A B, ZASADA I A. Species-specific diagnostics using a β-1, 4-endoglucanase gene for *Pratylenchus* spp. occurring in the Pacific Northwest of North America [J]. Nematology, 2016, 18 (10): 1219-1229.

[27] SAEKI Y, KAWANO E, YAMASHITA C, et al. Detection of plant parasitic nematodes, *Meloidogyne incognita and Pratylenchus coffeae* by multiplex PCR using specific primers [J]. Soil Science and Plant Nutrition, 2003, 49 (2): 291-295.

[28] WAEYENBERGE L, VIAENE N, MOENS M. Species-specific duplex PCR for the detection of *Pratylenchus penetrans* [J]. Nematology, 2009, 11 (6): 847-857.

[29] MEKETE T, REYNOLDS K, LOPEZNICORA H D, et al. Distribution and diversity of root-lesion nematode (*Pratylenchus* spp.) associated with *Miscanthus giganteus* and *Panicum virgatum* used for biofuels, and species identification in a multiplex polymerase chain reaction [J]. Nematology, 2011, 13 (6): 673-686.

[30] SATO E, SUGA Y, KISAKI C, et al. Quantification of *Pratylenchus penetrans* in radish fields using a combination method of soil compaction and real-time PCR to determine the economic threshold [J]. Soil Science and Plant Nutrition, 2011, 57 (2): 213-220.

[31] YAN G, SMILEY R W, OKUBARA P A. Detection and quantification of *Pratylenchus thornei* in DNA extracted from soil using real-time PCR [J]. Phytopathology, 2012, 102 (1): 14-22.

[32] YAN G, SMILEY R W, OKUBARA P A, et al. Developing a real-time PCR assay for detection and quantification of *Pratylenchus neglectus* in soil [J]. Plant Disease, 2013, 97 (6): 757-764.

[33] MOKRINI F, WAEYENBERGE L, VIAENE N, et al. Quantitative detection of the root-lesion nematode, Pratylenchus penetrans, using qPCR [J]. European Journal of Plant Pathology, 2013, 137 (2): 403-413.

[34] HUANG D, YAN G. Specific detection of the root-lesion nematode *Pratylenchus scribneri* using conventional and real-time PCR [J]. Plant Disease, 2017, 101 (2): 359-365.

[35] BAIDOO R, YAN G, NAGACHANDRABOSE S, et al. Developing a real-time PCR assay for direct identification and quantification of *Pratylenchus penetrans* in soil [J]. Plant Disease, 2017, 101 (8): 1432-1441.

[36] OLIVEIRA C M G, BLOK V, NEILSON R, et al. Hydrolysis probe-based PCR for detection of *Pratylenchus crenatus*, *P. neglectus* and *P. penetrans* [J]. Nematology, 2017, 18 (1): 81-91.

[37] DAUPHINAIS N, VANDAL M, GAGNON A È, et al. Development and application of a multiplex qPCR method for the simultaneous detection and quantification of *Pratylenchus alleni* and *P. penetrans* in Quebec, Canada [J]. Plant Disease, 2018, 102 (5): 970-976.

[38] HEBERT P D N, CYWINSKA A, BALL S L, et al. Biological identification through DNA barcodes [J]. Proceedings of the Royal Society Biological Sciences, 2003, 270 (1512): 313-321.

[39] SUBBOTIN S A, RAGSDALE E J, MULLENS T, et al. A phylogenetic framework for root lesion nematodes of the genus *Pratylenchus* (Nematoda): evidence from 18S and D2-D3 expansion segments of 28S ribosomal RNA genes and morphological characters [J]. Molecular Phylogenetics and Evolution, 2008, 48 (2): 491-505.

[40] 王金成，魏亚东，顾建锋，等．基于核糖体 ITS 区和 28S rRNA D2-D3 区的短体线虫系统发育研究 [J]. 动物分类学报，2012，37（4）：687-693.

[41] JANSSEN T, KARSSEN G, ORLANDO V, et al. Molecular characterization and species delimiting of plant-parasitic nematodes of the genus *Pratylenchus* from the penetrans group (Nematoda: Pratylenchidae) [J]. Molecular Phylogenetics and Evolution, 2017, 117: 30-48.

中国线虫学研究（第七卷），2018，7：101～105
Nematology Research in China，2018，Vol. 7：101～105

大豆孢囊线虫效应因子与寄主大豆相互作用的研究进展*

赵　洁**，彭德良，刘世名***
（中国农业科学院植物保护研究所/植物病虫害生物学国家重点实验室，北京　100193）

摘　要：大豆孢囊线虫（soybean cyst nematode（SCN），*Heterodera glycines* Ichinohe）病害是大豆（*Glycine max*（L.）Merr.）生产上为害最严重的病害，每年造成巨大的经济损失。大豆与孢囊线虫相互作用的分子机制目前尚不明晰，是近年来植物病理学的热点研究领域。大豆孢囊线虫在侵染大豆过程中分泌效应因子，其与大豆的互作决定了它们之间发生亲和互作还是非亲和互作，进而决定了能否成功侵染和/或为害寄主大豆。针对效应因子功能及其作用机理的研究将有助于更好地了解大豆与孢囊线虫相互作用的分子机制。本文对大豆孢囊线虫效应因子与寄主大豆互作的研究进展进行了概述，这些研究结果可为线虫防治、抗线虫品种培育提供参考。

关键词：大豆；大豆孢囊线虫；效应因子；相互作用

Research Progress on the Interaction of Soybean Cyst Nematode Effectors with Host Soybean*

Zhao Jie**，Peng Deliang，Liu Shiming***
（*Institute of plant protection*，*Chinese Academy of Agriculture Sciences*，*Beijing*　100193，*China*）

Abstract：Soybean cyst nematode（SCN，*Heterodera glycines*）is the most devastating pest in production of soybean（*Glycine max*），causing huge yield losses annually worldwide. The mechanism of the interaction between soybean and SCN remains to be clarified and this is a popular research topic in the field of plant pathology. SCN can secret effectors during infecting host plants and the interaction between nematode effectors and hosts determines if the infection is successful or not. Researches on the functions and their mechanisms of effectors will be helpful for better understanding of the molecular mechanisms of the interactions between SCN and the soybean. In this paper，the progress of the study on the interactions between soybean and SCN is reviewed，these findings would further clarify the virulence mechanism of SCN and the resistance mechanism of host plants.

Key words：Soybean；Soybean cyst nematode；Effector；Interaction

尽管自然界中存在多种多样的植物与微生物，但对于同一种植物来说，能够使其感病的微生物只是少数，因此在自然情况下植物抗病是普遍的，只是在特殊情况下出现感病的情

* 基金项目：中国农业科学院青年英才计划

** 第一作者：赵洁，博士研究生，主要从事分子植物病理学研究；E-mail：zhaojie_ H@ 126. com
*** 通信作者：刘世名，研究员，主要从事大豆孢囊线虫抗性研究；E-mail：smliuhn@ yahoo. com

况。同理同一种微生物能够侵染的植物种数也是有限的。植物对某一病原物出现感病或抗病的情况取决于其二者之间的相互作用的结果。所谓寄主—病原物互作，就是在一定条件下，植物发病过程中寄主和病原物相互作用，从而决定发病表型及生理、生化和遗传调控过程。它主要是从寄主—病原物相互关系的角度研究病理过程机制。

大豆孢囊线虫（soybean cyst nematode（SCN），*Heterodera glycines*）病害是大豆（*Glycine max*）生产上为害最严重的病害，可引起大豆产量平均下降 10%～30%，严重时达 60%～70%，甚至颗粒无收，每年造成全世界大豆生产约 30 亿美元的损失。大豆与孢囊线虫的分子互作机制目前还不明确，是近年来植物病理学的研究热点。

1 病原物与植物寄主的互作机制

植物病原物与寄主植物之间的相互作用一直是植物病理学领域热门的研究内容，尽管在 40 年代就已经明确病原物是通过识别寄主植物的某种成分来侵染植物，且寄主细胞也同样通过识别病原物的某种成分抵制病原物，但直到 20 世纪 60 年代才初步从分子水平上验证了这一假说[1]。寄主植物与病原物之间的相互作用是处于不断进化状态的，它们之间的互作机制存在多种模型和假说。其中，Flor 于 1946 年最早提出了基因对基因假说[2]，主要解释了寄主植物和病原物之间在遗传与变异方面具有相关性；Jones 等于 2001 年提出模式警戒假说[3]，阐明了植物通过抗病基因识别效应因子产生抗病性的机制；随后其于 2006 年提出了 Zigzag 理论[4]，主要介绍了寄主植物在响应病原物的侵染过程中具有两条免疫途径；以及后来提到的“诱饵”假说[5,6]等都表明寄主植物与病原物之间的相互作用是不断进化的，人们对其二者之间的互作关系的认知也在不断完善。

植物对病原物的防卫反应主要有两种，第一种防卫反应是 PTI（PAMPs-triggered immunity），通过膜上受体识别病原物相关分子，激发自身免疫性；为了克服 PTI，病原物产生大量的效应蛋白来抑制寄主植物的 PTI，作用于植物的感病基因，使植物发病，植物为了生存，进化产生抗病基因识别病原物的效应蛋白，激发植物的抗病性 ETI（Effector-triggered immunity），能够引起侵染点附近的过敏性反应[7]。

2 植物寄生线虫的寄生机制

植物病原线虫是一类世界性分布的病原物，其寄主范围广，环境适应性强，几乎可以为害所有农作物。目前已报道了 4 000多种植物病原线虫[8]，每年在世界范围内能够造成超过 800 亿美元的损失[9]。

植物病原线虫是一种专性活体营养寄生物，其寄生方式和习性大致可分为内寄生、半内寄生或半外寄生以及外寄生 3 种，每一种又可根据线虫寄生后移动与否分为定居型和移动型。植物与线虫的互作可以分为亲和互作与非亲和互作两种情形：在亲和互作中，植物病原线虫侵染寄主植物时，能够利用口针将食道腺的分泌物分泌到寄主植物细胞诱导形成取食位点[10]，从植物体内获取养分，线虫正常生长发育；在非亲和互作中，寄主植物在合胞体及其附近发生快速坏死反应，类似于植物—病原微生物互作过程中的 HR 反应，合胞体形成受阻或遭到破坏，线虫无法正常发育，因此无法侵染为害。

研究发现植物线虫的分泌物大多为多肽类物质，就是线虫分泌的效应蛋白，对寄主植物的为害是最大的[11]，植物线虫主要通过分泌效应蛋白溶解寄主细胞壁、破坏寄主细胞膜，甚至调控寄主植物的免疫机制等来保证自身的寄生[12]。目前，已从植物线虫食道腺分泌物中鉴定出多个效应因子[13-16]，有关植物线虫效应蛋白的生物学功能研究已经取得了突破性进展。

3 大豆孢囊线虫效应因子与大豆互作研究进展

越来越多的证据表明，由寄生线虫基因编码的分泌蛋白起到效应因子的作用[11,16-18]，并且在取食位点的形成中起着中心作用。这些线虫效应因子是在线虫食管腺中唯一表达的寄生基因的分泌蛋白质产物，并且通过口针将其分泌到寄主植物细胞和组织中。近年来通过对线虫 cDNA 文库的构建等各种方法，已经鉴定出多个大豆孢囊线虫效应蛋白，随着对这些效应蛋白的研究，病理学家开始致力于研究大豆-孢囊线虫间的互作机制。Hewezi 等研究发现甜菜孢囊线虫中大豆孢囊线虫效应因子 10A06 的同源基因蛋白能够与拟南芥中多胺合成途径中的亚精胺合酶 II（SPDS2）相互作用。转基因 10A06 植物中，*SPDS*2 的表达丰度明显上升，多胺氧化酶活性明显提高。而多胺氧化酶活性的增强有助于提高合胞体抗氧化的能力。此外，10A06 还抑制水杨酸信号通路，从而抑制植物的基础抗性[19]。Gao 等在大豆孢囊线虫中发现了效应因子 30C02[20]，在拟南芥中表达 30C02，不会对拟南芥的生长发育造成任何影响，却使得拟南芥对甜菜孢囊线虫的感病性明显提高。酵母双杂交和细胞体内实验表明 30C02 与 AT4G16260 互作，最终影响病程相关蛋白，从而参与抑制植物抗病性[21]。Hewezi 等也发现孢囊线虫效应因子 CBP 能够与植物内源性果胶甲酯酶蛋白 PME3 直接相互作用，从而激活并潜在地靶向该酶以帮助孢囊线虫寄生[22]。此外还发现，效应因子 10A07 与拟南芥的 IAA16 转录因子[23]、19C07 与拟南芥生长素转运因子 LAX3[24] 都能相互作用来调控线虫的寄生及大豆抗感性。这些研究结果对于进一步分析效应子的功能及明确大豆与孢囊线虫的互作机制至关重要。

4 小结

植物病原线虫属于专性活体寄生物，这给植物病原线虫效应因子的分离和功能研究带来了很大困难。在真菌和细菌研究中常用的一些分子生物学技术在植物病原线虫研究中难以应用，因此，植物病原线虫效应因子的功能研究相对比较缓慢。虽然已经获得大量的植物病原线虫效应因子，但是只有少数的效应因子功能得到研究和分析。这也使得目前对线虫致病机制及寄主植物的抗线虫机制认知有限。目前，虽然在寄主植物中成功克隆了一些抗线虫基因，但其抗性机制尚不清楚，与线虫的互作模型仍不明晰。而研究与抗性基因蛋白互作的线虫效应因子有助于进一步揭示寄主植物—病原线虫间的互作模型。许多研究利用转录组分析，对线虫效应因子进行预测，进而分析其功能。在现有的这些植物病原线虫效应因子功能研究技术水平上，结合生物信息学分析，以及借鉴研究其他植物病原物效应子功能的方法，将会有更多植物病原线虫效应子的功能得到研究和分析，效应因子在植物中的作用靶标和参与调控的植物信号通路将成为植物病原线虫效应子研究中的重点和热点，这将为人们更加深入地了解植物病原线虫与植物相互作用的分子机理奠定基础，为寻找可持续的植物病原线虫防控策略提供理论依据。

参考文献

[1] 莫延德，田呈明．寄主–病原物互作的分子生物学概况［J］．陕西林业科技，1999（1）：74-78.

[2] Flor H H. Current status of the gene-for-gene concept［J］. Ann. Rev. Phytopathol.，1971，9：275-296.

[3] Dangl J L，Jones J D. Plant pathogens and integrated defense responses to infection［J］. Nature，2001，411（6839）：826-833.

[4] Jones J D.，Dangle J L. The plant immune system［J］. Nature，2006，444（7117）：323-329.

[5] Vander H. R. A.，Kamoun S. From guard to decoy：a new model for perception of plant pathogen effectors［J］. The Plant Cell，2008，20（8）：2009-2017.

[6] Ma Z C，Zhu L，Song T Q，et al. A paralogous decoy protects *Phytophthora sojae* apoplastic effector PsXEG1 from a host inhibitor［J］. Science，2017，355（6326）：710-714.

[7] Doyle E A，Lambert K N. *Meloidogyne javanica* chorismate mutase 1 alters plant cell development［J］. Molecular Plant-Microbe Interactions，2003，16（2）：123-131.

[8] Jones J T，Haegeman A，Danchin E G J，et al. Top 10 plant-parasitic nematodes in molecular plant pathology［J］. Molecular Plant Pathology，2013，14（9）：946-961.

[9] 冯志新．植物线虫学［M］．北京：中国农业出版社，2001：192-194.

[10] Davis E L，Hussey R S，Mitchum M G，et al. Parasitism proteins in nematode-plant interactions［J］. Curr. Opin. Plant Biol.，2008，11（4）：360-366.

[11] Davis E L，Hussey R S，Baum T J，et al. Nematode：parasitism genes［J］. Annu. Rev. Phytopathol，2000，38（4）：365-396.

[12] Rosso M N，Hussey R S，Davis E L，et al. Nematode effector proteins：targets and functions in plant parasitism［J］. Wiley-Blackwell，2012，11：327-354.

[13] 彭德良，郑经武，廖金铃，等．重要植物线虫致病相关基因研究进展［C］//中国植物病理学会2006年学术年会论文集．北京：中国农业科学技术出版社，2006：221-230.

[14] Bakhetia M，Urwin P E，Atkinson H J. Characterisation by RNAi of pioneer genes expressed in the dorsal pharyngeal gland cell of *Heterodera glycines* and the effects of combinatorial RNAi［J］. International Journal for Parasitology，2008，38（13）：1589-1597.

[15] Hassan S，Behm C A，Mathesius U，et al. Effectors of plant parasitic nematodes that re-program root cell development［J］. Functional Plant Biology，2010，37（10）：933-942.

[16] Wang X，Mitchum M G，Gao B，et al. A parasitism gene from a plant-parasitic nematode with function similar to CLAVATA3/ESR（CLE）of *Arabidopsis thaliana*［J］. Molecular Plant Pathology，2005，6（2）：187-191.

[17] Huang G，Allen R，Davis E L，et al. Engineering broad root-knot resistance in transgenic plants by RNAi silencing of a conserved and essential root-knot nematode parasitism gene［J］. Proc Natl Acad Sci USA，2006，103（39）：14302-14306.

[18] Huang G，Dong R，Allen R，et al. A root knot nematode secretory peptide functions as a ligand for a plant transcription factor［J］. Mol Plant Microbe Interact，2006，19（5）：463-470.

[19] Hewezi T，Howe P，Maier T R，et al. Arabidopsis spermidine synthase is targeted by an effector protein of the cyst nematode *Heterodera schachtii*［J］. Plant Physiology，2010，152（2）：968-984.

[20] Gao B L，Allen R，Maier T，et al. The parasitome of the phytonematode *Heterodera glycines*［J］. Molecular Plant-Microbe Interactions，2003，16，720-726.

[21] Hamamouch N，Li C Y，Hewezi T，et al. The interaction of the novel 30C02 cyst nematode effector protein with a plant β-1，3-endoglucanase may suppress host defense to promote parasitism［J］.

Journal of Experimental Botany, 2012, 63 (10): 3683-3695.

[22] Hewezi T, Howe P, Maier T R, et al. Cellulose binding protein from the parasitic nematode *Heterodera schachtii* interacts with *Arabidopsis* pectin methylesterase: cooperative cell wall modification during parasitism [J]. The Plant Cell, 2008, 20: 3080-3093.

[23] Jaouannet M, Perfus-Barbeoch L, Deleury E, et al. A root-knot nematode-secreted protein is injected into giant cells and targeted to the nuclei [J]. New Phytologist, 2012, 194 (4): 924-931.

[24] Lee C, Chronis D, Kenning C, et al. The novel cyst nematode effector protein 19C07 interacts with the *Arabidopsis auxin* influx transporter LAX3 to control feeding site development [J]. Plant Physiology, 2010, 155 (2): 866-880.

中国线虫学研究（第七卷），2018，7：106~110
Nematology Research in China，2018，Vol. 7：106~110

短体线虫 *Pratylenchus* sp. 非中国种问题初探*

边　勇**，刘若思，郑春生
（北京海关技术中心，北京　100026）

摘　要：近几年口岸线虫检疫工作中，短体线虫不断被截获，已成为口岸截获频次最高的线虫种类。目前我国《进境植物检疫性有害生物名录》中将短体线虫（非中国种）列为检疫对象。这一规定用于口岸检测时，既要求对短体线虫种类进行鉴定，同时也要求对是否为“非中国种”做出判断。但国内尚没有“非中国种”的判断准则，也未有相关研究。本文通过查询现有文献资料，归纳了国内短体线虫分布情况，并就“非中国种”问题进行了初步探讨，以供同行学者及主管部门参考。

关键词：检疫性有害生物；短体线虫；非中国种

Discuss about *Pratylenchus* sp. Non-chinese Species*

Bian Yong**，Liu Ruosi，Zheng Chunsheng
Beijing Customs (former Beijing entry-exit inspection and quarantine bureau)
Technology Center，*Beijing*　100026，*China*)

Abstract：In recent years，there has been an increasing focus on lesion nematodes (*Pratylenchus* sp.) which were intercepted by chinese quarantine bureau frequently. All non-chinese species in this genera are quarantine pests. When we are performing the port detection，not only the identification of the lesion nematodes species is required，the judgement of “non-chinese species” is also required. But until now，there is still no judgemnet rule and related research for “non-chinese species”. We have summarized the distribute situation of lesion nematodes in China，and have some discussion about “non-chinese species”.

Key words：Quarantine pests；Lesion nematodes；Non-chinese species

1　前言

短体线虫（*Pratylenchus* Filipjev，1936），也被称为伤根线虫或根腐线虫，广泛分布于世界各地，是重要的植物病原线虫，主要在根部皮层取食，造成伤痕，引起根部组织坏死腐烂，并能与土壤习居菌一起对植物造成复合侵染，引起更严重的危害。近几年，我国口岸检疫工作中，短体属线虫频繁被截获，已成为目前口岸植物繁殖材料中截获频率最高的有害生物种类，几乎占到口岸检疫性线虫总检中的一半以上[1]。随着其频繁被截获，却带来如何界定“非中国种”问题的讨论。

---

* 基金来源：国家质检总局科研项目（2015IK023，2017IK001）
** 第一作者：边勇，高级农艺师，从事线虫检疫工作；E-mail：biany@ bjciq. gov. cn

2016 年原国家质检总局动植司下发《关于加强进境植物有害生物截获鉴定报送规范管理的通知》（质检动函（2016）256 号），其中针对截获疫情信息，提出“（2）未鉴定到种的有害生物，不得列为检疫性有害生物”，这一要求的出台，将避免仅鉴定到属即以“非中国”方式上报疫情所带来的问题。同时也使界定“非中国种”问题成为工作需求。本文对中国已报道的短体线虫种类进行了归纳分析，以为口岸检疫及相关决策工作提供参考，同时更希望能引起相关学者研究讨论，提出更切实可行的理论方法。

2 我国已报道的短体线虫种类

来自德州农工大学（Texas A & M University）的统计数据显示，截至 2008 年全世界业已描述的短体属线虫总计 112 种[2]，但排除其中无效种或重复种之后，对短体线虫有效种数从 49~89 种尚未有统一认识。目前，短体属系统论述的专著较少，国外比较有代表的是 Handoo&Golden（1989）对 63 种短体线虫提出的检索表，Ebsary 于 1991 年提出的分类系统对 59 种短体线虫进行了分类，A. Y. RYSS（2002）对 49 种短体线虫编制了检索表。而 Ablo Castillo 等 2007 年出版的短体属专著 *PRATYLENCHUS: DIAGNOSIS, BIOLOGY PATHOGENICITY AND MANAGEMENT* 中对 68 种短体线虫进行了较为详尽的描述（表 1），是目前较为全面的短体属专著[3-6]。

我国线虫研究起步较晚，所积累的资料有限，国内未有公开发表的短体属系统论述，仅见华南农业大学陈晓玲 2006 年硕士论文中对 96 个短体线虫种编制了检索表[7]。

目前国内公开发表的专著中仅刘维志 2003 年出版的《植物线虫志》中记载中国短体线虫 20 种，赵文霞等 2006 年出版的《中国植物线虫名录》中收录 30 种，此外一些学术期刊上发表的论文，也有部分记录[8-12]。通过对现有资料的查询整理，获得我国已报道短体线虫种类的主要情况（表 1）。

从国内已发表的资料来看，国内仅记录了 37 种短体线虫。从分布上来看，37 种短体线虫中在我国分布超过 5 个省份的种类有咖啡短体、铃兰短体、六纹短体、卢斯短体、斯氏短体、穿刺短体、草地短体、伤残短体、玉米短体 9 种。艾氏短体、最短尾短体、刻痕短体、伪短体线虫、小短体、索氏短体 6 种在 3~4 个省份有发现报道。敏捷短体、弗莱克短体、沼泽短体、落选短体、假草地短体、亚穿刺短体 6 种在两个省份（直辖市）有报道。而在我国仅单一省份单一寄主植物上报道过一次的种类有锐尾短体线虫、安第斯短体、艾草短体、德拉特短体、薯蓣短体、艾斯顿短体、古氏短体、多点短体线虫、塞发短体线虫、七沟短体、相似短体、苏丹短体、苏西短体线虫 13 种。此外典型短体、迟钝短体、弯尾短体线虫 3 种仅在四川省梨、桃、苹果等上有报道。

表 1 我国现有文献报道的短体属线虫种类分布情况

序号	拉丁学名	主要寄主植物	分布	中文译名
1	*P. agilis*	高粱、豌豆、萝卜、马铃薯、芒果、桑树、芝麻	广东、四川	敏捷短体
2	*P. alleni*	梨、玫瑰、桃、小麦、玉米、谷子	河南、四川、香港、辽宁	艾氏短体

（续表）

序号	拉丁学名	主要寄主植物	分布	中文译名
3	*P. acuticaudatus*	玉米	辽宁	锐尾短体线虫
4	*P. andinus*	玉米	山东	安第斯短体
5	*P. artemisiae*	艾草	北京	艾草短体
6	*P. brachyurus*	菠萝、茶、鳄梨、豇豆、荔枝、葡萄、象草	安徽、福建、广东、海南	最短尾短体
7	*P. coffeae*	寄主广泛	分布广泛	咖啡短体
8	*P. convallariae*	甘薯、黄瓜、棉花、桃、莴苣、香蕉、玉米	分布较广	铃兰短体
9	*P. crenatus*	梨、番茄、玉米，石榴	四川、山东、河南，云南	刻痕短体
10	*P. delattrei*	茶树	安徽	德拉特短体
11	*P. dioscoreae*	薯蓣	河北	薯蓣短体
12	*P. esteniensis*	玉米	山东	艾斯顿短体
13	*P. fallax*	番茄、高粱、柑橘、玉米、棉花	河南、四川、山东	伪短体线虫
14	*P. flakkensis*	花生、蕹菜、玉米、芋	湖北、海南	弗莱克短体
15	*P. gibbicaudatus*	梨、苹果、桃	四川	弯尾短体线虫
16	*P. goodeyi*	茶	四川	古氏短体
17	*P. helophilus*	番茄、花生、苹果	河南、四川	沼泽短体
18	*P. hexincisus*	寄主广泛	分布较广	六纹短体
19	*P. loosi*	茶、核桃、棉花、苹果、香蕉、橡胶、玉米、栀子、柑橘	分布较广	卢斯短体
20	*P. minyus*	白菜、柑橘、咖啡、青菜、橡胶、腰果、油菜、玉米	河南、广西、海南	小短体
21	*P. mulchamdi*	高粱	辽宁	多点短体线虫
22	*P. neglectus*	葡萄、黄瓜	四川、甘肃	落选短体
23	*P. penetrans*	寄主广泛	分布广泛	穿刺短体
24	*P. pratensis*	寄主广泛	分布较广	草地短体
25	*P. pseudopratensis*	玉米、高粱	天津、辽宁	假草地短体
26	*P. sefaensis*	茄子	山东	塞发短体线虫
27	*P. scribneri*	寄主广泛	分布广泛	斯氏短体
28	*P. septincisus*	香蕉	福建	七沟短体
29	*P. similis*	梨	四川	相似短体
30	*P. stupidus*	梨、苹果、桃	四川	迟钝短体

（续表）

序号	拉丁学名	主要寄主植物	分布	中文译名
31	*P. subpenetrans*	白菜、花生、苹果、油菜	河南、四川	亚穿刺短体
32	*P. sudanenisis*	香蕉	广东	苏丹短体
33	*P. thornei*	芭蕉、贝母、大麻槿、党参、番茄、菊花、棉花、桃、玉米、辣椒	河南、湖北、广东、四川	索氏短体
34	*P. typicus*	梨、苹果、桃	四川	典型短体
35	*P. vulnus*	寄主广泛	分布较广	伤残短体
36	*P. wescolagricus*	桃	山西	苏西短体线虫
37	*P. zeae*	寄主广泛	分布较广	玉米短体

*除4、10、12、21、26、36条引自刘维志（2004），3引自周小嵩（2009）；其余主要引自赵文霞，杨宝君等（2006）；此外9部分参考周银丽等（2008）；19部分参考王扬等（2007）；22部分参考赵鸿等（2004）。

寄主广泛：寄主植物超过10种以上；

分布较广：分布在5~10个省份；

分布广泛：分布超过10个省份。

3 短体线虫报道分布情况分析

依据我国《进境植物检疫性有害生物名录》中给出的说明“非中国种是指中国未有发生的种”则表1以外的线虫种都应作为“非中国种”。但口岸日常检测时会综合考虑我国检验检疫有害生物名录制定的原则及参照农林等部门的行政审批。通常情况下对在我国分布未广的种类或审批禁止入境的短体线虫种类也会加以限制。

从国内已报道的37种短体线虫的分布情况来看，有28种在我国分布不超过5个省份(直辖市)，特别是其中有16种仅在单一省份有发生报道。这些分布未广的种类如何界定，值得商榷。而另9种在我国分布范围超过5个省份的短体线虫中的咖啡短体、穿刺短体、卢斯短体、伤残短体这4种短体线虫在曾为我国三类检疫对象，现在也多被农林等部门行政审批时禁止入境。因此如发现这4种线虫也应该严格检疫处理。由此来看，从已报道的文献来看仅铃兰短体、六纹短体、斯氏短体、草地短体、玉米短体等5种在我国可能有较广分布。

4 讨论

2007年我国颁布实施了新的《中华人民共和国进境植物检疫性有害生物名录》(下称新《名录》)，将进境植物检疫性有害生物由原来的84种（属）增至435种（属）。1992年农业部发布的《中华人民共和国进境植物检疫危险性病、虫、杂草名录》同时废止。

新《名录》的实施进一步彰显了口岸植物检疫工作的重要性，是对旧名录的补充和完善，尤其将一些有害生物全属所有非中国种列入检疫名录，有效地增加了植物检疫工作的针对性和覆盖面。但新《名录》实施两年多来，也暴露出一些值得业内商榷的问题，其中最突出的就是“非中国种”界定的问题，新《名录》中仅注明“非中国种”为检疫对象，但并未明确指出具体种类，而国内针对一些有害生物并无对“非中国种”问题系统的研究或统一的标准，这容易造成口岸检测工作中的混乱，同时对外出证时也会遭遇无明确依据的质疑。

目前新《名录》中“非中国种”问题涉及昆虫、线虫、真菌、杂草总计 23 个属。根据检科院疫情信息系统显示，2016 年我国口岸总计截获检疫性有害生物 33 694种次，其中涉及 18 个非中国属，总计截获数量为 5 360次，占总截获的 15. 9%。本文仅通过对短体属线虫非中国种问题的探讨，抛砖引玉，希望能引起相关专家学者及相关部门的注意，通过切实可行的方式，出台统一标准或方法，以利口岸实际检测工作需要。

参考文献

[1] 中国检验检疫科学院动植物检疫研究所．动植物疫情信息共享平台．http：//info. apqchina. org/mainwan. asp.

[2] Joel hallan. The Biology Catalog lists. http：//insects. tamu. edu/research/collection/hallan/ Nematoda/Family/Pratylenchidae. txt.

[3] EBSARY B A. Catalog of the order Tylenchida（Nematoda）［M］. Ottawa：Research Branch A griculture Canada，1991.

[4] Ryss A Y. Genus *Pratylenchus* Filipjev（Nematoda：Tylenchida：Praylencidae）：multientry and monoentry keys and diagnostic relationships［J］. Zoosyst. Ross.，2002a：10：241 – 255.

[5] Siddiqi M R. Tylenchida：Parasites of Plants and Insects［M］. CABI Publishing，Wallingford，UK，2000：833.

[6] Castillo P，Vovlas N. *Pratylenchus*（Nematoda：Pratylenchidae）：Diagnosis，. Biology，Pathogenicity and Management［J］. Nematology Monographs and Perspectives，2007，vol. 6. Brill，Leiden-Boston：529.

[7] 陈晓玲．短体属线虫形态鉴定与分子鉴定方法研究［D］. 广州：华南农业大学，2006：23-27.

[8] 刘维志．植物线虫志［M］. 北京：中国农业出版社，2003.

[9] 赵文霞，杨宝君．中国植物线虫名录［M］. 北京：中国林业出版社，2006.

[10] 赵鸿，朱建兰，彭德良，等．甘肃省蔬菜根际寄生线虫的研究［J］. 干旱地区农业研究，2004（3）：196-201.

[11] 周银丽，胡先奇，林丽飞，等．云南石榴根际刻痕短体线虫的鉴定［J］. 中国农学通报，2008（11）：403-405.

[12] 王扬，李娅琼，浦卫琼，等．云南省柑桔根际短体线虫种类的鉴定［J］. 华中农业大学学报，2007（6）：775-779.

中国线虫学研究（第七卷），2018，7：111~115
Nematology Research in China，2018，Vol. 7：111~115

浅析口岸线虫检测要点*

边　勇**，刘若思，郑春生
（北京海关技术中心，北京　100026）

摘　要：口岸线虫检测工作看似简单，实则要面对多种不同来源、不同类型且具有不同特点的检测样品，与此同时，检出线虫的种类也纷繁复杂。不同样品的检测重点并不相同，不同种类线虫的鉴定要点也不尽相同，因此，在口岸日常检测工作中，需要加以总结和分析，不断积累经验，以提高工作效率和口岸把关的有效性。本文结合口岸检测工作特点，通过对线虫检测工作中各环节要点的总结分析，以供口岸线虫检测人员参考。
关键词：线虫检测；口岸；要点分析

A Brief Analysis on the Main Points of Port Nematode Inspection*

Bian Yong**，Liu Ruosi，Zheng Chunsheng
[*Beijing Customs (former Beijing entry-exit inspection and quarantine bureau) Technology Center*，*Beijing*　100026，*China*]

Abstract：The testing samples are different sources，different types and different characteristics，so the nematode inspection on port is not simple as seemingly simple. At the same time，the species of the inspected nematodes are also complex. The testing emphasis of different samples is different，and different species of the nematodes have different identification points. In the daily inspection work of the port，it is necessary to summarize and analyze，accumulate experience constantly，so as to improve the efficiency. Based on the characteristics of the port inspection work，this paper summarizes and analyzes the main points in the inspection of nematode for the reference of port nematode inspectors.
Key words：Nematode inspection；Port；Points analysis

近几年，口岸检疫工作逐渐向一线推进，以筛查为主的口岸初筛实验室不断成立。结合当前建设现状，口岸有害生物筛查主要针对产品或繁殖材料携带的杂草、昆虫、软体动物和线虫有害生物进行初步检查和鉴定。与其他几类有害生物相比，线虫类有害生物体型微小、通常肉眼不可见，其检测难度相对较大。而另一方面，线虫又是一些口岸必不可少的查验项目，特别是一些以工业货物为主的口岸，其植物检疫工作主要针对集装箱和木包装材料开展，其中木包装通常以剖查昆虫及分离检测线虫为主要项目。根据中国检科院疫情信息系统

* 基金来源：国家质检总局科研项目（2015IK023，2017IK001）
** 第一作者：边勇，高级农艺师，从事线虫检疫工作；E-mail：biany@ bjciq. gov. cn.

显示，近年来，在口岸种苗检疫、邮寄物携带疫情检测中，线虫疫情占比均很高，表明其侵入风险不断增加，口岸加强线虫检测工作具有实际意义。本文通过分析当前口岸线虫检测工作中存在的问题，并结合口岸检测工作特点，通过对线虫检测工作中各环节要点的总结分析，以供口岸线虫检测人员参考。

1 存在的问题

线虫学作为一门发展时间还不长的学科，当前，很多一线实验室没有专门线虫专业背景的检测人员，多由昆虫或其他专业背景的人员兼任，这些人员大多具有一定形态学鉴定的基本方法和意识，能够通过显微镜观察线虫个体，依据现有的图文资料进行比照鉴定，但线虫的体形微小和特征的晦涩成为主要障碍，由于线虫学发展的历史还不长，专著、资料远不如昆虫、杂草等有害生物领域丰富，同时目前在线虫形态学分类鉴定领域，所利用的鉴定资料，大多是针对某一类或几类线虫图文资料的汇总，大多缺少对线虫基础鉴定知识，更缺少对资料如何应用的说明，这就造成了资料晦涩难懂，不容易实际应用的问题。加之线虫体形微小，早期形成的资料多为简易墨线图及相应的文字描述，同时限于当时显微镜的发展水平及人员的知识，所形成的资料即简单也不规范，为后来的鉴定带来诸多不便。

而近年来大多数研究者的研究重点多集中在线虫病害防治或分子鉴定等热点上，使得线虫形态分类学的发展并不大，利用显微镜等传统工具进行的线虫形态分类学基础依然薄弱。近年来，随着一些植物线虫分类学家的退休，同时年轻的科研工作者对线虫形态分类兴趣的逐渐减弱，专业从事线虫形态分类鉴定的科研工作者越来越少。

然而不可否认的是，由于形态学鉴定对装备等硬性条件的要求并不高，在大多一线口岸得到普及，而相比较而言基于分子生物学等技术开展的检测工作则需要更为专业的实验室设备，才能开展。另一方面，在口岸初筛工作中，利用传统形态方法是最为经济有效的初筛方法，直接使用分子生物学等方法在大量土壤线虫类群中检测特定种类难度和成本都很高。由此产生的问题就是，在目前口岸实际硬件装备条件下，可以广泛开展的形态学鉴定工作，却由于鉴定人员没有很好的掌握基础鉴定技术而造成了工作仍然无法开展的现象普遍存在。

概括来说，由于诸多原因，当前口岸在线虫检测方面，虽然具备了硬件条件，但由于缺乏系统科学的实用知识体系，使得相关工作开展效率依然不高。而这一问题的解决，与其等待更前沿技术的突破，不如转而对基础知识的整理挖掘。

2 提升思路

简单地讲，线虫的检疫鉴定工作，即是完成从植物材料或土壤中分离获得线虫个体，再通过形态学或分子生物学等手段对种类进行确定的过程。遵循这条主线，100 多年来，线虫鉴定工作者一直致力于这两方面的研究。如何高效分离不同种类的线虫？如何准确鉴定不同种类的线虫？这是线虫分类鉴定工作者时常思考的问题。

不同种类线虫的生活习性、体形特点等决定了针对不同线虫在分离方法上应有所区别。了解线虫的生活方式、寄生方式、体形大小、活动能力，有助于选择恰当的线虫分离方法。如，在口岸针对多数线虫采用的贝曼漏斗法，用于分离根结、孢囊类线虫的成熟雌虫并不适用，而针对分离体型较大的长针科线虫，滤纸的孔径及分离时间，也将成为限制因素。

在进行线虫检测工作时，特别是在使用解剖镜初筛时，与其生活方式相关的习性，均有助于在混杂的线虫群体中快速找到我们关注的对象。一名有经验的检测人员，有时仅需要通过口针的样式或者后食道球的有无，甚至体形和活动状态就可以判断是否需要进一步关注。这种基于线虫生活方式与基本特征的判断能力，对于应对大量检测任务，提高检测效率是有益处的。当然这种能力建立在对线虫生活方式与形体特征关联性的学习与思考之上，并通过实践，逐步积累而成。虽不能一蹴而就，但恰是线虫检疫工作者，特别是初学者的一条捷径。

线虫的种类繁多，检疫人员在关注检疫性寄生线虫的同时，还要面对其他非检疫性寄生线虫，以及面对种类和数量上更多的非寄生线虫。因此对线虫种类的鉴定，首先是从大量线虫群体中分辨出植物寄生线虫个体，进而确定其是否具有进一步鉴定的必要。通常情况下，经验丰富的线虫检疫工作者，可以借助解剖镜，在较低的放大倍数下快速辨认植物寄生线虫类群。而这种技能，依赖于对各类植物寄生线虫体形、体态等关键特征的掌握。

因此，作为口岸检测人员，快速提升线虫检测技术能力的首要方法即是通过对基础知识的仔细学习，从检测过程的每一个步骤入手深入理解和思考其中的技术原理，并转化为实践工作中的灵活应用。

3　线虫检测鉴定工作的要点

目前在线虫检测领域应用的一些基础知识，看似简单，但实际均有一定的理论基础支撑，例如分离线虫过程中普遍使用的贝曼漏斗法，实际是依靠重力作用下线虫的无规则自身运动，并通过筛网并汇集的过程，这一方法中线虫自身的活动力、筛网的孔径大小都成为影响因素，不同的条件下将产生不同的分离效果；再如利用显微镜进行镜检的工作，实际上是一个将二维叠加图像进行分解还原的过程，在不同的分辨率、光阑、放大率、景深下、焦距、镜像亮度下所观察的特征及对检测人员的感官判断均不相同。因此对这些技术的应用并不是流程化、模式化的机械使用，更需要对其中的技术要点深入理解，做出最优选择，才能实现灵活应用。

概括起来，在口岸线虫检测鉴定工作中，主要步骤和关键点及处理对策见下表1。

表1　口岸线虫检测鉴定工作要点

序号	步骤	关键点	处理对策
1	样品选择	是否有明显症状、为害程度。	有明显症状，但尚未被其他病原物完全侵染；无明显症状的样品，采取多点取样。
2	样品处理	根结、孢囊、线型个体分离方法不同。	明确是盲筛还是有针对性检查；在盲筛有重点怀疑对象情况下，应进行二次处理；有针对性检测时，根据寄生部位采集不同植物组织，分别分离。
3	线虫初筛	解剖镜观察时，准确找到目标物。	通常情况下会获得大量线虫，其中多数为腐生线虫，腐生线虫一般较为活跃，寄生线虫多数活动力不强；使用凹面皿进行初筛时，初始大部分线虫会漂浮在液体不同液面，需要静置沉淀，但静置时间过长也会集中在凹面中央，镜检时需要使用挑针拨动，以免遮盖。

（续表）

序号	步骤	关键点	处理对策
4	目标选择	重点目标的确定、挑取、转移。	根据寄主为害、国内截获情况以及检疫性线虫所在的种属确定潜在重要性；根据获得线虫的数量，目标线虫量较大时可直接选择制片观察，目标线虫数量较少时，进一步检查需考虑回收；目标个体数量较多时，可采用吸管、移液器
5	标本制作	选择恰当的固定条件和程序。	明确不同固定液的优点和缺点，根据不同种类线虫选择不同固定液；制作临时玻片观察时，考虑使用固定液代替清水，以增强线虫表面特征的清晰度。
6	特征观察	选择恰当的物镜镜头，明确观察的要点，不同景深下焦面的叠加。	使用浮载剂改善观察时线虫表面特征的呈现效果、熟练掌握各个特征的呈现条件，如缺水状态下受精囊的变型，
7	特征测量	正确理解测量值与种类鉴定的关系，充分了解线虫不同特征测量值的变异。	针对常见种类，充分考虑不同地理型、生理型差异，对于超出已知范围的数值，以关键特征（稳定特征）为主要判断依据。
8	资料比对	充分考虑不同文献资料描述的背景和局限，充分比较不同来源文献的可靠性和合理性。	使用确定种类，比照文献资料，恰当还原二维墨线图与显微图之间的对应关系，明确叠加状态下，各个结构的呈现状态。

以上要点仅是口岸线虫检测工作中的主要步骤和重点，实际工作中，检测人员应结合不同情况主动思考和灵活应用，在应用这些知识的同时，不断积累，从而有效地开展工作，并提高线虫分类鉴定的准确性和工作效率。

4 讨论

当前，随着热门技术的不断涌现，诸如传统形态分类学、基本操作等知识面临“前无古人，后无来者”的局面。然而，在口岸线虫检测鉴定，以及一些农业线虫初步诊断、大田种群调查等工作中，这些基础知识不可或缺。如何在追求新技术、新方法开拓创新的同时，维护好传统技术的传承，仍寄希望于专家学者的努力和学科主管的重视。

本文基于当前口岸线虫检测实际工作需求，对当前口岸线虫检测工作要点进行了初步概括，其重点是帮助一线检测人员理解，在面对检测样品时，如何更为有效的获取（提取）线虫，进而如何制作高质量的镜检标本，之后，在利用显微镜进行观察时，如何正确获取并理解线虫的特征特点，如何对观察到的样品特点与鉴定资料之间建立对应关系，并最终做出正确判断。

但本文更大的初衷，是希望借此讨论，能引起专家学者共鸣，能够系统整理目前线虫学经典知识，形成相对完整的技术体系，使口岸检测工作者在应用时，能获得和了解更多的技术细节，使检测人员“知其然更知其所以然”，方便一线人员快速了解使用，满足实际需求。

总之，立足对基础知识的细化和系统性研究，同时兼顾一定的导向性，即在对已有技术进行比较的基础上，进一步提出形态学鉴定的技术化、特征描述的规范化，使得检测鉴定工作更为系统、完整和实用是目前口岸线虫检测鉴定工作需求的方向。

中国线虫学研究（第七卷），2018，7：116~121
Nematology Research in China，2018，Vol.7：116~121

根结线虫的防治技术研究进展*

刘　莹**，向　超，彭德良，黄文坤***
（中国农业科学院植物保护研究所/植物病虫害生物学国家重点实验室，北京　100193）

摘　要：根结线虫（*Meloidogyne* spp.）是一类重要的内寄生植物病原线虫，广泛分布于世界各地，其食道腺分泌物可以诱导形成巨细胞，并通过巨细胞摄取寄主营养物质，同时能够抑制宿主防御反应，增加线虫及其他病原物的易感性，从而影响作物的正常生长。对粮食作物、经济作物等均造成严重的产量和经济损失。本文简述了根结线虫的为害症状、识别要点、农业防治、物理防治、化学防治及生物防治技术方面的研究进展，并对其绿色防控技术进行了展望。
关键词：根结线虫；防治技术；发病规律

Research Progress on Control Strategies of Root-knot Nematodes*

Liu Ying**，Xiang Chao，Peng Deliang，Huang Wenkun***
（*State Key Laboratory for Biology of Plant Diseases and Insect Pests*，*Institute of Plant Protection*，*Chinese Academy of Agricultural Sciences*，*Beijing*　100193，*China*）

Abstract：Root-knot nematodes（*Meloidogyne* spp.）are important plant parasitic nematodes and distributes worldwide. Root-knot nematodes cause serious damage. The secretion of esophageal glands can induce giant cells and uptake nutrients from there. At the same time，it can inhibit the host defense response，increase the susceptibility of nematodes and other pathogens，and thus affect the normal growth of crops and cause serious yield and economic losses to food crops and economic crops in China and worldwide. The main damage of the root knot nematode to plants and the disease identification were briefly described in this study. The researches progress on agronomic control，physical control，chemical control and biocontrol techniques control of root-knot nematodes diseases were reviewed. The green control strategies of root-knot nematodes in the future were also prospected.
Key words：Root-knot nematodes；Control；Disease occurrence

根结线虫是一类为害作物生长的重要植物寄生线虫病害。早在 1855 年，Berkeley 就首次在英国的感病作物根上观察到根结[1]；1878 年 Jobert 观察到巴西咖啡树根上的根结以及

* 基金项目：国家重点研发计划（2018YFD0201202，2017YFD0201102）；国家自然科学基金（31571986）
** 第一作者：刘莹，硕士研究生，研究方向：线虫生防真菌效果评价及作用机制研究；E-mail：ippliuying@163.com
*** 通信作者：黄文坤，博士，研究员，研究方向：植物线虫综合防治技术及致病机理研究；E-mail：wkhuang2002@163.com

根结上的卵块，卵块中又发现了卵粒和蠕虫[2]，之后根结线虫就在许多国家和地区的多种植物中陆续地被发现，目前国际上报道有80多种根结线虫[3]，其分布范围广泛，寄主种类众多，可在粮食作物、经济作物、观赏作物等3 000多种寄主上寄生[4]。从地理上分布来看，温带、亚热带、热带地区受害较为严重。一般可造成作物减产10%~20%，最严重时可达到75%以上[5]。

我国于1932年首次报道了番茄的根结线虫病，此后，根结线虫病迅速蔓延到全国十余个省区、市县，给我国粮食蔬菜等生产上造成了严重的经济损失[6]。据不完全统计，仅由于根结线虫的为害，我国的园林苗木、蔬菜种植业每年损失高达30亿元[7]。因此寻求高效、环保的防治根结线虫方法已经成为科研学者们正在面临的严峻问题。现阶段农业上常用的防治方法主要包括农业防治、物理防治、化学防治和生物防治。本文旨在介绍防治根结线虫的几种措施，以期为高效、科学的防治根结线虫提供理论依据。

1　根结线虫的致病机理和为害

根结线虫的生活史包括卵、二龄幼虫、三龄幼虫、四龄幼虫、成虫共五个阶段。在这五个阶段中，二龄幼虫为侵染态，它可以通过头部敏感的化感器来寻找寄主植物的根，刺破寄主的表皮侵入寄主植物，移动到根的维管束分生组织，建立取食结构，吸取植物的营养而干扰寄主植物正常的生理活动[8]。根结线虫侵入植物根尖组织过程中，破坏了寄主植物的细胞壁，造成不同程度的机械损伤，间接性地为其他病原物提供了便利的入侵渠道，使寄主植物更易感染其他病害[9]。线虫代谢过程中产生的分泌物还会刺激寄主植物的细胞和组织，致使植株形态发生变化甚至畸形，致使农产品的质量和产量都受到了严重的影响[10]。

根结线虫侵染寄主后，根部症状表现为：幼根的须根上会长出大小不一的根瘤，根瘤的形状一般是球形或卵圆形。根瘤前期呈白色，较光滑；后期变成黄褐色或黑褐色，表面粗糙或龟裂，甚至腐烂[11]。根瘤外观没有显著的症状，但用解剖刀解剖根瘤内部，显微镜下可见白色椭圆状虫体（病原雌线虫体），这也是证实该病害的显著证据之一[12]。根瘤的产生严重的破坏了根部的输导组织，水分和营养物质运输[13]。同时根结线虫对细胞壁造成的机械损伤有利于根腐病和枯萎病等土传病害的发生[14]。

2　防治措施

2.1　农业防治

农业防治措施主要包括培育无病壮苗、夏季深耕翻晒、冬季露棚冷冻、土壤改良、合理轮作换茬以及种植抗病品种等。其中，改变轮作和耕作方式、改良土壤是提高作物的抗根结线虫病常见且较为有效的农业防治方法。不同的耕作方式在不同程度上影响土壤内微生物的种类和数量、土壤通气性以及土壤内温度等，进而直接影响植株的生长和对病虫害的防御能力[15]。改良土壤可以降低土壤中根结线虫虫口密度，还可增强土壤的保水性、增加土壤有机质含量，改善土壤质地，促进对根结线虫具有拮抗作用的真菌、细菌、放线菌等微生物的生长[16]。研究发现作物轮作上可选择某些十字花科和菊科类植物，它们会在土壤中分泌一些次生代谢产物从而抑制根结线虫病害的发生。研究进一步发现，添加有机绿肥改良土壤，可以有效促进某些具有杀线虫作用的次生代谢物的产生[17]。

2.2 物理防治

物理防治主要以破坏线虫在土壤中生存的适宜环境为主。通过暴晒土壤、淹水、水蒸气消毒、电加热、直流电流消毒、臭氧水消毒、强酸性电解水消毒、射线或超声波方式等处理土壤从而达到减弱线虫的数量和致病性的目的[18]。早前日本就应用了相关技术，使用导管将热水产生的水蒸气导入到温室大棚塑料薄膜下面，杀灭土壤表面和土壤深层的病原物[19]。我国温室大棚主要应用水淹、臭氧、石灰氮、高温闷棚、日晒等方式来防治根结线虫。水淹可以有效减少土壤中的氧气量，根结线虫不能维持正常的生命活动，窒息而死[20]。目前已报道的石灰氮（calcium cyanamide）对于土壤有一定的消毒作用，结合日晒，对蔬菜田间的根结线虫防效可以达到90%以上[21]；使用氰氨化钙—太阳能消毒土壤消毒，对根结线虫也有显著的防治效果[22]；生物熏蒸结合阳光消毒对温室根结线虫病的防治效果可达到65%以上[23]；化学药剂棉隆结合高温消毒也可有效降低番茄上根结线虫的种群数量[24]。

2.3 化学防治

化学杀线虫剂按其作用方式可分为两种：熏蒸性杀线虫剂（Fumigant nematicide）和非熏蒸性杀线虫剂（Nonfumigant nematicide）。熏蒸类杀线剂对根结线虫的毒性机理是通过释放一类化学物质到线虫体内从而干扰线虫一系列生理生化反应，线虫因不能完成其正常的生命活动而最终死亡。非熏蒸类杀线剂主要通过破坏线虫的乙酰胆碱酯酶来扰乱其神经系统使它们不能正常定位到寄主以及失去了侵染植株的能力从而达到防控的作用[25]。熏蒸类试剂如溴甲烷杀线效果显著，但成本太高并且对臭氧层的破坏严重，现已逐渐被禁用[26]；目前市场上使用较多的非熏蒸类试剂大多具有内吸性。与传统熏蒸类试剂相比，对环境和作物的影响较小，施用较为方便。如噻唑磷可延长线虫虫卵的滞育期，有效降低土壤中线虫的种群密度以及线虫数量[27-30]；联氟砜对南方根结线虫二龄幼虫的致死率高达100%，辣椒作物上喷施少剂量的联氟砜后，与对照相比，根结率和虫卵率分别减少80%和75%，防效好于同期施用的杀线威和噻唑磷[31]。

2.4 生物防治

根结线虫的生物防治方法是指通过引入捕食线虫和寄生于线虫的生物，或通过微生物等生物所产生的代谢产物杀死线虫的一种防治方法[32]。根结线虫的生物防治因子有很多，包括天敌真菌、生防细菌、放线菌、其他线虫天敌生物、捕食性线虫、病毒和立克次氏体等等。其中对天敌真菌、生防细菌、放线菌的研究较多一些，而对根结线虫其他的生防因子研究报道较少，目前还不具备完善的应用条件[33]。已有研究表明通过生防菌处理土壤、种子或接种等方式，可以阻碍线虫的侵染和迁移、抑制取食位点和卵的发育，进而能够不同程度上降低根结线虫在田间的为害[34]。目前已报道的寄生细菌有巴氏杆菌（*Pasteuria penetran*）[35]、根际细菌苏云金芽胞杆菌（*Bacillus thuringiensis*）[36]、内寄生线虫真菌被毛孢（*Hirsutella minnesotensis*）、厚垣轮枝菌（*Verticillium chlamydosporium*）、淡紫拟青霉（*Paecilomyces lilacinus*）等均表现对根结线虫有较好的防控效果。芽胞杆菌（*Bacillus spp.*）AMCC100150发酵上清液对黄瓜根结线虫二龄幼虫的致死率可达到85%，其对黄瓜根部根结生长、卵囊孵化都有不同程度的抑制作用，抑制率分别为30%和44%[37]。荧光假单胞细菌（*Pseudomonas fluorescens*）发酵后的多种代谢产物可以有效地控制根结线虫，不同菌株的发酵产物、发酵液对根结线虫的致死率可达到49%以上[38]。目前市场上已作为商品化制剂用于防治根结线虫病的生防菌株主要包括淡紫拟青霉（*Paecilomyces lilacinus*）、芽胞杆菌（*Bacillus* spp.）、荧光假单胞细菌（*Pseudomonas fluorescens*）和阿维链霉菌（*Streptomyces avermitilis*）等[39]。

3 展望

根结线虫严重影响作物的产量和品质，给我国农业生产造成了很大的经济损失。因此，研究根结线虫的防治具有重要的经济价值和应用价值。使用物理方法和农业方法防治根结线虫操作复杂且季节性强，不能达到很好的效果；而施用化学农药防治根结线虫存在高成本、高毒性、高残留等问题，严重破坏了生态环境以及制约了环境的可持续发展，同时，对人畜的安全也造成了很大威胁。因此，利用生物技术及生防制剂防治根结线虫成为近几年的研究热点。虽然生防制剂起效时间比化学药剂缓慢、不能达到立竿见影的效果，但其高稳定性、低毒性、相对安全性等特点对于保护生态平衡、减少环境污染以及维护食品安全等具有重要意义。因此，进一步开发根结线虫生防资源并研究其作用机理，将为研制新型、安全、低毒的线虫绿色防控技术提供理论依据。

参考文献

[1] Sasser J N. Plant-parasitic nematodes: the farmer's hidden enemy [M]. 1989.

[2] 季健清. 海南省根结线虫鉴定与北方根结线虫的分子鉴定方法 [D]. 南京：南京农业大学，2005.

[3] 赵鸿，彭德良，朱建兰. 根结线虫的研究现状 [J]. 植物保护，2003 (6)：6-9.

[4] 刘维志. 植物病原线虫学 [M]. 北京：中国农业出版社，2000.

[5] Sasser J N, Eisenback J D, Carter C C, et al. The international *Meloidogyne* project-its goals and accomplishments [J]. Annual Review of Phytopathology, 1983, 21 (1): 271-288.

[6] 路雪君，廖晓兰，成飞雪，等. 根结线虫的生物防治研究进展 [J]. 中国农业科技导报，2010 (4)：44-48.

[7] 杜宾. 根结线虫危害及其防治 [J]. 太原学院学报（自然科学版），2017，35 (2)：65-67.

[8] Caillaud M C, Lecomte P, Jammes F, et al. MAP65-3 microtubule-associated protein is essential for nematode-induced giant cell ontogenesis in Arabidopsis [J]. The Plant Cell, 2008, 20 (2): 423-437.

[9] 牛俊海，郭仰东，简恒. RNA 干扰在植物抗根结线虫病基因工程应用中的研究进展 [J]. 基因组学与应用生物学，2009，28 (1)：167-173.

[10] Abad P, Gouzy J, Aury J M, et al. Genome sequence of the metazoan plant-parasitic nematode *Meloidogyne incognita* [J]. Nature biotechnology, 2008, 26 (8): 909.

[11] Williamson V M, Roberts P A, Perry R N, et al. Mechanisms and genetics of resistance. [J]. Root-knot nematodes, 2009.

[12] 耿伟，李彦军，许世霖，等. 黄瓜根结线虫的防治方法 [J]. 中国果菜，2017，37 (9)：33-35.

[13] 郭永霞，金永玲. 蔬菜根结线虫综合防治研究进展 [J]. 中国农学通报，2007，23 (3)：376-379

[14] Shahbaz M U, Mukhtar T, Begum N. Biochemical and serological characterization of *Ralstonia*

solanacearum associated with chilli seeds from Pakistan [J]. International Journal of Agriculture & Biology, 2015, 17 (1): 31-40.

[15] 焦彩强．集约化生产模式下耕作对土壤物理性质的影响及效应分析 [D]. 杨凌：西北农林科技大学，2008.

[16] Sikora R A, Bridge J, Starr J L, et al. Management practices: an overview of integrated nematode management technologies. [M] // Epidemiology and the Delivery of Health Care Services. Springer US, 2005: 269-297.

[17] Hussain M A, Mukhtar T, Kayani M ZEfficacy. Evaluation of *Azadirachta indica*, *Calotropis procera*, *Datura stramonium* and *Tagetes erecta* against root-knot nematodes *Meloidogyne incognita*. [J]. Pakistan Journal of Botany, 2011, 43 (1): 197-204.

[18] 孙世伟，桑利伟．根结线虫防治研究进展 [J]. 现代农业科技，2008 (11): 181-182.

[19] Lin Y, Tanaka S. Ethanol fermentation from biomass resources: current state and prospects [J]. Applied microbiology and biotechnology, 2006, 69 (6): 627-642.

[20] 张广荣，缪仲梅，薛莉，杨成德．不同土壤添加剂及高温闷棚对防治根结线虫病的影响 [J]. 植物保护，2016, 42 (1): 249-252.

[21] 李宝聚，段玉玺，崔国庆，等．蔬菜根结线虫的发生与日光土壤消毒技术 [J]. 中国蔬菜，2006, 1 (6): 49-50.

[22] 孔凡彬，谢国红．茄子根结线虫发生规律及综合防治技术 [J]. 河南农业科学，2005, 33 (9): 446-446.

[23] 黄文坤，张桂娟，张超，等．生物熏蒸结合阳光消毒治理温室根结线虫技术 [J]. 植物保护，2010, 36 (1): 139-142.

[24] 张卓，彭德良，黄文坤，等．土壤药剂处理结合阳光消毒防治番茄根结线虫技术评价 [J]. 植物保护，2011, 37 (3): 161-164.

[25] Opperman C H, Chang S. Plant-parasitic nematode acetylcholinesterase inhibition by carbamate and organophosphate nematicides. [J]. Journal of Nematology, 1990, 22 (4): 481.

[26] 梁建根，郑经武．设施栽培中蔬菜根结线虫生物防治研究进展 [J]. 中国农学通报，2010, 26 (19): 290-293.

[27] Hague N G M, Pain B F. The effect of organophosphorus compounds and oxime carbamates on the potato cyst nematode *Heterodera rostochiensis* woll [J]. Pest Management Science, 2010, 4 (4): 459-465.

[28] Nelmes A J. Behavioral responses of *Heterodera rostochiensis* larvae to aldicarb and its sulfoxide and sulfone. [J]. Journal of Nematology, 1970, 2 (3): 223.

[29] Wright D J, Womack N. Inhibition of development of *Meloidogyne incognita* by root and foliar applications of oxamyl [J]. Annals of Applied Biology, 2010, 97 (3): 297-302.

[30] Woods S R, Ppj H, Edmunds C. Mode of action of fosthiazate used for the control of the potato cyst nematode *Globodera pallida* [J]. Annals of Applied Biology, 2010, 135 (1): 409-415.

[31] Oka Y, Shuker S, Tkachi N. Systemic nematicidal activity of fluensulfone against the root-knot nematode *Meloidogyne incognita* on pepper [J]. Pest Management Science, 2012, 68 (2): 268-275.

[32] Hao X G. Prevention and Control Measures against Root-knot Nematode [J]. Ningxia Agricultural and Forestry Technology, 2013, 54 (02): 125-126.

[33] Webster J M, Webster J M. Nematodes and biological control. [J]. Economic Nematology, 1972.

[34] 谢家廉，杨芳，黄文坤，等．近年水稻主要线虫病害的研究进展 [J]. 植物保护学报，2017,

44 (6): 940-949.

[35] Jia B K. Identification of root-knot nematodes on solanaceous vegetables and control by *Pasteurria penetrans* in Hainan Island [D]. Hainan University, 2012.

[36] Wang B, Li H M, Wang B, et al. Biological control of *Meloidogyne incognita* by combination of *Paecilomyces lilacinus* and *Actinomycetes* spp. [J]. Journal of Nanjing Agricultural University, 2009, 32 (1): 55-60.

[37] Sun Y H. Optimization of fermentation technology of *Bacillus spp*. AMCC100150 and its control effect in Root-knot nematodes of Cucumber [D]. Shandong Agricultural University, 2016.

[38] Siddiqui Z A, Iqbal A, Mahmood I. Effects of *Pseudomonas fluorescens* and fertilizers on the reproduction of *Meloidogyne incognita* and growth of tomato. [J]. Applied Soil Ecology, 2001, 16 (2): 179-185.

[39] 金娜, 刘倩, 简恒. 植物寄生线虫生物防治研究新进展 [J]. 中国生物防治学报, 2015, 31 (5): 789-800.

中国线虫学研究（第七卷），2018，7：122~127
Nematology Research in China，2018，Vol. 7：122~127

植物抗线虫基因及其作用机制研究进展*

葛逢勇**，彭德良，刘世名***
（中国农业科学院植物保护研究所/植物病虫害生物学国家重点实验室，北京　100193）

摘　要：植物寄生线虫是农业生产中常见的病原物，其中孢囊线虫和根结线虫造成的危害最为严重。目前在植物中已经克隆了一些与孢囊线虫和根结线虫抗性相关的基因，对其中部分基因作用机制的研究揭示了植物对病原物防卫反应的新机制。本文总结了植物中已克隆的与线虫抗性相关的基因，并以番茄抗根结线虫基因 *Mi* 和大豆抗孢囊线虫的两个主效基因 *rhg*1 和 *Rhg*4 为例，简要阐述了其作用机制。
关键词：植物寄生线虫；抗性基因；作用机制

Progresses in Nematode Resistant Genes and its Mechanism in Plant*

Ge Fengyong**，Peng Deliang，Liu Shiming***
(*State Key Laboratory for Biology of Plant Disease and Insect Pests*，*Institute of Plant Protection*，*Chinese Academy of Agricultural Sciences*，*Beijing* 100193，*China*)

Abstract：Plant parasitic nematode is one of the most devastating pathogens in plants. Two forms of sedentary plant parasitic nematodes，the cyst nematodes and the root-knot nematodes，cause severe economic damage to crops. A handful of nematode *R* genes have been identified in plants and novel plant resistance mechanisms to these agronomically important pests have been found simultaneously. This article concluded the identified *R* genes conferring resistance to nematode in plants and introduced its mechanism briefly according to tomato root-knot nematode resistant gene *Mi* and soybean cyst nematode resistant genes *rhg*1 and *Rhg*4.
Key words：Plant parasitic nematodes；Resistance gene；Mechanism

植物寄生线虫是农业生产中一种常见的病原物，每年给作物生产造成的经济损失高达1 570亿美元[1]，其中，两种固定性内寄生线虫孢囊线虫和根结线虫的为害最为严重[2]。为害农业生产的孢囊线虫主要包括小麦孢囊线虫、大豆孢囊线虫、水稻孢囊线虫、甜菜孢囊线虫、马铃薯孢囊线虫（马铃薯金线虫和马铃薯白线虫）等，在我国，仅小麦孢囊线虫病的发生面积就已超过6 000万亩，病田产量一般减少 20%~40%[3]。对根结线虫来说，危害农业生产的主要有南方根结线虫、北方根结线虫、爪哇根结线虫、象耳豆根结线虫、拟禾本科

* 基金项目：中国农业科学院青年英才计划；公益性行业（农业）科研专项（201503114）
** 第一作者：葛逢勇，硕士研究生；E-mail：gefylc@163.com
*** 通信作者：刘世名，研究员，从事大豆抗线虫基因研究；E-mail：smliuhn@yahoo.com

根结线虫等。根结线虫的寄主可达 2 000多种植物[4]，由根结线虫造成的蔬菜根结线虫病和水稻根线虫病在我国日益严重，给农业生产造成了重大经济损失。种植抗性品种是防治植物寄生线虫最经济有效的措施，而发掘和鉴定抗线虫基因则可为培育抗性品种提供理论基础。目前在植物中已经克隆了一些与孢囊线虫和根结线虫抗性相关的基因，而且对其中部分基因作用机制的研究揭示了植物对病原物防卫反应的新机制。因此，植物抗线虫基因的发掘和其作用机制的阐述非常值得研究，本文简要总结了植物中已克隆的抗线虫基因及其作用机制。

1 植物抗线虫基因

根据抗性基因的结构特点，植物抗病基因可分为以下五种：① 苏氨酸/丝氨酸激酶类，与细胞内蛋白质磷酸化有关；②（CC）-NBS-LRR 类，其编码的蛋白质 N 端含有卷曲的亮氨酸拉链（leucine zipper，LZ）和核酸结合位点（nucleotide-binding-site，NBS），C 端含有亮氨酸重复序列（leucine-rich repeat，LRR）；③ TIR-NBS-LRR 类，其编码的蛋白质 N 端含有 TIR 结构域和核酸结合位点，C 端含有亮氨酸重复序列；④ LRR 类，其编码的蛋白质没有明显的核酸结合位点，但有亮氨酸重复序列且 C 端有一个跨膜结构域；⑤编码的蛋白质含有一个细胞外的 LRR 结构域和一个细胞内的丝氨酸/苏氨酸激酶结构域[2]。目前在植物中克隆的抗线虫基因大都含有 NBS-LRR 结构域[5-6]。

甜菜抗甜菜孢囊线虫基因 *HS1*$^{pro\text{-}1}$是第一个被克隆出来的植物抗线虫基因，包含一个 LRR 和跨膜结构域[7]。之后，一系列与植物线虫抗性相关的基因被鉴定克隆出来，包括从茄属植物中克隆的 *Mi*-1.2[2,8]，*Mi9*[9]，*HeroA*[10-11]，*Gpa2*[12]，*Gro1-4*[13] 以及从多年生植物樱桃李中克隆的 *Ma*[14]。其中 *Mi*-1.2，*Mi9* 和 *Ma* 是抗根结线虫的基因，*HeroA*，*Gpa2*，*Gro1-4*和 *HS1*$^{pro\text{-}1}$则对孢囊线虫表现抗性。这些抗性基因所属的类型如表 1 所示。

表 1 植物中已克隆的抗线虫基因及其类型

基因	类型	植物	抗性	参考文献
Mi-1.2	（CC）-NBS-LRR	番茄	根结线虫	2，8
Mi9	（CC）-NBS-LRR	番茄	根结线虫	9
HeroA	（CC）-NBS-LRR	番茄	孢囊线虫	10，11
Gpa2	（CC）-NBS-LRR	马铃薯	根结线虫	12
Gro1-4	TIR-NBS-LRR	马铃薯	孢囊线虫	13
HS1$^{pro\text{-}1}$	LRR	甜菜	孢囊线虫	7

而在大豆中，抗线虫基因不属于以上经典抗病基因类型。大豆对大豆孢囊线虫的抗性是数量遗传性状（quantitative trait loci，QTL），大豆的两个 QTL *rhg1* 和 *Rhg4* 已被多次重复验证，是公认的两个主要的抗性 QTL，直到在这两个抗性位点克隆到基因之前，研究者一直认为这两个位点遗传图谱中的 *LRR-RLKs* 是抗性基因。然而，实验表明 *rhg1* 和 *Rhg4* 位点上的 *LRR-RLKs* 与大豆对大豆孢囊线虫的抗性无关[15]。这些发现促使研究者改善图谱，但在其中

并未发现任何经典的抗性基因。大豆基因组的研究进展打破了这一困境。全基因组的公布[16]，突变群体的开发，TILLING（Target Induced Local Lesions IN Genomes）技术的发展[17]，这些功能基因组学方法方便了候选基因的鉴定与功能验证。最终，研究者在PI88788型抗性品种中发现*rhg*1-*b*是一段有10个串联拷贝的31kb的片段，包括三个不同的与抗性有关的基因*GmSNAP*18，*AAT*，*WI*12[18]。与此同时，在Peking型抗性品种中，研究者发现*Rhg*4位点上一个编码丝氨酸羟甲基转移酶的基因*GmSHMT*08解释了对大豆孢囊线虫的抗性[19]。最近，Lakhssassi等发现位于大豆第11条染色体上的*GmSNAP*11解释了除*GmSNAP*18之外的部分抗性，含有*GmSNAP*11等位基因的植株孢囊指数降低，但实验同时表明*GmSNAP*11不能取代主效抗病基因*GmSNAP*18[20]。

2 植物抗线虫基因的作用机制

植物对根结线虫的抗性通常伴随高度敏感反应（hypersensitive response，HR），取食点周围的细胞快速坏死，线虫不能成功建立取食位点；而植物对孢囊线虫的抗性是一种滞后的敏感反应（delayed hypersensitive），孢囊线虫的二龄幼虫可以成功建立取食位点—合胞体，但之后合胞体退化或发育不正常导致线虫不能完成其生活史[21-22]。在已克隆的植物抗线虫基因中，对其作用机制研究得比较深入的包括番茄抗根结线虫基因*Mi*-1.2以及大豆抗孢囊线虫的两个主效基因*GmSNAP*18和*GmSHMT*08。

2.1 番茄抗根结线虫基因 *Mi*-1.2 的作用机制

Mi-1.2是在番茄中克隆的植物抗根结线虫基因，含有该基因的植株同时对蚜虫表现抗性，关于其对两个不同物种表现多重抗性的机制还不清楚[7-8]。该基因位于番茄第6号染色体，编码的蛋白质含有1 257个氨基酸，包括一个亮氨酸拉链（LZ），一个核酸结合位点（NBS）以及亮氨酸重复序列（LRR）。在含有*Mi*-1.2基因的植株上，线虫不能成功建立取食位点，抗性植株表现局部坏死或高度敏感反应[2]。

Mi-1.2编码的蛋白质缺少信号肽，因此可能定位在细胞质中。有研究表明，*Mi*-1.2通过LRR结构与细胞内相关分子相互作用，从而对线虫进行识别并启动细胞死亡[23]。另外，在*Mi*-1.2介导的植株抗性防卫反应中，氧化亚氮（NO）和活性氧（ROS）的含量上升。接种根结线虫12h后，H_2O_2在线虫迁移路径处累积，24h和48h后，H_2O_2在取食位点累积，与植株高度敏感反应相关[24]。有实验表明，*Mi*-1.2介导的番茄对根结线虫的抗性可能与水杨酸通路有关[25]，但详细的分子机制还有待进一步研究。

2.2 大豆抗孢囊线虫基因 *GmSNAP*18 和 *GmSHMT*08 的作用机制

大豆抗孢囊线虫的主效位点*rhg*1是一段31kb长的片段，通过拷贝数的不同来控制对大豆孢囊线虫的抗性，该片段在感病品种Williams82中只有1个拷贝，在抗病品种Peking中有3个拷贝，在抗病品种Fayette中有10个拷贝[18]。*rhg*1可以分为两种形式*rhg*1-*a*和*rhg*1-*b*，*rhg*1-*a*存在于Peking型大豆中，其抗性同时需要*Rhg*4；*rhg*1-*b*存在于PI88788型大豆中，该片段上的其中三个基因*GmSNAP*18，*AAT*，*WI*12共同解释了大豆对大豆孢囊线虫的抗性，*rhg*1-*a*和*rhg*1-*b*编码的α-SNAP蛋白在C端有五个氨基酸的不同[26]。大豆抗孢囊线虫的另一个主效位点*Rhg*4即*GmSHMT*08，编码丝氨酸羟甲基转移酶（serine hydroxymethyltransferase）[19]。

Bayless 等报道，含有 *rhg*1 基因的抗性品种在大豆孢囊线虫侵染时，α-SNAP 蛋白在合胞体内积累，而不能正常的与 NSF 蛋白结合，从而不能有效降解 SNARE 蛋白，影响了囊泡的转运及胞吐作用，合胞体坏死影响的线虫的正常取食，因而表现出对大豆孢囊线虫的抗性[27]。最近又发现 NSF 蛋白和 SNAP 蛋白存在协同进化，相比于野生型中的 NSF_{Ch07}，*rhg*1$^+$ 种质中新发现的 NSF_{RAN07}与 *rhg*1 抗型的 α-SNAP 蛋白体外结合能力更强。病原体的选择压力显然已经推动了保守 SNARE 循环机制的多个组件共同进化[28]，但其中的一些细节仍有待研究，比如关键分子参与的信号通路，以及 *rhg*1 与 *Rhg*4 如何协同作用使植株表现对大豆孢囊线虫的抗性等。

遗传图谱研究发现 PI88788 型抗性只需要 *rhg*1，然而 Peking 型抗性还需要 *Rhg*4，*Rhg*4 被证实对大豆孢囊线虫 3 号生理小种表现抗性[29]。随后发现，含低拷贝 *rhg*1 的抗性品种需要 *Rhg*4。*Rhg*4 编码的 SHMT 是一种细胞质中的酶，与抗性品种的同工型存在两个氨基酸的差异[19]。SHMT 的结构模型显示，这些多态性解释了对大豆孢囊线虫的抗性，但在叶酸和维生素 B6 的结合位点是保守的。*SHMT* 属于植物的一个多基因家族，其成员定位在细胞质，质体，线粒体和细胞核[30]。SHMT 的主要功能是促进丝氨酸和四氢呋喃向甘氨酸和 5 至 10 个甲基化的甲基四氢叶酸转化，从而为下游产物提供一碳单位，这对 DNA 合成，细胞内甲基化和植物防御十分重要。抗病和感病品种 SHMT 酶活性的不同已被证实[19]，但是这些差异如何影响叶酸的动态平衡以及如何促进抗性还不清楚。

另外，有实验表明大豆中与抗病相关的途径，如水杨酸途径，参与了大豆对大豆孢囊线虫抗性的调节。大豆孢囊线虫侵染后，若干水杨酸途径基因在抗性品种中表达上调[31]。但关于水杨酸通路具体在大豆对大豆孢囊线虫抗性机制中的发挥了什么作用还不清楚。

3 总结

植物病原线虫对全世界农业生产造成的为害日益严重，发掘和鉴定植物抗线虫基因可以为抗病品种的培育提供理论基础，进而以最经济有效的措施防治植物线虫病害。目前，在植物中已经克隆了一些对根结线虫和孢囊线虫表现抗性的基因，对其作用机制的研究加深了对植物抗病机制的了解，以这些基因为中心的代谢网络与信号转导等的研究需要结合生物化学、基因组学、蛋白组学、代谢组学及表观遗传学等，富有挑战性也非常值得探索。

参考文献

[1] Abad P，Gouzy J，Aury J M，et al. Genome sequence of the metazoan plant-parasitic nematode *Meloidogyne incognita* [J]. Nature Biotechnology，2008，26（8）：909-915.

[2] Vos，P，Simons，G，Jesse，T，et al. The tomato *Mi*-1 gene confers resistance to both root-knot nematodes and potato aphids [J]. Nature Biotechnology，1998，16（13）：1365-1369.

[3] 亓晓莉，彭德良，彭焕，等. 基于 SCAR 标记的小麦禾谷孢囊线虫快速分子检测技术 [J]. 中国农业科学，2012，45（21）：4388-4395.

[4] 冯志新. 植物线虫学 [M]. 北京：中国农业出版社. 2001.

[5] Pramod K K，Melissa G M. War of the worms：how plants fight underground attacks [J]. Current Opinion in Plant Biology，2013，16：457-463.

[6] Edwin A. G. van der Vossen1，Jeroen N. A. M. Rouppe van der Voort，Konstantin Kanyuka，et

al. Homologues of a single resistance-gene cluster in potato confer resistance to distinct pathogens: a virus and a nematode [J]. The Plant Journal, 2010, 23 (5): 567-576.

[7] Cai D, Kleine M, Kifle S, et al. Positional cloning of a gene for nematode resistance in sugar beet [J]. Science, 1997, 275 (5301): 832-834.

[8] Rossi M, Goggin F L, Milligan S B, et al. The nematode resistance gene *Mi* of tomato confers resistance against the potato aphid [J]. Proceedings of the National Academy of Sciences, 1998, 95 (17): 9750-9754.

[9] Jablonska B, Ammiraju JS, Bhattarai KK, et al. The *Mi*-9 gene from *Solanum arcanum* conferring heat-stable resistance to root-knot nematodes is a homolog of *Mi*-1 [J]. Plant Physiology, 2007, 143 (2): 1044-1054.

[10] Ernst K, Kumar A, Kriseleit D, et al. The broad-spectrum potato cyst nematode resistance gene (*Hero*) from tomato is the only member of a large gene family of NBS-LRR genes with an unusual amino acid repeat in the LRR region [J]. Plant Journal, 2010, 31 (2): 127-136.

[11] Sobczak M, Avrova A, Jupowicz J, et al. Characterization of susceptibility and resistance responses to potato cyst nematode (*Globodera* spp.) infection of tomato lines in the absence and presence of the broad-spectrum nematode resistance *Hero* gene [J]. Molecular Plant-Microbe Interactions, 2005, 18 (2): 158-168.

[12] Der V J V, Kanyuka K, Der V E V, et al. Tight physical linkage of the nematode resistance gene *Gpa*2 and the virus resistance gene *Rx* on a single segment introgressed from the wild species *Solanum tuberosum* subsp. *andigena* CPC 1673 into cultivated potato [J]. Molecular Plant-Microbe Interactions, 1999, 12 (3): 197-206.

[13] Paal J, Henselewski H, Muth J, et al. Molecular cloning of the potato *Gro*1-4 gene conferring resistance to pathotype Ro1 of the root cyst nematode *Globodera rostochiensis*, based on a candidate gene approach [J]. Plant Journal, 2010, 38 (2): 285-297.

[14] Claverie M, Dirlewanger E, Bosselut N, et al. The *Ma* gene for complete-spectrum resistance to *Meloidogyne* species in *Prunus* is a TNL with a huge repeated C-terminal post-LRR region [J]. Plant Physiology, 2011, 156 (2): 779-792.

[15] Liu X H, Liu S M, Jamai A, et al. Soybean cyst nematode resistance in soybean is independent of the *Rhg*4 locus *LRR-RLK* gene [J]. Functional and Integrative Genomics, 2011, 11 (4): 539-549.

[16] Schmutz J, Cannon S B, Schlueter J, et al. Genome sequence of the palaeopolyploid soybean [J]. Nature, 2010, 463 (7278): 178-183.

[17] Cooper J L, Till B J, Laport R G, et al. TILLING to detect induced mutations in soybean [J]. BMC Plant Biology, 2008, 8 (1): 9.

[18] Cook D E, Lee T G, Guo X, et al. Copy number variation of multiple genes at *rhg*1 mediates nematode resistance in soybean [J]. Science, 2012, 338 (6111): 1206-1209.

[19] Liu S, Kandoth P K, Warren S D, et al. A soybean cyst nematode resistance gene points to a new mechanism of plant resistance to pathogens [J]. Nature, 2012, 492: 256-260.

[20] Lakhssassi N, Liu S, Bekal S, et al. Characterization of the soluble NSF attachment protein gene family identifies two members involved in additive resistance to a plant pathogen [J]. Scientific Reports, 2017, 7: 45226.

[21] Grymaszewska G, Golinowski W. Structure of syncytia induced by *Heterodera schachtii* Schmidt in roots of susceptible and resistant radish (*Raphanus sativus* L. var. *oleiformis*) [J]. Acta Societatis

Botanicorum Poloniae, 1998, 67 (3-4): 207-216.

[22] Holtmann B, Kleine M, Grundler F M W. Ultrastructure and anatomy of nematode-induced syncytia in roots of susceptible and resistant sugar beet [J]. Protoplasma, 2000, 211 (1-2): 39-50.

[23] Hwang C F, Williamson V M. Leucine-rich repeat-mediated intramolecular interactions in nematode recognition and cell death signaling by the tomato resistance protein Mi [J]. Plant Journal, 2010, 34 (5): 585-593.

[24] Melillo M T, Leonetti P, Bongiovanni M, et al. Modulation of reactive oxygen species activities and H_2O_2 accumulation during compatible and incompatible tomato-root-knot nematode interactions [J]. New Phytologist, 2010, 170 (3): 501-512.

[25] Milligan SB, Bodeau J, Yaghoobi J, et al. The root knot nematode resistance gene *Mi* from tomato is a member of the leucine zipper, nucleotide binding, leucine-rich repeat family of plant genes [J]. The Plant Cell, 1998, 10 (8): 1307-1319.

[26] Liu S, Kandoth P K, Lakhssassi N, et al. The soybean *GmSNAP*18 gene underlies two types of resistance to soybean cyst nematode [J]. Nature Communications, 2017, 8: 14822.

[27] Bayless A M, Smith J M, Song J, et al. Disease resistance through impairment of α-SNAP - NSF interaction and vesicular trafficking by soybean *Rhg*1 [J]. Proceedings of the National Academy of Sciences, 2016, 113 (47): E7375-E7382.

[28] Bayless A M, Zapotocny R W, Grunwald D J, et al. An atypical N-ethylmaleimide sensitive factor enables the viability of nematode-resistant *Rhg*1 soybeans [J]. Proceedings of the National Academy of Sciences, 2018, doi: 10. 1073/pnas. 1717070115.

[29] Concibido V C, Diers B W, Arelli P R. A decade of QTL mapping for cyst nematode resistance in soybean [J]. Crop Science, 2004, 44 (4): 1121-1131.

[30] Zhang Y, Sun K, Sandoval F J. One-carbon metabolism in plants: Characterization of a plastid serine hydroxymethyltransferase [J]. The Biochemical Journal, 2010, 430 (1): 97-105.

[31] Mazarei M, Liu W, Al-Ahmad H, et al. Gene expression profiling of resistant and susceptible soybean lines infected with soybean cyst nematode [J]. Theoretical and Applied Genetics, 2011, 123 (7): 1193-1206.

中国线虫学研究（第七卷），2018，7：128～133
Nematology Research in China，2018，Vol. 7：128～133

食细菌线虫对细菌多样性和土壤生态功能影响的研究进展*

潘凤娟**，王从丽***
（中国科学院东北地理与农业生态研究所/中国科学院黑土区农业生态重点实验室，哈尔滨 150081）

摘 要：食细菌线虫是土壤线虫主要的营养类群之一，其数量丰富、种类多样。细菌是土壤中最丰富的微生物，食细菌线虫与细菌通过捕食关系构成的食物链或微食物网是土壤食物网中重要的一部分，对土壤的物质循环和能量流动起关键的作用。文章概述了食细菌线虫捕食对土壤细菌和功能类群细菌丰度、活性及群落结构的影响，阐述了食细菌线虫与细菌互作对土壤功能的影响，并进一步阐述了食细菌线虫影响土壤细菌群落结构和活性的机理，为揭示土壤生物互作对土壤生态过程的影响机制及维护土壤生态系统功能稳定提供理论依据。
关键词：食细菌线虫；土壤细菌；功能类群细菌；微食物网；群落结构

Research Progress on Effects of Bacterivores on Bacterial Diversity and Soil Ecological Function*

Pan Fengjuan**，Wang Congli***
（*Key Laboratory of Mollisols Agroecology*，*Northeast Institute of Geography and Agroecology*，*Chinese Academy of Sciences*，*Harbin* 150081，*China*）

Abstract：Bacterivores are the major trophic group of soil nematodes，and they are abundant and diverse in soil. Bacteria are the most abundant microbes in soil. The food chains or microbial food webs between bacterivores and bacteria，the relationship between prey and predator，are the most important parts of soil food webs，and have key contributions to organic matter cycle and energy flow. In this review，the influence of bacteriovres on abundance，activity and community structure of soil microbes and bacterial functional groups were described. The effect of interaction between bacterivores and bacteria on soil function was also reviewed. Finally，the mechanisms of bacterivores affecting bacterial community structure and activity were summarized. This review will benefit for discovering the functions and mechanisms of soil ecological process regulated by the interaction of soil biology，and can also provide useful information for maintaining the stability of soil ecological system.
Key words：Bacterivores；Soil bacteria；Community structure；Microbial food web

---

* 基金项目：中国科学院百人计划项目
** 第一作者：潘凤娟，副研究员，从事土壤线虫多样性、土壤线虫-微生物食物网功能研究；E-mail：panfj@ iga. ac. cn
*** 通信作者：王从丽，研究员，从事植物寄生线虫的基础研究；E-mail：wangcongli@ iga. ac. cn

食细菌线虫是土壤中最丰富的自由生活线虫，是土壤线虫优势营养类群之一，在土壤的生态过程中起重要的作用。食细菌线虫除了自身排泄物、分泌物和线虫尸体分解参与土壤的物质循环外，还可通过捕食细菌与细菌构成食物链或微食物网，通过调控细菌的群落结构、丰度和活性等影响土壤的物质循环和能量流动，进而影响土壤的生态功能[1-2]。土壤细菌是最丰富的土壤微生物，其丰度占土壤微生物总量的70%~90%[3]。食细菌线虫与细菌构成的食物链是土壤微食物网中最重要的一部分。随着人们对土壤线虫多样性和生态功能重要性的认识，土壤线虫在土壤食物网中的作用也越来越受关注，尤其食细菌线虫与细菌之间的食物链或微食物网研究。近年来对食细菌线虫与土壤细菌关系的研究已深入到具体的功能细菌类群。本文概述了食细菌线虫对土壤细菌、功能类群细菌的群落结构和功能的影响及机制，并展望了今后的研究趋势。

1 食细菌线虫对土壤细菌多样性影响

1.1 食细菌线虫对土壤细菌群落结构的影响

食细菌线虫是重要的食微动物，占土壤线虫总数的50%~80%，在微生物活性强的区域可达90%以上[4]。食细菌线虫与细菌构成的食物链或微食物网是土壤能量流动的重要纽带[5]。从20世纪90年代食细菌线虫与细菌的微食物网关系已得到关注，研究普遍认为食细菌线虫可以提高细菌数量[1,6]，改变细菌群落结构和活性[7-8]。近期，Jiang等[9]研究发现红壤长期施肥条件下食细菌线虫提高了土壤细菌多样性，食细菌线虫的丰度与细菌生物量呈正相关。研究发现黑土不同肥力恢复措施食细菌线虫与细菌微食物网关系时也发现食细菌线虫与土壤细菌生物量呈正相关[10]。也有相反报道，即食细菌线虫对细菌数量和活性产生抑制作用或无影响[11]。产生分歧的原因可能与供试线虫种类及捕食强度、微生物类群和土壤类型等因素有关。

1.2 食细菌线虫对功能类群细菌群落结构的影响

近年来研究发现，红壤土壤线虫与氨氧化菌 *Nitrososphaera* 具有相关性[12]，食细菌线虫对氨氧化细菌的丰度具有促进作用[13-14]，可使氨氧化细菌数量增加1.1倍[15]。另外对产IAA的功能细菌类群也有一些相关研究，如食细菌线虫取食产IAA的细菌后，可提高细菌丰度和活性[16-17]。Jiang等[18]开展了食细菌线虫对解磷菌影响的研究，发现红壤不同团聚体中，食细菌线虫与产碱性磷酸单酯酶细菌主要呈正相关性，盆栽模拟试验显示原杆属线虫对产碱性磷酸单酯酶细菌丰度和活性具有显著影响。综上所述，食细菌线虫影响土壤细菌的丰度和群落结构，但对功能菌类群影响的研究还较匮乏。

2 食细菌线虫与细菌互作对土壤生态功能的影响

国内外已有大量文献阐述食细菌线虫和细菌在土壤食物网和生态系统功能中发挥重要作用，如对土壤碳、氮和磷矿化的影响[19-20]。食细菌线虫与细菌互作甚至对团聚体水平土壤碳库存和周转也起重要的作用[18]。氮是土壤中重要的营养元素之一，食细菌线虫在土壤食物网中属于第二级营养类群的捕食者，对N循环具有重要的贡献[21]。尽管也有负面的影响[22]，但食细菌线虫通过调控土壤细菌提高土壤矿质N和微生物量N，促进土壤N矿化的作用已被大量证实和肯定[1,23-24]。近年来又对食细菌线虫与细菌互作影响细菌功能和土壤养分矿化的机制做了进一步研究，主要集中在食细菌线虫对功能菌影响的研究，如肖海峰等[13]发现土壤中如果接种食细菌线虫后，可改变土壤中氨氧化细菌的群落组成，使土壤中NH_4^+-N和NO_3^--N的浓度增加。孔令雅等[25]研究发现食细菌线虫提高土壤微生物生物量碳、氮含量的同时，极显著提高了土壤微生物脲酶和酸性磷酸酶活性，进而增加土壤速效磷和碱解氮含量。食细菌线虫还可促进植物促生菌（产IAA细菌）的数量及活性，增加土壤中IAA的含量，同时提高细菌的解磷能力，使土壤中有效磷含量增加[17]。成艳红[26]研究发现食细菌线虫虽没有增加产IAA细菌的数量，但也促进了细菌的活性及其分泌IAA的能力。Jiang等[9]在红壤研究发现，土壤团聚体水平食细菌线虫可提高产碱性磷酸单酯酶细菌的丰度和碱性磷酸单酯酶活性。综上所述，食细菌线虫通过调控细菌的丰度、活性和群落结构进而影响其相关的土壤生态功能。

3 食细菌线虫对土壤细菌群落结构和活性的影响机理

食细菌线虫影响土壤细菌群落结构和活性的机理有多种，目前已经明确的有取食选择性和密度调节效应，同时还有被广泛引证但未被直接证实的线虫分泌物/排泄物及线虫肠道作用的机制。

3.1 选择性取食

选择性取食是动物普遍存在的现象，食细菌线虫的选择性取食与细菌的大小和含水量有一定的相关性，食细菌线虫偏好取食体积比较小及含水量比较高的细菌。有研究发现食细菌线虫对细菌的选择取食还与细菌的诱引和防御策略有关[27]。闫小梅[28]通过对细菌的脂肪酸和挥发性代谢产物的测定发现食细菌线虫偏好取食的细菌其代谢产物在组成上比较接近。Lee等[29]研究发现线虫的取食选择性与细菌分泌物有关，秀丽隐杆线虫向吲哚和产生吲哚的细菌移动。相对于G^+细菌，食细菌线虫偏好取食G^-细菌[30]。线虫的选择性取食影响自身繁殖能力，如Djigal等[7]通过悉生培养试验发现食细菌线虫（*Zeldia punctata*）取食不同的4种细菌后其繁殖能力存在差异。选择性取食不仅对线虫自身的生长发育产生影响，也是影响细菌群落结构的一个重要因素[9]。

3.2 密度调节效应

Carpenter等[31]提出的营养动态假说，即中等强度的取食可以最大程度的刺激被取食者的生长，过低或过高的取食密度对被捕食者的刺激强度不够或过度取食而降低被捕食者的数量。毛小芳等[32]研究发现不同浓度秀丽隐杆线虫造成的不同取食压力影响枯草芽胞杆菌的数量变化。土壤中接种食细菌线虫使氨氧化细菌数量增加，但高密度接种条件下增加不显著[33]。Fu等[34]也指出食细菌线虫数量与其取食的微生物数量之间的比率决定着微生物数量是否增加。肖海峰等[13]研究发现食细菌线虫接种密度处于中间大小时对氨氧化细菌数量有更好的促进作用。

3.3 食细菌线虫分泌物和肠道作用

以往研究认为食细菌线虫促进细菌数量和活性的机理还可能包括以下两个方面[6,35-36]：线虫取食过程中的分泌物及排泄物含有的某些物质可以为细菌提供营养或刺激细菌生长；线虫能够改变微生物的某些生理特性，主要表现在取食的细菌经过线虫肠道后大部分仍保持活性，并能经过肠道的作用而使其活性得到增强。Anderson等[34]发现食细菌线虫分泌大量的氨基酸，细菌可以在线虫爬过的轨迹上迅速的定殖和生长。Moens 等[37]和 Riemann 等[38]研究发现许多生活在水体中的线虫能分泌粘液促进细菌的生长。近期的研究结果也认为食细菌线虫对普通细菌及功能类群细菌氨氧化细菌和产 IAA 细菌的促进作用也可能包括这两方面的原因（毛小芳等，2005；闫小梅，2016；姜瑛等，2016）。Rønn 等[39]研究证明 G^+细菌被原生动物取食后大部分会被排除体外并保持活性，但目前还没有直接的研究证明食细菌线虫肠道作用对细菌生长的影响。

4　展望

食细菌线虫是土壤线虫的优势营养类群，是土壤细菌的主要捕食者，与细菌构成的食物链或微食物网在土壤的物质循环和能量流动中起关键的作用。食细菌线虫通过调控土壤细菌的丰富、活性和群落组成而影响相关的土壤生态过程。为更深入的了解土壤生物互作对土壤生态过程和系统功能的影响，除加强线虫与微生物的互作研究，还应深入的研究线虫与功能类群微生物的互作及机制，对解析土壤生态过程、保护和改善土壤的生态功能具有重要的理论价值。因此，今后应该加强关注食细菌线虫与功能类群细菌的食物网关系及影响因素研究；食细菌线虫影响功能类群细菌群落结构、丰度和活性的机理研究。

参考文献

[1] Ingham E R, Trofymore J A, Ingham E R, et al. Interactions of bacteria, fungi, and their nematode grazers: effects on nutrient cycling and plant growth [J]. Ecological Monographs, 1985, 55: 119-140.

[2] 吴纪华，宋慈玉，陈家宽．食微线虫对植物生长及土壤养分循环的影响 [J]．生物多样性，2007，15：124-133.

[3] 魏功峰．土壤中的微生物 [J]．生物学通报，1995，30（2）：5.

[4] 李云乐，乔玉辉，孙振钧，等．不同土壤培肥措施下农田有机物分解的生态过程 [J]．生态学报，2006，26：1933-1939.

[5] Kudrin A A, Tsurikov S M, Tiunov A V. Trophic position of microbivorous and predatory soil nematodes in a boreal forest as indicated by stable isotope analysis [J]. Soil Biology & Biochemistry, 2015, 86: 193-200.

[6] 胡锋，李辉信，谢涟琪，等．土壤食细菌线虫与细菌的相互作用及其对 N、P 矿化生物固定的影响及机理 [J]．生态学报，1999，19：914-920.

[7] Djigal D, Brauman A, Diop T A, et al. Influence of bacterial-feeding nematodes (cephalobidae) on soil microbial communities during maize growth [J]. Soil Biology & Biochemistry, 2004, 36: 323-331.

[8] Xiao H F, Li G, Li D M, et al. Effect of different bacterial-feeding nematode species on soil bacterial numbers, activity, and community composition [J]. Pedosphere, 2014, 24: 116-124.

[9] Jiang Y, Liu M, Zhang J, et al. Nematode grazing promotes bacterial community dynamics in soil at the aggregate level [J]. Isme Journal, 2017, 11: 2705-2717.

[10] Li N, Pan F J, Han X Z, et al. Development of soil food web of microbes and nematodes under different agricultural practices during the early stage of pedogenesis of a mollisol [J]. Soil Biology & Biochemistry, 2016, 98: 208-216.

[11] Ackermann M, Prill P, Ruess L. Disentangling nematode-bacteria interactions using a modular soil model system and biochemical markers [J]. Nematology, 2016, 18: 403-415.

[12] Jiang Y, Sun B, Li H, et al. Aggregate-related changes in network patterns of nematodes and ammonia oxidizers in an acidic soil [J]. Soil Biology & Biochemistry, 2015, 88: 101-109.

[13] 肖海峰，李大明，陈小云，等. CARD-FISH 研究食细菌线虫对氨氧化细菌（AOB）数量的影响 [J]. 生态学报，2010a，30：5413-5421.

[14] Jiang Y, Jin C, Sun B. Soil aggregate stratification of nematodes and ammonia oxidizers affects nitrification in an acid soil [J]. Environmental Microbiology, 2014, 16: 3083-3094.

[15] 林江辉. 接种食细菌线虫对红壤氮素矿化、硝化作用及生物固定的影响 [D]. 南京：南京农业大学，2004：18.

[16] Cheng Y, Jiang Y, Wu Y, et al. Soil nitrogen status modifies rice root response to nematode-bacteria interactions in the rhizosphere [J]. Plos One, 2016, 11, e0148021.

[17] 姜瑛，吴越，徐莉，等. 悉生培养微缩体系食细菌线虫提高土壤激素含量的机制 [J]. 生态学报，2016，36：2528-2536.

[18] Jiang Y, Qian H, Wang X, et al. Nematodes and microbial community affect the sizes and turnover rates of organic carbon pools in soil aggregates [J]. Soil Biology & Biochemistry, 2018, 119: 22-31.

[19] Zhang X, Guan P, Wang Y, et al. Community composition, diversity and metabolic footprints of soil nematodes in differently-aged temperate forests [J]. Soil Biology & Biochemistry, 2015, 80: 118-126.

[20] Shao Y, Wang X, Zhao J, et al. Subordinate plants sustain the complexity and stability of soil micro - food webs in natural bamboo forest ecosystems [J]. Journal of Applied Ecology, 2016, 53: 130-139.

[21] Shaw E, Adams B, Barrett J, et al. Stable C and N isotope ratios reveal soil food web structure and identify the nematode Eudorylaimus antarcticus as an omnivore-predator in Taylor Valley [J]. Antarctica, 2018, DOI 10. 1007/s00300-017-2243-8.

[22] Bardgett R D, Wardle D A, Yeates G W. Linking above-ground and below-ground interactions: how plant responses to foliar herbivory influence soil organisms [J]. Soil Biology & Biochemistry, 1998, 30: 1867-1878.

[23] 陈小云，李辉信，胡锋，等. 食细菌线虫对土壤微生物量和微生物群落结构的影响 [J]. 生态学报，2004，24：2825-2831.

[24] 李贺勤，张林林，刘奇志，等. 接种食细菌线虫对连作草莓幼苗生长及其根际土壤酶活性和矿质氮含量影响的研究 [J]. 中国生物防治学报，2014，30：355-360.

[25] 孔令雅，李根，李引，等. 接种蚯蚓和食细菌线虫对红壤性状及花生产量的影响 [J]. 土壤，2013，45：306-312.

[26] 成艳红，陈小云，刘满强，等. 土壤食细菌线虫对拟南芥根系生长的影响及机理 [J]. 生态学报，2011，31：6727-6733.

[27] Anderson R V, Gould W D, Woods L E, et al. Organic and Inorganic Nitrogenous Losses by Microbivorous Nematodes in Soil [J]. Oikos, 1983, 40: 75-80.

[28] 闫小梅，虞丽，李根，等. 两种土著食细菌线虫对五种细菌的取食偏好及相关机制 [J]. 土壤，2016，48：82-87.

[29] Lee J, Kim Y, Kim M, et al. Indole-associated predator-prey interactions between the nematode Caenorhabditis elegans and bacteria [J]. Environmental Microbiology, 2017, 19: 1776-1790.

[30] 肖海峰，焦加国，胡锋，等. 食细菌线虫 *Caenorhabditis elegans* 的取食偏好性 [J]. 生态学报，2010b，30：7101-7105.

[31] Carpenter S, Kitchell J, Hodgson J. Cascading trophic interactions and lake productivity [J].

BioScience，1985，35：634-639.

[32] 毛小芳，李辉信，龙梅，等．不同食细菌线虫取食密度下线虫对细菌数量、活性及土壤氮素矿化的影响 [J]. 应用生态学报，2005，16：1112-1116.

[33] 刘雅．土壤食细菌线虫对红壤硝化作用的影响 [D]. 南京：南京农业大学，2008：34-35.

[34] Fu S，Ferris H，Brown D，et al. Does the positive feedback effect of nematodes on the biomass and activity of their bacteria prey vary with nematode species and population size? [J]. Soil Biology & Biochemistry，2005，37：1979-1987.

[35] Christensen S，Griffiths B S，Ekelund F et al. Huge increase in bacterivores on freshly killed barley roots. FEMS Microbiology Ecology. 1992，9：303-309.

[36] Mamilov A S，Byzov B A，Zvyagintsev D G，et al. Predation on fungal and bacterial biomass in a soddy-podzolic soil amended with starch，wheat straw and alfalfa meal [J]. Applied Soil Ecology，2001，16：131-139.

[37] Moens T，Santos G D，Thompson F，et al. Do nematode mucus secretions affect bacterial growth? [J]. Aquatic Microbial Ecology，2005，40：77-83.

[38] Riemann F，Helmke E. Symbiotic relations of sediment agglutinating nematodes and bacteria in detrital habitats the enzyme sharing concept [J]. Marine Ecology，2002，23：93-113.

[39] Rønn R，Mc Caig A E，Griffiths B S，et al. Impact of protozoan grazing on bacterial commnunity structure in soil microcosms [J]. Applied and Environmental microbiology，2002，68：6094-6105.

中国线虫学研究（第七卷），2018，7：134~141
Nematology Research in China，2018，Vol.7：134~141

大豆抗根结线虫的分子遗传标记研究进展*

王从丽**，李春杰
（中国科学院东北地理与农业生态研究所/中国科学院黑土区农业生态重点实验室，哈尔滨 150081）

摘 要：根结线虫是大豆上的主要病原之一，能够导致严重的经济损失。常见的4种根结线虫（南方根结线虫、北方根结线虫、爪哇根结线虫和花生根结线虫）都能侵染大豆。寄主抗性是最经济有效的防治方法，而利用分子遗传标记是加速培育多抗品种的重要策略，因此本综述详细介绍了目前大豆根结线虫的分子遗传标记研究进展。
关键词：大豆；根结线虫；分子遗传标记

Research Advance of Molecular Genetic Mapping of Soybean Root-knot Nematode Resistance*

Wang Congli**，Li Chunjie
（*Key Laboratory of Mollisols Agroecology*，*Northeast Institute of Geography and Agroecology*，*Chinese Academy of Sciences*，*Harbin* 150081，*China*）

Abstract：Root-knot nematodes（*Meloidogyne* spp.）are very important soil-born pathogens and cause important economic loss on soybean. Soybean is a good host for all four common root-knot nematodes（*M. incognita*，*M. hapla*，*M. javanica* and *M. hapla*）. Host-plant resistance is an effective way to control nematodes. Utilizing molecular markers linked to resistance genes are an important strategy to expedite multiple resistance breeding. Therefore，research advance about molecular genetic mapping of soybean root-knot resistance were reviewed.
Key words：Soybean；Root-knot nematodes；Molecular genetic mapping

大豆（*Glycine max* L. Merril）是富含高蛋白和高油份全球重要的油料经济作物。根结线虫（*Meloidogyne* spp.）是导致作物为害最严重的一种土传植物寄生线虫，能够侵染超过2 000多种植物，包括大豆[1]。目前，鉴定的根结线虫属超过90种[2]，其中常见的4种根结线虫，南方根结线虫（*M. incognita*）、爪哇根结线虫（*M. javanica*）、花生根结线虫（*M. arenaria*）和北方根结线虫（*M. hapla*）都能够寄生大豆[3-6]。这些病害的发生具有地域特色，例如南方根结线虫主要发生在热带或者温带地区，在美国、巴西和南非的主要大豆产区南方根结线虫是主要的病害之一[7-13]；爪哇和花生根结线虫主要发生在美国的南部、巴西的部分地区和南非地区[14-17]。我国的中部黄淮海大豆产区报道南方根结线虫1号和花生根

* 基金项目：国家自然科学基金（31772139）；黑龙江省自然科学重点基金（ZD2017006）；中国科学院百人计划项目
** 第一作者和通信作者：王从丽，研究员，从事植物寄生线虫的基础研究；E-mail：wangcongli@iga.ac.cn

结线虫 2 号小种为当地的优势小种[18-19]，北方根结线虫也有发生；我国的福建省报道大豆田有南方、爪哇和花生花生根结线虫，但花生根结线虫 2 号是大豆上的优势种[20]。

根据不同鉴别寄主对根结线虫的反应，南方根结线虫分为 4 个生理小种，花生根结线虫分为 2 个生理小种[21]。线虫在寄生寄主的过程中，线虫与寄主之间建立并维持着一种亲密的关系。在土壤中，侵染性二龄幼虫能够依靠寄主或者根部微生物释放的信号寻找寄主到达寄主根尖部位，然后利用口针刺透植物进入维管束组织，通过分泌化合物修饰植物细胞，形成的巨细胞（giant cell）作为线虫食物来源而维持线虫的发育。线虫经过三次蜕皮形成梨形雌虫，雌虫产卵在体外形成的胶质卵块内[22]。常用的线虫防治方法是化学杀线剂、作物轮作、生物防治和抗性育种等，但是高效的化学杀线剂对人畜高毒和对环境有害而被禁止使用或者废除；作物轮作由于有限的土地及广寄主的根结线虫使得轮作品种有限而在生产中受到应用限制；生物防治大田防效不稳定；而寄主植物抗性是最经济有效的线虫防治方法，但是抗性资源有限，温室或者田间表型筛选不仅费时费力，而且需要严格的温度和光照条件，这些是筛选抗性品种的一个制约因素。

基于 DNA 标记的分子辅助育种与传统的植物育种相比能够降低表型筛选并加速分子育种进程，因此具有更加有效、可靠及成本低等多项优点[23]。常用的主要分子标记包括随机扩增多态性 DNA（random amplified polymorphic DNA，RAPD）、限制性片段长度多态性（restriction fragment length polymorphism，RFLP）、扩增片段长度多态性（amplified fragment length polymorphism，AFLP）、微卫星（microsatellites）或者简单序列重复（simple sequence repeats，SSR）以及单核苷酸多态性（single nucleotide polymorphism，SNP）。DNA 分子标记可被用于构建植物的遗传图谱，而图谱能够被用于鉴定和定位由单基因或者多基因控制的农艺性状到染色体部位。多基因控制的数量遗传（Quantitative trait loci，QTL）标记法是目前研究遗传和基因互作的重要方法[24-27]。相比大豆孢囊线虫的遗传抗性研究，大豆根结线虫的遗传抗性研究比较少，因此本研究对大豆根结线虫病的抗性资源筛选及其分子遗传标记进行了综述并对其存在的问题进行了探讨和展望。

1 大豆抗根结线虫的抗性资源筛选

目前报道的大豆抗性资源筛选主要在美国、南非、巴西、中国等国家。Luzzi 等[7]筛选了 2 370份大豆种质资源对南方和花生根结线虫的抗性，发现大豆 PI 96354 和 PI 200538 分别对南方根结线虫和花生根结线虫具有高抗性。Hussey 等（1991）评价了 139 份大豆品种对南方和花生根结线虫的抗性，其中 39 份品种上的虫瘿指数≤1.5，但没有发现 PI 96354 和 PI 200538 更抗的品种。Harris 等[28]筛选了来自中国南方 608 份大豆种质资源对南方和花生根结线虫的抗性反应，分别鉴定了 7 份种质资源抗南方和花生根结线虫，但没有比 PI 96354和 PI 200538 更抗的品种；其中南方根结线虫在大豆 PI 594753A 和 PI 594775A 上的虫瘿指数和 PI 96354 没有差异，但在 PI 594753A 和 PI 594775A 上的卵繁殖数量与在感病对照品种上的卵数量一样，说明抗虫瘿和抗卵繁殖数量是不一致的，由不同的基因控制；花生根结线虫侵染 PI 594427C 和 PI 594403 所产生的虫瘿指数高于抗性对照 PI 200538，但在 PI 594427C产生的卵量和在 PI 200538 上一样，在 PI 594403 产生的卵量低于 PI 200538，说明控制花生根结线虫的虫瘿指数和卵量同样由多基因控制的。随后通过对 PI 200538 与

PI 594427C、PI 594651B 和 PI 594403 分别杂交形成的群体进行花生根结线虫的表型和遗传分析，结果表明这些品种的抗性基因是不同的，具有累加效应[5]。Lee 等[29]根据虫瘿指数评价了 120 份抗大豆孢囊线虫的种质资源对南方根结线虫的抗性，鉴定了 69 份抗或者中抗根结线虫的种质资源。

南非在 20 世纪 90 年代开展了大豆种质资源对根结线虫反应的研究[30-32]，筛选了对南方根结线虫 1 号、2 号和 4 号及爪哇根结线虫的抗性品种，鉴定出大豆品种 LS 5995 对南方根结线虫 2 号小种的抗性高于 PI 96354，同时也发现抗虫瘿和抗卵繁殖不总是一致的。Li 等[6]筛选了我国黑龙江省主要大豆商业品种、抗大豆孢囊线虫的品种及其他种质资源共 21 份对南方和北方根结线虫的反应，结果表明南方根结线虫和北方根结线虫分别在 11 份和 8 份品种上产生的虫瘿指数低于 3，而分别在 13 份和 3 份品种上的卵繁殖系数≤1，一些品种产生大的虫瘿但卵繁殖系数很低，反之一些品种产生小的虫瘿但卵繁殖系数很高，这种现象在南方根结线虫上更为普遍，说明虫瘿指数和卵繁殖由不同基因控制的；该结果也说明了东北的大豆更感北方根结线虫，而北方根结线虫比较适应冷带地区[33]，目前在辽宁省的蔬菜保护地已发现北方根结线虫[34]，而东北是大豆的主要产地，因此在东北地区培育抗北方根结线虫品种尤其重要。

2 大豆抗 *M. incognita* 的分子遗传标记研究进展

大豆上报道最多的根结线虫是南方根结线虫，因此目前对南方根结线虫的标记研究相对较多（表 1）。Tamulonis 等[9]首次利用 RFLP 分子标记鉴定了 PI 96354 抗性品种有两个 QTLs 与控制虫瘿的抗性基因连接在一起，其中 1 个主效 QTL 定位在 10 号染色体上，另外一个微效 QTL 定位在 18 号染色体上，随后在 10 号染色体上的主效 QTL 被验证和精细定位[35-38]，并且发现了 4 个和细胞壁相关的基因也在这个区域[39]。Jiao 等[40]定位标记了大豆孢囊线虫抗性资源 PI 567516C 对南方根结线虫的抗性，发现了 3 个 QTLs 与抗性相关，其中包括在 10 号染色体的主效 QTL 及 13 和 17 号染色体上的 QTLs。在大豆 PI 438489B 中，和线虫抗性基因关联的 10 号染色体区域包含两个基因，分别编码果胶甲酯酶抑制剂（PMEI）和 PMEI-PME[27]。Shearin 等[41]引入育种系 G93-9009 抗根结线虫基因到栽培种中，通过对形成的群体的遗传和分子分析鉴定了一个调控卵繁殖的 QTL 与调控大豆茸毛色的基因连锁在一起；G93-9009 和 PI 96354 对南方根结线虫都表现高抗。Passianotto 等[13]利用全基因组关联研究（GWAS）筛选了 188 个大豆种质和 5 个栽培种对南方根结线虫的反应，从 57 份高抗 *M. incognita* 虫瘿的大豆品种中证实了 48 份包含 10 号染色体的抗性区域，而其他 9 份高抗品种不包含这个位点，说明 10 号染色体对大豆抗虫瘿起着重要的作用，但不是唯一的控制虫瘿的主效抗性基因。

Fourie 等[32]通过对抗线大豆 LS 5995 与感病亲本形成的群体遗传分析和对 *M. incognita* 2 号小种的表型筛选，发现定位在 10 号染色体上 QTL 是微效的，并且首次筛选出一个控制卵繁殖的主效 QTL 并定位到 7 号染色体上两个分子标记 Satt201 和 Satt567 之间。我们近期的研究发现一个控制开花期早熟的大豆育种系 Tokei 780（TK780）对 *M. incognita* 1 号小种具有抗性，而晚熟的野生大豆 Hidaka 4（H4）对线虫高感，通过对两者形成的重组自交群体进行遗传和分子分析，验证了控制虫瘿的主效 QTL 定位在 10 号染色体的（表），和前面报道的区域一致，在分子标记 Sat_ 196 and Sat_ 321 之间；另外一个主效 QTL 定位在 18 号染色体上，但位点与前面报道 18 号染色体的 QTL 区域不一致；同时定位了一个微效 QTL 到 20 号染色体上[36]。我们首次对控制线虫卵块数量（Egg Masses per gram root，EM）进行了分子标记，定位了分别在 7 号和 20 号染色体上的两个主效 QTLs，在 1 号、8 号和 14 号染色体上的 3 个微效 QTLs；同时标记了 3 个主效 QTLs 控制抗线虫的卵数量（Eggs per gram root，EGR）位于 7 号（连锁分子标记 Sat_ 389）、14 号和 20 号染色体（表），分子数据清晰证明了大豆对南方根结线虫虫瘿、卵块和卵数量抗性不仅是由多基因调控的，并且控制虫瘿和卵繁殖的抗性基因也是不同的[36]。大多数情况下控制虫瘿指数和卵繁殖是同一基因[42]，但在其他作物中利用 QTL 分析已证实了不同基因控制根结线虫虫瘿指数和卵繁殖，例如棉花[43-45]和马铃薯[46]。在抗线虫大豆 LS 5995 和 TK 780 中，虽然控制卵数量的 QTL 同样被标记在 7 号染色体上，但根据所定位的分子标记，两者是在染色体的不同位置，说明抗不同生理小种的特异性调控。小种特异性多基因抗性调控在植物病原互作反应中并不常见，这和刚刚报道的棉花-枯萎病（土传病害）互作系统中对棉花枯萎病 1 号和 4 号小种是由不同多基因控制的结果相似[44]。

3 大豆抗 *M. hapla* 的分子遗传标记研究进展

我们利用遗传抗性标记 *M. incognita* 的重组自交群体 TK780 x H4，首次对 *M. hapla* 进行了遗传抗性分析，大豆 TK780 抗 *M. hapla*，而大豆 H4 对 *M. hapla* 表现高感，结果鉴定了一个主效 QTL 同时控制虫瘿、卵块和卵数量，并定位到 7 号染色体上（表），和抗 *M. incognita* 卵繁殖在同一区域，但这一区域不抗 *M. incognita* 的虫瘿指数，说明大豆对南方和北方根结线虫的抗性机制是有差异的[36]。主效基因同时控制虫瘿和卵繁殖也证实了北方根结线虫在大豆品种上卵繁殖的数量和虫瘿指数的数量成正比的报道[6]。

4 大豆抗 *M. javanica* 和 *M. arenaria* 的分子遗传研究进展

Tamulonis 等[9]利用 RFLP 对抗性大豆品种 PI 230977（抗 *M. javanica*）和 PI 200538 进行了遗传抗性标记（表 1）。结果发现 13 号染色体上存在一个抗性簇区域，不仅同时抗这两种根结线虫的虫瘿指数，而且也抗大豆花叶病毒病、大豆孢囊线虫病、细菌性斑点病和大豆根疫病[16]。前面提到控制花生根结线虫虫瘿和卵繁殖由不同基因控制的。但目前对这两种线虫控制卵繁殖的 QTLs 还没有报道。

表 1 已标记的大豆抗根结线虫的数量性状 QTLs

根结线虫小种	QTL *	染色体	连锁群	主效 QTL+/微效 QTL-	文献出处
M. incognita	QTL-GI				
		10	O	+	Tamulonis et al. 1997a；Li et al. 2001；Ha et al. 2004；Ha et al. 2007；Fourie et al. 2008；Pham et al. 2013；Xu et al. 2013；Jiao et al. 2015，Passianotto et al. 2017；Li et al. 2018

（续表）

根结线虫小种	QTL *	染色体	连锁群	主效 QTL+/微效 QTL-	文献出处
		13	F	+	Jiao et al. 2015
		17	D2	+	Jiao et al. 2015
		18	G	+/-	Tamulonis et al. 1997a；Li et al. 2001；Ha et al. 2007；Li et al. 2018
		8	A2	-	Xu et al. 2013
		20	I	-	Li et al. 2018
	QTL-EM				
		7	M	+	Li et al. 2018
		20	I	+	Li et al. 2018
		1	D1a	-	Li et al. 2018
		8	A2	-	Li et al. 2018
		14	B2	-	Li et al. 2018
	QTL-EGR				
		6	C2	+	Shearin et al. 2009
		7	M	+	Fourie et al. 2008；Li et al. 2018
		14	B2	+	Li et al. 2018
		20	I	+	Li et al. 2018
M. hapla					
	QTL-GI	7	M	+	Li et al. 2018
	QTL-EM	7	M	+	Li et al. 2018
	QTL-EGR	7	M	+	Li et al. 2018
M. javanica					
	QTL-GI	13	F	+	Tamulonis et al. 1997b
	QTL-GI	1	D1a	-	Tamulonis et al. 1997b
M. arenaria					
	QTL-GI	13	F	+	Tamulonis et al. 1997c
	QTL-GI	15	E	-	Tamulonis et al. 1997c

GI，galling index，虫瘿指数；EM，egg masses，每克根卵块数；EGR，eggs per gram root，每克根卵数量。

5 存在的问题和展望

大豆根结线虫的遗传抗性由多基因控制，不仅控制虫瘿、卵块数和卵数量的基因不同，而且种之间和小种之间的抗性也由不同的基因调控，这种复杂的遗传方式增加了育种和防治的困难，因此从虫瘿、卵块和卵数量方面综合考虑线虫的为害，根据所鉴定的分子标记培育多抗品种是有效防治大豆根结线虫的重要措施。

参考文献

[1] Nicol J M, Turner S J, Coyne D L, et al. Current Nematode Threats to World Agriculture [M] // Genomics and Molecular Genetics of Plant-Nematode Interactions. 2011: 21-43.

[2] Moens M, Perry R N, Starr J L, et al. Meloidogyne species - a diverse group of novel and important plant parasites [J]. Root-knot Nematodes, 2009: 1-17.

[3] Schmitt D P, Noel G R. Nematode parasites of soybean [M] //Plant and Insect Nematodes (Ed. Nickle, W. R.), Marcel Dekker, New York, USA, 1984: 13-59.

[4] Hussey R S, Boerma H R, Raymer P L, et al. Resistance in Soybean Cultivars from Maturity Groups V-VIII to Soybean Cyst and Root-knot Nematodes [J]. Journal of Nematology, 1991, 23 (4S): 576-583.

[5] Yates J L, Hussey R S, Finnerty, et al. Three soybean plant introductions possess unique resistance to peanut root-knot nematode [J]. Crop Science, 2010, 50: 118-122. DOI: 10. 2135/cropsci2009. 02. 0059.

[6] Li C, Hua C, Hu Y, et al. Response of soybean genotypes to *Meloidogyne incognita* and *M. hapla* in Heilongjiang Province in China [J]. Russian Journal of Nematology, 2016 (242): 89-98.

[7] Luzzi B M, Boerma H R, Hussey R S. Resistance to Three Species of Root-Knot Nematode in Soybean [J]. Crop Science, 1987, 27 (2): 258-262.

[8] Wrather J A, Chambers A Y, Fox J A, et al. Soybean disease loss estimates for the southern United States, 1974-1994 [J]. Plant Disease, 1995, 79: 1076-1079.

[9] Tamulonis J P, Luzzi, B M, Hussey R S, et al. RFLP mapping of resistance to southern root-knot nematode in soybean [J]. Crop Science, 1997a, 37: 1903-1909. DOI: 10. 2135/cropsci1997. 0011183X003700060039x.

[10] Fourie H, Donald M A H, et al. Host suitability of South African commercial soybean cultivars to two root-knot nematode species [J]. African Plant Protection, 1999, 2: 119-124.

[11] Wrather J A, Koenning S R. Estimates of disease effects on soybean yields in the United States 2003 to 2005 [J]. Journal of Nematology, 2006, 38: 173-180.

[12] Fourie H, Donald A H M, Waele D D. Host and yield responses of soybean genotypes resistant or susceptible to *Meloidogyne incognita* in vivo [J]. Pans Pest Articles & News Summaries, 2013, 59 (2): 111-121.

[13] Passianotto A L D L, Sonah H, Dias W P, et al. Genome-wide association study for resistance to the southern root-knot nematode (*Meloidogyne incognita*) in soybean [J]. Molecular Breeding, 2017, 37 (12): 148.

[14] Luzzi B M, Boerma H R, Hussey R S. A Gene for Resistance to the Southern Root-Knot Nematode in Soybean [J]. Journal of Heredity, 1994, 85 (6): 484-486.

[15] Luzzi B M, Boerma H R, Hussey R S. Inheritance of Resistance to the Southern Root-Knot Nematode in Soybean [J]. Crop Science, 1994, 34 (5): 484-486.

[16] Tamulonis J P, Luzzi B M, Hussey R S, et al. DNA markers associated with resistance to Javanese root-knot nematode in soybean [J]. Crop Science, 1997b, 37: 83-788. DOI: 10.2135/cropsci1997.0011183X003700030015x.

[17] Tamulonis J P, Luzzi B M, Hussey, R. S, et al. DNA marker analysis of loci conferring resistance to peanut root-knot nematode in soybean [J]. Theoretical & Applied Genetics, 1997c, 95: 664-670. DOI: 10.1007/s001220050610.

[18] 陈品三，陈森玉．中国大豆根结线虫病（*Meloidogyne incognita*；*M. arenaria*；*M. hapla*）病原鉴定及地区分布［J］．大豆科学，1989（2）．

[19] 陈森玉，陈品三．大豆根结线虫病病原生物学特性观察［J］．植物病理学报，1990（4）：253-258.

[20] 张绍升．福建大豆根结线虫病发生及病原鉴定［J］．植物保护，1993，19（4）：14-15.

[21] Hartman K M, Sasser J N. Identification of *Meloidogyne* species on the basis of differential host test and perineal pattern morphology [J]. In: *An advanced treatise on Meloidogyne. Volume II.* (Eds. Barker K R, Carter C C. & Sasser J N.), North Carolina State University Graphics, Raleigh, North Carolina: Methodology. A cooperative publication of the Department of Plant Pathology and the United States Agency for International Development, 1985: 69-77.

[22] Williamson V M, Gleason C A. Plant-nematode interactions [J]. Current Opinion in Plant Biology, 2003, 6: 327-333. DOI: 10.1016/S1369-5266 (03) 00059-1.

[23] Collard B C Y, Jahufer M Z Z, Brouwer J B, et al. An introduction to markers, quantitative trait loci (QTL) mapping and marker-assisted selection for crop improvement: The basic concepts [J]. Euphytica, 2005, 142 (1-2): 169-196.

[24] Concibido V C, Diers B W, Arelli P R. A Decade of QTL Mapping for Cyst Nematode Resistance in Soybean [J]. Crop Science, 2004, 44 (4): 1121-1131.

[25] Wang C, Ulloa M, Mullens T R, et al. QTL Analysis for transgressive resistance to root-knot nematode in interspecific cotton (*Gossypium* spp.) progeny derived from susceptible parents [J]. PLoS One, 2012, 7 (4), e34874. DOI: 10.1371/journal. pone.

[26] Wang C, Ulloa M, Duong T T, et al. QTL analysis of transgressive nematode resistance in tetraploid cotton reveals complex interactions in Chromosome 11 regions [J]. Frontiers in Plant Science, 2017, 8: 1979. DOI: 10.3389/fpls.2017.01979.

[27] Xu X, Zeng L, Tao Y, et al. Pinpointing genes underlying the quantitative trait loci for root-knot nematode resistance in palaeopolyploid soybean by whole genome resequencing [J]. Proceedings of the National Academy of Sciences of the United States of America, 2013, 110: 13469-13474. DOI: 10.1073/pnas.1222368110.

[28] Harris D K, Boerma H R, Hussey R S, et al. Additional Sources of Soybean Germplasm Resistant to Two Species of Root-Knot Nematode [J]. Crop Science, 2003, 43 (5): 1848-1851.

[29] Lee J, Kim H, Robbins R T, et al. Reaction of soybean cyst nematode resistant plant introductions to root-knot and *reniform* nematodes [J]. Plant Breeding and Biotechnology, 2015, 3: 346-354. DOI: 10.9787/PBB.2015.3.4.346.

[30] Fourie H, Waele D D, Donald A M, et al. Nematode pests threatening soybean production in South Africa, with reference to *Meloidogyne* [J]. South African Journal of Science, 2015, 111 (9/10).

[31] Fourie H, Mc Donald A H M, De W D. Relationships between initial population densities of *Meloidogyne incognita race* 2 and nematode population development in terms of variable soybean resistance [J]. Journal of Nematology, 2010, 42 (1): 55-61.

[32] Fourie H 1. Identification and validation of genetic markers associated with *Meloidogyne incognita* race 2 resistance in soybean, *Glycine max* (L.) Merr [J]. Nematology, 2008, 10 (5): 651-661.

[33] Walters S A, Barker K R. Current distribution of five major *Meloidogyne* species in the United States [J]. Plant Disease, 1994, 78: 772-774. DOI: 10. 1094/PD-78-0772.

[34] 赵磊，段玉玺，白春明，等．辽宁省根结线虫发生种类与分布 [J]. 湖北农业科学，2010，49 (4): 865-868.

[35] Ha B K, Bennett J B, Hussey R S, et al. Pedigree Analysis of a Major QTL Conditioning Soybean Resistance to Southern Root-Knot Nematode [J]. Crop Science, 2004, 44 (3): 758-763.

[36] Ha B K, Hussey R S, Boerma H R. Development of SNP Assays for Marker-Assisted Selection of Two Southern Root-Knot Nematode Resistance QTL in Soybean [J]. Crop Science, 2007, 47 (2): S73.

[37] Li C, Wang J, You J, et al. Quantitative trait loci mapping of *Meloidogyne incognita* and *M. hapla* resistance in a recombinant inbred line population of soybean [J]. Nematology, 2018 (S2).

[38] Li Z, Jakkula L, Hussey R, et al. SSR mapping and confirmation of the QTL from PI 96354 conditioning soybean resistance to southern root-knot nematode [J]. Theoretical \ s& \ sapplied Genetics, 2001, 103 (8): 1167-1173.

[39] Pham A T, Mcnally K, Abdel-Haleem H, et al. Fine mapping and identification of candidate genes controlling the resistance to southern root-knot nematode in PI 96354 [J]. Theoretical & Applied Genetics, 2013, 126 (7): 1825-1838.

[40] Jiao Y, Vuong T D, Liu Y, et al. Identification of quantitative trait loci underlying resistance to southern root-knot and reniform nematodes in soybean accession PI 567516C [J]. Molecular Breeding, 2015, 35 (6): 131.

[41] Shearin, Z P, Finnerty S L, Wood E D, et al. A southern root-knot nematode resistance QTL linked to the T-locus in soybean [J]. Crop Science, 2009, 49: 467-472. DOI: 10. 2135/cropsci2007. 12. 0690.

[42] Roberts P A. Conceptual and Practical Aspects of Variability in Root-Knot Nematodes Related to Host Plant Resistance [J]. Annual Review of Phytopathology, 1995, 33 (1): 199-221.

[43] Gutiérrez O A, Jenkins J N, McCarty J C, et al. SSR markers closely associated with genes for resistance to root-knot nematode on chromosomes 11 and 14 of Upland cotton [J]. Theoretical & Applied Genetics, 2010, 121: 1323-1337. DOI: 10. 1007/s00122-010-1391-9.

[44] Wang C, Ulloa M, Duong T T, et al. Quantitative trait loci mapping of multiple independent loci for resistance to *Fusarium oxysporum* f. sp. *vasinfectum* races 1 and 4 in an interspecific cotton population [J]. Phytopathology, 2018, On-line first, Doi: 10. 1094/PHYTO-06-17-0208-R.

[45] He Y, Kumar P, Shen X, et al. Re-evaluation of the inheritance for root-knot nematode resistance in the Upland cotton germplasm line M-120 RNR revealed two epistatic QTLs conferring resistance [J]. Theoretical & Applied Genetics, 2014, 127 (6): 1343-1351.

[46] Thomas V P, Williamson V M. Segregation and mapping in the root-knot nematode *Meloidogyne hapla* of quantitatively inherited traits affecting parasitism [J]. Phytopathology, 2013, 103: 935-940. DOI: 10. 1094/PHYTO-03-13-0074-R.

中国线虫学研究（第七卷），2018，7：142
Nematology Research in China，2018，Vol. 7：142

Root Knot Nematode Effectors：an Emerging Paradigm of Parasitism

P. Abad*
(*Institut Sophia Agrobiotech，UMR，INRA - CNRS - UNS，F-06903，Sophia-Antipolis，France*)

Abstract：Root-knot nematodes are phytoparasites that trigger a long-lasting and intimate relationship with their host plants. They infect roots and establish specialized feeding structures called ' giant - cells '，from which they withdraw nutrients. The nematode effector proteins secreted *in planta* are key elements in the molecular dialogue of parasitism. We developedan integrated approach to functionally characterize nematode parasitism proteins. The complete genome sequence of *M. incognita* (Mi) and *M. enterolobii* (Me) revealed that they consist of homologous but divergent segment pairs that might represent former alleles in these species. Based on bioinformatics screens，we selected a set of putative effectors and develop current approaches to dissecting their function including identification of their putative plant targets. These genes represent new targets allowing to develop new methods to control plant-parasitic nematodes. Thus，RKNs constitute a unique model system to study the links between variation in genome structure and adaptation to environment and hosts，in relation with parasitic success.

* First author：P. Abad；E-mail：Pierre. Abad@ inra. fr

中国线虫学研究（第七卷），2018，7：143
Nematology Research in China，2018，Vol. 7：143

Ultrastructures，Biogeography，and Molecular Taxonomy of *Criconemoides myungsugae* and *C. parvus* (Nematoda：Longidoridae) from China*

Munawar MARIA**，Cai Ruihang，Tian Zhongling，Yao Ke，Zheng Jingwu***
(*Institute of Biotechnology*，*Zhejiang University*，*Hangzhou* 310058，*China*)

Abstract：Populations of *Criconemoides myungsugae* and *C. parvus* were isolated in Zhejiang Province China from the rhizosphere soil of *Altingia gracilipes* and *Punica granatum*. Both species are characterized molecularly and important morphological details are elucidated by SEM photographs. The morphometric data of the Chinese populations are compared with all reported populations as well. SEM observation of *C. myunsugae* showed that the first lip annulus forming a non projected uninterrupted disc and the labial annulus is rectangular shaped having slight dorsal and ventral indentations. The species has plenty of anastomoses and has 64. 8 (59. 1 ~ 69. 4) μm long stylet，the excretory pore located 4 ~ 5 body annuli posterior to the pharyngeal bulb. Vulval lips slightly protruding. Tail cylindrical，ending in a squared terminus the squared corners of terminus appeared lobed in lateral view. *En face* view of *C. parvus* showed an oral disc with slightly elevated lateral protuberances，the first labial annulus has a pronounced dorsal and ventral indentations. The species has plenty of anastomoses and has a 28. 6 (26. 5 ~ 30. 3) μm long stylet，the excretory pore located 4 ~ 5 body annuli posterior to the pharyngeal bulb. Vulva closed，anterior and posterior annuli around vulva larger than the preceding body annuli. Tail conoid ending in a rounded terminus. *C. parvus* is known to be reported from Brazil，China，Iran，Slovak Republic，Romania and USA in the rhizosphere of deciduous，evergreen and herbaceous plants. *C. myungsugac* is known to be reported from Korea and Iran in the rhizosphere of flowering and herbaceous plants. Now it has been reported from China for the first time indicating the known geographic range of this species has increased. Phylogenetically，both species grouped within *Criconemoides* species. Overall the study provides updated descriptions，molecular diagnostics and phylogenetics of both species，the addition of these species from China to a reference dataset will provide insights into the phylogeny and biogeography of criconematid nematodes.

Key words：*Criconemoides myungsugae*；*Criconemoides parvus*；Biogeography；Molecular；Morphology；SEM；Host association；First record；Phylogeny；Taxonomy

---

* 基金项目：国家自然科学基金（31772137）
** 第一作者：Munawar MARIA，博士后，主要从事植物线虫分类学方面的研究；E-mail：maria. munawar@yahoo. com
*** 通信作者：郑经武，博士，教授，主要从事植物线虫分类及线虫病害治理方面的研究；E-mail：jwzheng@zju. edu. cn

中国线虫学研究（第七卷），2018，7：144
Nematology Research in China，2018，Vol. 7：144

来自中国的长针线虫科不同属种间超结构和分子分类学新见解*

蔡瑞杭[1**]，Munawar MARIA[1]，Pablo CASTILLO[2]，郑经武[1***]
（[1] 浙江大学生物技术研究所，杭州 310058；[2] *Institute for Sustainable Agriculture*（*IAS*），*Spanish National Research Council*（*CSIC*），*Campus de Excelencia Internacional Agroalimentario*，*ceiA*3，*Avenida Menéndez Pidal s/n*，14004 *Córdoba*，*Spain*）

New Insight into Ultra-structure and Molecular Taxonomy of Longidorid Nematodes（Nematoda：Longidoridae）from China*

Cai Ruihang[1**]，Munawar MARIA[1]，Pablo CASTILLO[2]，Zheng Jingwu[1***]
（[1]*Laboratory of Plant Nematology*，*Institute of Biotechnology*，*College of Agriculture & Biotechnology*，*Hangzhou* 310058，*Zhejiang*，*P. R. China*；[2] *Institute for Sustainable Agriculture*（*IAS*），*Spanish National Research Council*（*CSIC*），*Campus de Excelencia Internacional Agroalimentario*，*ceiA*3，*Avenida Menéndez Pidal s/n*，14004 *Córdoba*，*Spain*）

Abstract：The systematics and diagnostics of Longidorid nematodes are important because of regulatory and management issues attributed to this group of nematodes as virus vectors. In the present study ultra-structures and molecular taxonomy of *Xiphinema hangzhouense* n. sp.，*Longidorus jonesi*，and *Paralongidorus sali* isolated from woody perennials were provided. The *X. hangzhouense* n. sp. can be characterized by having a monodelphic reproductive system，stylet = 186~192μm long and vulva located anteriorly at 27.6%~31.2% of total body length. The new species has an elongated conoid tail with a rounded terminus and has four juvenile stages while mo male was observed. SEM observations of *P. sali* showed amphidial fovea is stirrup-shaped，with slit-like amphidal aperture while for *L. jonesi* amphidial fovea is pouch-like with pore-like amphidial apertures. This is the first generic report of *Paralongidorus* from China，indicated that the known diversity of longidorids nematodes in China has increased. Thus，our study suggests that the updated descriptions，and concomitant use of Light and scanning electron micrography coupled with molecular data are necessary for better understanding of the current distribution and host association of longidorid nematodes.

Key words：Ultra-structure；*Xiphinema*；*Paralongidorus*；*Longidorus*；China

---

* 基金项目：国家自然科学基金（31772137）
** 第一作者：蔡瑞杭，博士研究生，主要从事植物线虫分类学方面的研究
*** 通信作者：郑经武，博士，教授，主要从事植物线虫分类及线虫病害治理方面的研究；E-mail：jwzheng@zju. edu. cn

中国线虫学研究（第七卷），2018，7：145
Nematology Research in China，2018，Vol. 7：145

生防制剂禾力素不同处理方式对大豆孢囊线虫病及根腐病的影响*

陈井生[1**]，宫远福[2]，李海燕[2]，于吉东[1,2]，李　炜[3]，来永才[3]，李泽宇[1]
（[1]黑龙江省农业科学院大庆分院，大庆　163316；
[2]黑龙江八一农垦大学 农学院 植物保护系，大庆　163316；[3]黑龙江省农业科学院，哈尔滨　150086）

Effect of Different Treatment Methods of Biocontrol Helisu on Soybean Cyst Nematode and Soybean Root Rot Diseases*

Chen Jingsheng[1**]，Gong Yuanfu[2]，Li Haiyan[2]，
Yu Jidong[1,2]，Li Wei[3]，Lai Yongcai[3]，Li Zeyu[1]
（[1] *Daqing Branch，Chinese Academy of Science of Heilongjiang province，Daqing*　163316，*China*；
[2] *Agricultural College，Heilongjiang Bayi agricultural University，Daqing*　163316，*China*；
[3] *Academy of Science of Heilongjiang province，Haerbin*　163316，*China*）

摘　要：为研究生物制剂禾力素对大豆生长及对根部病害的影响，采用包衣、叶面喷施及纳米富硒包衣 3 种处理方式，测定了不同时期各处理对大豆植株生理活性和大豆孢囊线虫及根腐病防效的影响。结果表明：生防菌剂禾力素不同处理方式对大豆幼苗生长均有一定促进作用，可以提高大豆幼苗的生理活性，叶绿素、蛋白质、可溶性总糖含量与对照相比，种子包衣处理分别增加了 1.53mg/g、0.83mg/g、0.82mg/g；纳米富硒包衣处理分别增加了 1.48mg/g、0.69mg/g、0.26mg/g；禾力素叶面喷施处理则分别增加 1.14mg/g、0.37mg/g、0.36mg/g。禾力素不同处理方式下对大豆孢囊线虫病均有一定的防治效果，种子包衣处理防病效果大于纳米富硒包衣处理大于叶面喷施，在 4 个生育时期（V2、V3、R1 和 R2）对大豆孢囊线虫的平均防效分别为 54.77%、33.42%和 25.94%。

关键词：生防制剂；大豆孢囊线虫；蛋白质；叶绿素；可溶性还原总糖

* 基金项目：现代农业产业技术体系 CARS-04-CES07；黑龙江省农业创新工程项目；大庆市科技攻关项目

** 第一作者：陈井生，副研究员，从事大豆抗线虫育种和线虫病害防治研究；E-mail：dqnkylzy@126.com

中国线虫学研究（第七卷），2018，7：146~147
Nematology Research in China，2018，Vol. 7：146~147

氟吡菌酰胺拌种对玉米短体线虫病的防治效果

迟元凯[1*]，叶梦迪[2]，赵　伟[1]，汪　涛[1]，曹　舜[1]，张露雨[2]，戚仁德[1**]
（[1]安徽省农业科学院植物保护与农产品质量安全研究所，合肥　230031；
[2]安徽农业大学植物保护学院，合肥　230036）

Efficacy of Seed Dressing By Fluopyram against *Pratylenchus* spp. on Corn

Chi Yuankai[1*]，Ye Mengdi[2]，Zhao Wei[1]，Wang Tao[1]，Cao Shun[1]，Zhang Luyu[2]，Qi Rende[1**]
（[1]*Institute of Plant Protection and Agro-products Safety*，*Anhui Academy of Agricultural Sciences*，*Hefei*　230031，*China*；[2]*College of Plant Protection*，*Anhui Agricultural University*，*Hefei*　230036，*China*）

摘　要：短体线虫（*Pratylenchus* spp.）又称根腐线虫，是一类迁移性植物寄生线虫。短体线虫在植物根系皮层穿刺取食，生活史内可多次侵染，在受害植物根系造成大量伤口，引起根部腐烂，地上部生长衰弱，同时也为其他病原物侵染提供了机会，导致与其他病害复合发生。目前，国内报道的危害农作物的短体线虫主要有咖啡短体（*P. coffeae*）、落选短体（*P. neglectus*）、穿刺短体（*P. penetrans*）等，其在安徽、江苏、湖南、湖北、山东、河南、四川等多地均有发生，且寄主多样，可为害包括玉米、小麦、苎麻、山药等多种重要粮食、经济作物。目前，生产上可用于防治短体线虫的药剂较少。氟吡菌酰胺是拜耳作物科学开发的一种琥珀酸脱氢酶抑制剂类杀菌杀线剂，目前在我国登记用于防治番茄根结线虫病。本研究使用500g/L氟吡菌酰胺悬浮剂对玉米种子进行拌种处理，每千克种子用药量分别为6mL、9mL、12mL、15mL和18mL。在大田条件下开展试验，分别通过观察统计玉米根内和根际土壤中短体线虫的数量，评价氟吡菌酰胺对玉米短体线虫病防治效果。结果表明，氟吡菌酰胺拌种能显著减少侵入玉米根内和根际土壤中短体线虫的数量；出苗后10d氟吡菌酰胺拌种处理的玉米根内短体线虫数量为4. 27~11. 6条/株，比对照减少了45. 3%~82. 1%；玉米根际每200mL土壤中短体线虫数量为6. 4~13. 33条，比对照减少了51. 7%~72. 5%；出苗后20d，氟吡菌酰胺拌种处理的玉米根内线虫数量为9. 4~22. 3条/株，比对照减少了39. 9%~76. 9%，玉米根际每200mL土壤中短体数量为2. 67~8. 67条，比对照减少了35. 1%~71. 1%；出苗后10d和20d的统计结果均为用药量18mL/kg的处理防治效果最好。另外，播种后观察统计玉米出苗天数、出苗率和出苗势发现，不同用药剂量对玉米出苗无明显影响；

* 第一作者：迟元凯，助理研究员，从事植物线虫学研究；E-mail：chi2005112@ 163. com
** 通信作者：戚仁德，研究员，主要从事植物土传病害综合防控技术研究；E-mail：rende7@ 126. com

不同处理间的玉米产量无显著差异，其原因可能是试验田内短体线虫基数不高，未造成显著的产量损失。上述结果表明，氟吡菌酰胺拌种处理对玉米苗期生长安全，且对短体线虫有较好的防治效果，适合在玉米生产上使用。

关键词：氟吡菌酰胺；拌种；玉米；短体线虫；防治

中国线虫学研究（第七卷），2018，7：148～149
Nematology Research in China，2018，Vol. 7：148～149

河南省烟草寄生线虫的发生分布调查*

李　豪[1**]，孟颢光[1]，焦永吉[2]，蒋士君[1]，彭德良[3]，崔江宽[1***]
（[1]河南农业大学，郑州　450002；[2]河南省植物保护植物检疫站，郑州　450002；
[3]中国农业科学院植物保护研究所，北京　100193）

Survey of the Occurrence and Distribution of the Nematode on Tobacco in Henan Province*

Li Hao[1**]，Meng Haoguang[1]，Jiao Yongji[2]，Jiang Shijun[1]，Peng Deliang[3]，Cui Jiangkuan[1***]
（[1]*College of Plant Protection，Henan Agricultural University，Zhengzhou*　450002，*China*；
[2]*Plant protection and plant quarantine station of Henan province，Zhengzhou*　450002，*China*；
[3]*Institute of Plant Protection，Chinese Academy of Agricultural Sciences，Beijing*　100193，*China*）

摘　要：烟草起源于美洲，在明朝万历年间传入我国。随着烟草吸食量的大幅上升，烟草的种植范围从我国沿海向内地迅速广泛地扩展，逐步形成了黄淮烟区、东北烟区、西南烟区、华中烟区和华南烟区五大产烟区。河南是全国重要的烟草大省，烟草产业基础优势明显，对地方财政和农民增收贡献突出。2012 年，河南省卷烟产量 338 万箱，居全国第二位。2017 年，河南省烟叶种植面积达 76.24 万亩，烟叶主产区烟田多为旱坡地、丘陵地，土质为轻砂质土、砂壤土。绝大多数烟田多年连续重茬种植，无法实行水旱轮作、冬灌以及与其他作物的倒茬轮作，加之高抗线虫病的烟草品种十分缺乏，作物线虫病的发生已呈持续加重之势。烟草线虫病在豫西、豫中烟区发生较为普遍，在其他种植地区的丘陵地和砂质地时有发生。烟草线虫病不仅直接为害烟草根系，同时对根系造成许多复合病害或继发感染病害的发生，已成为制约河南烟草生产的严重障碍。

在世界范围内为害烟草正常生长的植物寄生线虫主要包括根结线虫（*Meloidogyne* spp.）和孢囊线虫（*Heterodera* spp.）。根结线虫（Root-Knot Nematode，RKN）是烟草种植中最重要、最常见的植物寄生线虫，也是温带和亚热带烟草种植区的重要病害之一。我国最早于 1958 年在河南省发现烟草根结线虫。1988 年，全国烟田根结线虫病发生面积约为 500 万亩。2002 年，我国烟草行业病虫害发生统计数据表明：烟草根结线虫病发生面积约为 11 万公顷，直接造成的烟草经济损失约为 8 000万元，占全部侵染性病害所致损失的 5.7%。根据

* 基金项目：河南农业大学青年英才启动基金项目（30500663）
** 第一作者：李豪，硕士研究生，从事植物病理学研究；E-mail：Li_ Hao_ zZ@ 163. com
*** 通信作者：崔江宽，博士，讲师，从事植物寄生线虫致病机理和防控技术研究；E-mail：jk_cui @ 163. com

16 个烟草种植的省、自治区调查结果，除东北 3 省未发现有根结线虫为害外，其余 13 省均有根结线虫为害，发生面积有逐年增加的趋势，已成为为害烟草生产的主要病害之一。调查数据显示，烟草根结线虫病在河南省范围内一般病田发病率为 50%左右，豫西地区为 60%～80%，全省发病面积高达 60 万亩。发病症状为病株叶片窄小、向下勾卷，叶片黄花、叶缘、叶尖枯焦，植株矮小，拔根可见大量根结滋生。烟草孢囊线虫病，由 Lownberry 于 1954 年在美国发现并命名。我国于 1986 年，首次在山东地区对烟草孢囊线虫病进行了发生报道。1992 年，李淑君等报道在河南省襄城县烟田发现了烟草孢囊线虫病。烟草孢囊线虫病受害症状表现为：植株根系寄生有棕黄色或褐色孢囊，根系扭曲打结、失去活力，营养吸收功能下降，造成地上部营养不良，植株明显矮化，叶片黄花、焦枯，甚至坏死，烟叶产质下降。郑经武等在 2013 年研究发现许昌地区的烟草孢囊线虫病病原为大豆孢囊线虫（*Heterodera glycines*），rDNA-ITS 序列与 NCBI 中大豆孢囊线虫序列 *Hg*1-*Ark*1（EF611124）相似性高达 99%。将该孢囊线虫二龄幼虫接种烟草 35d 后可以看到白雌虫；接种大豆后可以侵染、发育至三龄幼虫，但不能在大豆上完成生活史。崔江宽等（未发表）研究发现，河南许昌地区烟草孢囊线虫，每年发生 3～4 代，每代周期 20～30d，后两代存在明显世代重叠现象。

河南地区多种根结线虫混合发生以及根结线虫与孢囊线虫混合发生的现象时有存在，并且植物寄生线虫和土传真菌性病害复合侵染十分普遍和严重。调查数据表明，受根结线虫严重侵染的烟田更易发生烟草腐烂病和烟草病毒病。前期试验发现，生态炭肥或土壤改良剂与植物源杀线剂混合使用能够显著增加土壤微生物数量，提高土壤蔗糖酶、淀粉酶和纤维素酶活性，并可以有效防治烟草根结线虫病和土传真菌性病害。因此，利用生态炭肥修复土壤，改善土壤生态环境，不失为一种有效控制土传真菌性病害发生和兼防烟草线虫病的绿色防控技术。

关键词：烟草；寄生线虫；分布调查；复合侵染

中国线虫学研究（第七卷），2018，7：150
Nematology Research in China，2018，Vol. 7：150

细尖潜根线虫 Actin 蛋白基因克隆与序列分析*

唐子清**，孙晓棠，叶梦斐，崔汝强***
（江西农业大学农学院，南昌　330045）

Cloning and Sequence Analysis of Actin Gene in *Hirschmanniella mucronata**

Tang Ziqing**，Sun Xiaotang，Ye Mengfei，Cni Ruqiang***
（*School of Agriculture sciences*，*Jiang Xi Agricultural University*，*Nanchang*　330045，*China*）

摘　要：水稻（*Oryza sative* L.）是我国重要粮食作物之一，植物寄生线虫平均每年导致水稻减产10%~25%，并造成严重的经济损失。细尖潜根线虫（*Hirschmanniella mucronata*）属于潜根属（*Hirschmanniella* spp.），为水稻重要的内寄生线虫，一般通过除根尖细胞外的根部细胞进入植物体内，在根内皮层和中柱层吸取营养从而影响植株根系的正常发育。本研究利用转录组数据通过RT-PCR和RACE技术首次克隆获得了细尖潜根线虫编码肌动蛋白的*Hm-actin*基因，该基因的开放阅读框为1 128bp，终止密码子为TAA，编码376个氨基酸，无信号肽序列，氨基酸分子量大小为41. 8ku，理论等电点（pI）为5. 30。细尖潜根线虫的*Hm-actin*基因与其他线虫的12个*actin*基因的系统进化树表明：*Hm-actin*基因与*Ce-actin*-3、*Cr-actin*、*Cb-actin*、*Ce-actin*-2、*Ce-actin*-4基因属于同一分支，亲缘性最近，与*Ce-actin*-5、*Me-actin*、*Hs-actin*基因亲缘性较近，而与*Dd-actin*、*Bm-actin*基因亲缘性较远。将Hm-Actin序列输入NCBI网站中发现细尖潜根线虫中的肌动蛋白与大多数生物的肌动蛋白相似率均高于95%，与马铃薯腐烂线虫肌动蛋白的相似性高达100%。肌动蛋白广泛存在于生物界中，能够参与细胞内物质运输以及信号传导，从而调控DNA的复制和转录。肌动蛋白细胞骨架网络及其结合蛋白互作，共同调控多种生命进程，对研究生命体的活动和进化有着深远影响。

关键词：细尖潜根线虫；肌动蛋白；基因克隆

---

* 基金项目：国家自然科学基金（31260423，31560507）；省自然科学基金（20151BAB204024）；省科技支撑计划（20151BBF60076）；教育厅基金（GJJ160347）；江西农业大学研究生创新专项资金项目（NDYC2017-S001）

** 第一作者：唐子清，研究生，从事植物病理学研究；E-mail：976912106@ qq. com
*** 通信作者：崔汝强，副教授，博士，从事植物病原线虫学研究；E-mail：cuiruqiang@ jxau. edu. cn

中国线虫学研究（第七卷），2018，7：151
Nematology Research in China，2018，Vol. 7：151

Identification and Biological Characteristics of *Purpureocillium lilacinum* Strain PLHN*

Fan Ruiqi**，Yang Lijun，Ding Xiaofan***
(*College of Tropical Agriculture and Forestry*，*Hainan University*，*Haikou* 570228，*China*)

Abstract：One parasitic fungus strain PLHN was isolated from female of *Meloidogyne* sp.，which damaged to eggplant in Hainan province. Cultural and morphological characteristics of PLHN were examined，its rDNA ITS gene and serine protease gene sequence were cloned and analyzed，and its biological characteristics were determined. The results showed as follows：the color of strain PLHN colony on potato dextrose ager（PDA）plate was pale purple，and powdery conidia were produced abundantly on the colony. The back of colony was light beige. Phialides developed at the end of the conidiophore were in whorls of 2～6 and in size of（2.81±0.43）μm×（6.27±1.18）μm；Conidia were subrotund，colorless and in size of（2.60±0.40）μm×（2.63±0.38）μm. The sequences of rDNA ITS and serine protease gene of strain PLHN shared 99%～100% similarity with corresponding sequences of some *Purpureocillium lilacinum* stranis（primitive named *Paecilomyces lilacinus*）deposited in GenBank. According to its morphological characteristics and molecular biology，strain PLHN was identified as *P. lilacinum*. The optimal medium was potato dextrose agar（PDA）. The optimal pH and temperature for mycelia growth，sporulation and conidial germination were 7.0 and 28℃ respectively. The lethal temperature to conidium was 55℃. And darkness was beneficial to PLHN.

Key words：*Purpureocillium lilacinum*；Morphological characteristics；Molecular identification；Biological characteristics

* 基金项目：2016 年度海南省自然科学基金项目（20163040）
** 第一作者：范瑞琦，硕士研究生，从事植物病原线虫研究；E-mail：Taniafan@163.com
*** 通信作者：丁晓帆，副教授，从事植物病原线虫研究；E-mail：dingxiaofan526@163.com

中国线虫学研究（第七卷），2018，7：152~153
Nematology Research in China，2018，Vol. 7：152~153

马铃薯腐烂茎线虫 *Dd-mel*-26 基因的 RNAi 功能分析*

高　波**，马　娟，王容燕，李秀花，陈书龙***
（河北省农林科学院植物保护研究所/河北省农业有害生物综合防治工程技术研究中心/
农业部华北北部作物有害生物综合治理重点实验室，保定　071000）

RNA Interference Analysis of *Dd-mel*-26 Gene from *Ditylenchus destructor**

Gao Bo**，Ma Juan，Wang Rongyan，Li Xiuhua，Chen Shulong***
（*Plant Protection Institute of Hebei Academy of Agricultural and Forestry Sciences*；*IPM centre of Hebei Province*；*Key Laboratory of IPM on Crops in Northern Region of North China*，*Ministry of Agriculture*；*Baoding*　071000，*China*）

摘　要：马铃薯腐烂茎线虫（*Ditylenchus destructor*）是重要的迁移性植物内寄生线虫，主要为害植物地下部尤其是块根、块茎和球茎等，也是国内外重要的检疫性线虫。该线虫引起甘薯茎线虫病，给我国的甘薯生产造成严重损失。传统的防治马铃薯腐烂茎线虫的方法主要有轮作、选用抗耐病品种和施用杀线剂等，但是受耕地面积、甘薯遗传上的高度杂合性、易诱发线虫产生抗性和造成环境污染等限制，上述措施的应用受到限制。近几年，随着分子生物学的发展，利用现代基因工程的手段进行抗线虫育种，获得对线虫有抗性的转基因植物，已成为线虫防治的重要途径之一。

随着测序技术的不断发展，基于转录组测序对植物寄生线虫致死相关基因进行的研究越来越多，从而为培育能有效防治马铃薯腐烂茎线虫的抗病品种奠定了基础。MEL-26（Maternal Effect Lethal）蛋白在蛋白质泛素化降解途径以及细胞有丝分裂中发挥着重要的作用，之前的研究发现该基因被沉默后会导致线虫死亡或胚胎致死，因此该基因可能是马铃薯腐烂茎线虫的一个潜在的致死相关基因。本研究在之前对 *Dd-mel*-26 基因 cDNA 序列进行克隆和分析的基础上进行了进一步的 RNAi 分析。采用来自 *Dd-mel*-26 两端和中间的 3 个靶位点片段（a，b，c 段）dsRNA 处理线虫 24h 后，qPCR 结果显示 *mel*-26 b 和 c 片段 dsRNA 处理的线虫靶基因表达量显著低于 dsGFP 和空白对照 CK，沉默效率分别达 55.8%和 55.6%，所以我们选择利用 b 段 dsRNA 来进行下面的实验。受 *mel*-26 基因 b 段 dsRNA 处理后，线虫

* 基金项目：国家自然科学基金（31501616；31401721）；国家甘薯产业技术体系（CARS-10-B16）；河北省自然科学基金（C2015301043）

** 第一作者：高波，助理研究员，从事植物病理学研究；E-mail：gaobo89@163.com
*** 通信作者：陈书龙，研究员，从事植物线虫学研究；E-mail：chenshulong65@163.com

的靶基因表达量明显降低，达 51.4%；线虫迁移能力要显著的高于对照组，提高约 31.8%；线虫繁殖量显著的高于对照组，提高约 28%。生物学测定结果没有像预期一样迁移能力和繁殖力下降，反而都显著的上升了，这一方面可能是 *mel*-26 基因在线虫的迁移和繁殖过程中发挥着负调控的作用，另一方面可能是 *mel*-26 基因在浸泡处理后随着时间的推移，其表达量出现了反弹，甚至超出正常水平，从而促进了线虫的迁移和繁殖。这在其他的文献中也有类似报道，Chi 等（2016）利用 VIGS 法诱导南方根结线虫 *vap*-2 基因的沉默，结果线虫的 *vap*-2 基因不但没有下降反而显著的上升，其侵染力也随着有显著的上升。Dubreuil 等（2007）在对南方根结线虫 *Migsts*-1 基因进行体外诱导沉默时发现线虫的靶基因并没有下降反而高于对照组。Bakhetia 等（2008）和 Dalzell 等（2010）也均遇到了同样的情况。关于这种现象的机制，有的推测可能是大量外来 si/dsRNA 导致 RNA 诱导的 RNA 沉默复合体（RISC）呈现饱和状态，也可能是机体出于自我保护从而通过提高靶基因表达量来抵消 RNAi 给机体带来的损害。总之，关于这方面的机制还有待继续深入研究。

关键词：马铃薯腐烂茎线虫；*Dd- mel*-26；RNA

中国线虫学研究（第七卷），2018，7：154~155
Nematology Research in China，2018，Vol. 7：154~155

马铃薯腐烂茎线虫 *Dd-unc*-87 基因的 RNAi 致死效应分析*

高　波**，马　娟，王容燕，李秀花，陈书龙***
（河北省农林科学院植物保护研究所/河北省农业有害生物综合防治工程技术研究中心/
农业部华北北部作物有害生物综合治理重点实验室，保定　071000）

RNAi Lethal Effect Analysis of a Calponin-related Protein Gene *Dd-unc*-87 from the Sweetpotato Stem Nematode *Ditylenchus destructor**

Gao Bo**，Ma Juan，Wang Rongyan，Li Xiuhua，Chen Shulong***
（*Plant Protection Institute of Hebei Academy of Agricultural and Forestry Sciences*；*IPM centre of Hebei Province*；*Key Laboratory of IPM on Crops in Northern Region of North China*，*Ministry of Agriculture*；*Baoding*　071000，*China*）

摘　要：马铃薯腐烂茎线虫（*Ditylenchus destructor*）引起的甘薯茎线虫病，给我国的甘薯产业生产造成了严重损失。在实际生产中线虫的防治主要为化学防治，药剂主要有机磷类、氨基甲酸酯类等。因马铃薯腐烂茎线虫对不良环境具有很强的耐受力，可选择的杀线虫剂品种又很有限，目前茎线虫病的防治非常困难。田间防治中大量的施用化学药剂，不仅会污染环境，还将造成其抗药性水平增加进而其用药量增加的恶性循环。线虫病的防治工作面临严峻形势。因此，急需开发一种新的线虫控制方法，例如通过 dsRNA/siRNA 介导的基因沉默（RNAi）来开发抗线虫类作物即具有很好的前景。秀丽小杆线虫的 UNC-87 蛋白是线虫体壁肌肉的重要组成部分，在线虫的运动中发挥着重要的作用。本研究对马铃薯腐烂茎线虫的 *unc*-87 同源基因（*Dd-unc*-87）进行了研究，其 cDNA 序列长 1 471 bp，ORF 区域长为 1 134bp，编码一个含 377 个氨基酸的蛋白质，预测蛋白分子量为 42ku，等电点为 7.08；UNC-87 蛋白含有 7 个 Calponin-like 结构域，N 端没有信号肽，预测其可能存在于细胞核中。*Dd-unc*-87的基因组序列长为 7 369 bp，基因组结构中包含 12 个外显子，11 个内含子。Southern 杂交结果显示用 XbaI 和 EcoRI 酶切的基因组泳道中只出现一条带，可得 *unc*-87 在基因组中为单拷贝基因。将所得 cDNA 基因序列进行 Blastx 比对和系统发育分析结果显示马铃薯腐烂茎线虫与松材线虫的亲缘关系最近，其次为大豆孢囊线虫和根结线虫。用来自 *unc*-

* 基金项目：国家自然科学基金（31501616；31401721）；河北省自然科学基金（C2015301043）；国家甘薯产业技术体系（CARS-10-B16）；河北省财政专项（F18C10001）

** 第一作者：高波，助理研究员，从事植物寄生线虫学研究；E-mail：gaobo89@163.com
*** 通信作者：陈书龙，研究员，从事植物寄生线虫学研究；E-mail：chenshulong65@163.com

87 两端和中间的三个靶位点片段 dsRNA 处理线虫 24h 后，qPCR 结果显示靶基因的沉默效率最高的为 2 号区段 dsRNA 处理线虫，所以利用 2 号段 dsRNA 来进行下面的实验。受 *unc*-87 基因 2 号区段 dsRNA 处理的线虫靶基因表达量显著降低；沙柱通过率与对照组差异不显著；在胡萝卜上的繁殖量要显著的低于对照组，下降约 49%。说明 *unc*-87 基因可能在线虫迁移中的作用不明显，而在线虫的繁殖中发挥正调控的作用。

关键词：马铃薯腐烂茎线虫；*Dd-unc*-87 基因；RNAi 致死效应

中国线虫学研究（第七卷），2018，7：156
Nematology Research in China，2018，Vol. 7：156

植物栽培介质中线虫的检测鉴定

葛建军*，王 旭
（中国检验检疫科学研究院，北京 100176）

Detection and Identification of Nematode in Plant Culture Medium

Ge Jianjun*，Wang Xu
（*Chinese Academy of Inspection and Quarantine*，*Beijing* 100176，*China*）

摘 要：为了防止植物危险性有害生物随进境栽培介质入境，首次进口的栽培介质在办理审批时需同时将样品送至笔者实验室进行有害生物的检测。线虫的检测方式是利用改良的贝曼漏斗从栽培介质样品中分离线虫。通过形态学和分子生物学的方法，对分离到的线虫的样品进行种属的鉴定，依据鉴定结果判定进境风险等级。2012 年至 2017 年栽培介质样品中携带线虫的样品数占总数的 30%，属于植物寄生线虫属的种类有：霍夫曼伞滑刃线虫（*Bursaphelenchus hofmanni*）、异尾滑刃属线虫（*Aphelenchoides varicaudatus*）、细尖滑刃线虫（*A. conimucronatus*）、钝滑刃线虫（*A. obtusus*）、双尾滑刃线虫（*Aphelenchoides bicaudatus*）、腐生滑刃线虫（*Aphelenchoides saprophilus*）、异鳞尾滑刃线虫（*Aphelenchoides parascalacaudatus*）、腐烂茎线虫（*Ditylenchus destructor*）、相等茎线虫属（*Ditylenchus equalis*）、细瘦茎线虫（*Ditylenchus tenuidens*）、长母体茎线虫（*Ditylenchus longimatricali*）、中等茎线虫（*Ditylenchus medians*）、锐尖茎线虫（*Ditylenchus acutus*）、小茎线虫（*Ditylenchus parvus*）、苜蓿茎线虫（*Ditylenchus medicaginis*）、小茎线虫（*Ditylenchus parvus*）、食菌茎线虫（*Ditylenchus myceliophagus*）；还有部分滑刃属线虫（*Aphelenchoides* spp.）、伞滑刃属（*Bursaphelenchus* sp.）、茎属（*Ditylenchus* spp.）、拟茎属（*Neotylenchus* sp.）未鉴定到种；其中一些种类可以对植物造成严重危害。因此，须加强对于植物栽培介质的检疫工作力度，严控有害生物传入扩散风险。

关键词：栽培介质；线虫；检测鉴定

---

* 第一作者：葛建军，研究员，从事植物线虫检疫研究；E-mail：jianjun11@163.com

中国线虫学研究（第七卷），2018，7：157
Nematology Research in China，2018，Vol. 7：157

基质辅助激光解吸电离飞行时间质谱检测根结线虫*

龙　海[1,2**]，齐小峰[1]，谢泳桂[1]，郑　耘[1]，李一农[1]，李芳荣[1***]
（[1] 深圳出入境检验检疫局，深圳　518001；
[2]深圳市检验检疫科学研究院深圳市外来有害生物检测技术研发重点实验室，深圳　518045）

摘　要：评估基质辅助激光解吸电离飞行时间质谱（Matrix-assisted Laser desorption/ionization Time-of -flight Mass Spectrometry，MALDI-TOF MS）技术检测植物寄生线虫的适用性。以南方根结线虫（*M. incognita*），爪哇根结线虫（*M. javanica*）、花生根结线虫（*M. arenaria*）和北方根结线虫（*M. hapla*）的二龄幼虫为材料，每个种有 7 个种群。从样品前处理，基质溶液配比、点样方法、质谱分析的参数设置，数据库的建立等几个方面进行研究，建立基质辅助激光解析电离飞行时间质谱检测根结线虫的方法。经过样品前处理和质谱分析，每个供试样品都能够得到稳定的质谱图，图谱基线平滑、特征峰明显。利用建立的数据库对已知种类的根结线虫进行检测，得到的 Log（score）值都在 2. 4 以上，说明该数据库能够准确地把根结线虫鉴定到种。基质辅助激光解吸电离飞行时间质谱技术适用于植物线虫检测。
关键词：根结线虫；基质辅助激光解析电离飞行时间质谱；检测

Detection of Root-knot Nematode by MALDI-TOF MS*

Long Hai[1,2**]，Qi Xiaofeng[1]，Xie Yonggui[1]，Zheng Yun[1]，Li Yinong[1]，Li Fangrong[1***]

Abstract：Evaluation of the applicability of MALDI-TOF MS for detection of plant parasitic nematodes. The second stage juveniles of *M. incognita*，*M. javanica*，*M. arenaria* and *M. hapla* were used as test materials，each species had 7 populations. In order to establish MALDI-TOF MS method for the detection of root knot nematodes，several aspects such as sample pretreatment，matrix solution configuration，sampling method，parameter setting of mass spectrometry analysis，and database construction were studied. Through sample pretreatment and mass spectrometry analysis，stable mass spectra was obtained for each sample. The base line of the mass spectrogram was smooth and the characteristic peak was obvious. The established database was used to detect the known species of root knot nematode，and the value of Log（score）was above 2. 4，indicating that the database could accurately identify root knot nematode to species. MALDI-TOF MS is suitable for plant nematode detection.
Key words：Root-knot nematode；MALDI-TOF MS；Detection

---

* 基金项目：深圳出入境检验检疫局科研项目（SZ2014206）
** 第一作者：龙海，男，博士，高级农艺师，从事植物线虫检疫；E-mail：longsi1979@163. com
*** 通信作者：李芳荣，男，高级农艺师，从事植物线虫检疫；E-mail：lifangr@126. com

中国线虫学研究（第七卷），2018，7：158~159
Nematology Research in China，2018，Vol. 7：158~159

黑曲霉 NBC001 对大豆孢囊线虫防治机制初步研究*

金　娜**，彭　焕，黄文坤，孔令安，彭德良***
（中国农业科学院植物保护研究所/植物病虫害生物学国家重点实验室，北京　100193）

摘　要：大豆孢囊线虫是中国及世界范围内大豆生产的重要病原之一，生物防治目前已成为大豆孢囊线虫病防治的重要手段。NBC001 是本实验室从小麦孢囊线虫群体上分离到的，经形态学及分子生物学鉴定其为黑曲霉 *Aspergillus niger*。室内生测实验结果表明稀释两倍的黑曲霉 NBC001 发酵滤液对大豆孢囊线虫二龄幼虫的致死率达 89%，对卵的孵化抑制率达 98%。黑曲霉 NBC001 发酵浓缩液拌种，盆栽及田间对大豆孢囊线虫的防效分别可达 43%和 32%，且对大豆生长和产量无显著影响。进一步研究发现穴施 NBC001 发酵液可以提高大豆叶片及根系中胼胝质沉积，并且可以激发根系活性氧暴发，提高防御相关基因 *PR1a* 和 *EBERP* 的表达量，从而提高大豆的系统抗性，抵御大豆孢囊线虫的侵染。结果表明用黑曲霉 NBC001 可以有效的防治大豆孢囊线虫，具有开发为生防制剂的潜力。

关键词：生物防治；大豆孢囊线虫；黑曲霉；防治机制

Control Mechanism of *Aspergillus niger* NBC001 against Soybean Cyst Nematode*

Jin Na**，Peng Huan，Huang Wenkun，Kong Ling'an，Peng Deliang***
(*State Key Laboratory for Biology of Plant Diseases and Insect Pests*，*Institute of Plant Protection*，*Chinese Academy of Agricultural Sciences*，*Beijing*　100193，*China*)

Abstract：Soybean cyst nematode（SCN *Heterodera glycines* Ichinohe） is one of the most important pests causing considerable damage to soybean in China and in the world. Biocontrol provides a strategy for sustainable nematode control. NBC001 was isolated from the cysts of *Heterodera* spp. . It was identified as *Aspergillus niger* based on its morphological and 16S rRNA gene sequencing. The 2 × dilutions of culture filtrate of NBC001 caused 89% corrected J2s mortality of *H. glycines* and reduced the hatchability of eggs by 98%. Soybean seedlings dressed with culture filter of NBC001 could control *H. glycines* in both the pot and the field，and the control efficacy was 43% and 32%，respectively. Moreover，*A. niger* NBC001 had no significant effect on the growth and yield of

* 基金项目：国家公益性行业（农业）科研专项（201503114）
** 第一作者：金娜，女，博士，主要从事植物寄生线虫生物防治研究；E-mail：heidakingner@126.com
*** 通信作者：彭德良，研究员，从事植物线虫和线虫病害控制技术研究；E-mail：dlpeng@ippcaas.cn

soybean. Furthermore, application of *A. niger* NBC001 stimulated hydrogen peroxide activity in the roots and triggered callose deposition in the leaves and roots. *A. niger* NBC001 up-regulated the transcriptional level of the *PR1a* and *EREBP* genes in soybean plants. The result indicated that *A. niger* NBC001 could control *H. glycines*, and had the potential to develop into a biocontrol agent.

Key words: Biocontrol; *Heterodera glycines*; *Aspergillus niger*; Control mechanism

中国线虫学研究（第七卷），2018，7：160~161
Nematology Research in China，2018，Vol. 7：160~161

不同温度条件下小麦落选短体线虫的存活能力*

李秀花**，马　娟，高　波，王容燕，陈书龙***
（河北省农林科学院植物保护研究所/河北省农业有害生物综合防治工程技术研究中心/
农业部华北北部作物有害生物综合治理重点实验室，保定　071000）

Survival of *Pratylenchus neglectus* at Different Temperatures*

Li Xiuhua**，Ma Juan，Gao Bo，Wang Rongyan，Chen Shulong***
（*Plant Protection Institute*，*Hebei Academy of Agricultural and Forestry Sciences/IPM Center of Hebei Province/
Key Laboratory of Integrated Pest Management on Crops in Northern Region of North China*，
Ministry of Agriculture，*Baoding*　071000，*China*）

摘　要：小麦根腐线虫病是一种严重的世界性病害，在国外小麦生产上已造成严重的产量损失。目前在小麦上报道较多的根腐线虫是 *Pratylenchus thornei*，其次是 *P. neglectus* 和 *P. penetrans*。在国内，在 2006 年河南首次发现小麦上有短体线虫为害，对小麦造成产量损失在 13.58~15.46%。本团队从 2014 年开始针对河北省的小麦根部线虫种类进行了调查，发现小麦根腐线虫在河北省分布广，并形成部分为害，因此开展小麦根腐线虫的生物学特征将对小麦根腐线虫病害的防控奠定基础。温度是影响线虫存活、活动、侵染和发育的重要因素，本研究重点测试了小麦根腐线虫在不同温度条件下的存活能力。

从田间小麦根上采用浅盘法分离小麦短体（根腐）线虫，经分子生物学与形态学鉴定确认为落选短体线虫。然后挑取单头落选短体线虫雌虫在胡萝卜愈伤组织上培养，获得大量短体线虫。经无菌水洗涤后，配置成 50 条/mL，然后把其分装在 24 孔细胞培养板内，每孔 1mL 线虫液，分别置于-5℃、0、5℃、10℃、15℃、20℃、25℃、30℃、35℃、40℃共 10 个温度下，定期检查检查每孔存活的线虫数，每处理重复 5 次。

试验结果表明，落选短体线虫的存活能力在不同温度条件下具有显著差异。在测试温度范围内，在 0℃以上的温度，随着温度的升高，线虫的存活能力降低，存活时间缩短；在-5℃条件下，随着处理时间的延长，线虫的存活能力降低。短体线虫在 40℃条件下放置 3、5、9、12、13d，线虫死亡率分别为 64.5%、72.5%、84.5%、95.8%、100%。；在 35℃条件下放置 3、5、10、18、23、71d，其死亡率分别为 49%、58.5%、69.5%、85.5%、91%、

* 基金项目：公益性行业（农业）科研专项（201503114）；国家自然科学基金（31501616）；河北省财政专项（F18C10001）；河北省财政专项（F17C10007）

** 第一作者：李秀花，副研究员，从事线虫学研究；E-mail：lixiuhua727@ 163. com
*** 通信作者：陈书龙，研究员，从事线虫学研究；E-mail：chen_ shulong@ tom. com

100%；在 30℃条件下存放一年，其死亡率在 92%以上；在 20~25℃条件下，一年后的死亡率在 84.4%以内，个别线虫可存活约 500d；在 10~15℃条件下个别线虫可存活约 600d；在 0~5℃条件下个别线虫可存活 700d，表明落选短体线虫具有较强的存活能力。-5℃在试验后 2h、2.5h、4h、5h 死亡率分别为 50.4%、90.5%、95.8%、100%。

关键词： 根腐线虫；温度；死亡率

中国线虫学研究（第七卷），2018，7：162~163
Nematology Research in China，2018，Vol. 7：162~163

不同小麦品种（系）对禾谷孢囊线虫的抗病性*

李秀花**，马　娟，高　波，王容燕，陈书龙***
（河北省农林科学院植物保护研究所/河北省农业有害生物综合防治工程技术研究中心/
农业部华北北部作物有害生物综合治理重点实验室，保定　071000）

The Resistance of Different Wheat Varieties (lines) to *Heterodera avenae**

Li Xiuhua**, Ma Juan, Gao Bo, Wang Rongyan, Chen Shulong***
(*Plant Protection Institute, Hebei Academy of Agricultural and Forestry Sciences/IPM Center of Hebei Province/
Key Laboratory of Integrated Pest Management on Crops in Northern Region of North China,
Ministry of Agriculture, Baoding*　071000, *China*)

摘　要：禾谷孢囊线虫（*Heterodera avenae*）是小麦等禾谷类作物上的重要线虫病害，目前已证实该线虫分布遍及我国16个省市，给小麦的安全生产造成巨大威胁。培育和推广禾谷孢囊线虫抗性品种是防治禾谷孢囊线虫最经济、安全、有效的防治途径，但我国小麦品种大部分为中度至高度感病。国际玉米与小麦改良中心已培育出了一系列抗孢囊线虫的品种，目前我国刚开展针对该病的抗病育种工作，还缺乏较好的抗病材料。为此，在前期工作基础上，我们进一步对国际玉米与小麦改良中心提供的国外种质材料及河北省生产上主推品种（系）进行抗禾谷孢囊线虫病的测定，旨在为我国小麦抗禾谷孢囊线虫品种的培育与利用提供理论依据。

于小麦上冻前（12月上旬）在河北安新县老河头镇禾谷孢囊线虫重病地大量取样，采用土壤漂浮过筛法分离孢囊，将孢囊挑取后，用无菌水洗涕后在15℃条件下孵化，每天收集孵化的二龄幼虫。小麦种子经表面消毒后，在25°C培养箱中催芽，待根长达2cm时，分别播入含消毒土的小钵塑料管（5×20cm）内，再覆土1~1.5cm厚。在播种后第6d一次性接种二龄幼虫（J_2）1 000条，每处理重复12次。2个月后调查小麦根部以及土壤中的孢囊数量，根据每株形成的孢囊数量确定品种的抗感性，高抗（HR）0~5孢囊数，中抗（MR）6~10孢囊数，中感（MS）11~20孢囊数，高感（HS）> 20孢囊数。

对国际玉米与小麦改良中心的42份小麦品种（系）的抗病性测定结果表明：有1个品

* 基金项目：公益性行业（农业）科研专项（201503114）；河北省财政专项（F18C10001）；国家自然科学基金（31501616）；河北省财政专项（F17C10007）

** 第一作者：李秀花，副研究员，从事线虫学研究；E-mail：lixiuhua727@163.com
*** 通信作者：陈书龙，研究员，从事线虫学研究；E-mail：chen_shulong@tom.com

种（系）SOKOLL/SUNVALE 表现为高抗；10 个品种（系）表现为中抗，分别为 SPN、SIALA、MILAN、AUS 4030. 7/2 * PASTOR、20616、SONMEZ、CROC_ 1/AE. SQUARROSA (224) //OPATA/JANZ、GS50a/PASTOR、MILAN、AUS4930 6. 5/PASTOR；中感品种（系）包括 ALTAY 2000、BEZOSTAYA、MIRZABEY2000、K_ 16_ 7AB、F01011G5-1 等 22 个；9 个品种（系）表现为高感，分别为 F372、NS 83/07、175/06、RAJ 1、CPI133872、50484、TAIKONG、CIM101、KUKRI/JANZ DH37。

此外对河北省小麦生产上 28 个主推品种（系）和 1 个牧草（冬牧 70 小黑麦）抗病性测定结果表明：均为高感品种，其中 2 个小麦品种津农 6 号、冀麦 2 号和牧草冬牧 70 小黑麦形成的孢囊数较低，平均每株根系孢囊数分别为 21. 4 个、22. 7 个和 21. 3。建议在生产上缺乏适宜高抗品种的情况下，可采用产生孢囊数较低且耐病性较高的小麦品种用于禾谷孢囊线虫的治理以减少禾谷孢囊线虫对小麦造成的为害。

关键词：禾谷孢囊线虫；抗病性；品种

中国线虫学研究（第七卷），2018，7：164~165
Nematology Research in China, 2018, Vol. 7: 164~165

河北省小麦根腐线虫病的发生与分布*

李秀花**，马　娟，高　波，王容燕，陈书龙***
（河北省农林科学院植物保护研究所/河北省农业有害生物综合防治工程技术研究中心/
农业部华北北部作物有害生物综合治理重点实验室，保定　071000）

Occurrence and Distribution of Root-lession Nematodes of Wheat in Hebei Province*

Li Xiuhua**, Ma Juan, Gao Bo, Wang Rongyan, Chen Shulong***
(*Plant Protection Institute, Hebei Academy of Agricultural and Forestry Sciences/IPM Center of Hebei Province/ Key Laboratory of Integrated Pest Management on Crops in Northern Region of North China, Ministry of Agriculture, Baoding* 071000, *China*)

摘　要：小麦根腐线虫病是一种世界性病害，其病原线虫为根腐线虫。在国外，澳大利亚、加拿大、东南亚、南亚和美国都有根腐线虫的报道，并且在小麦生产上已造成严重的产量损失，对小麦生产构成严重威胁。在澳大利亚，根腐线虫引起产量损失在38%~85%，在墨西哥产量损失在10%~40%，在爱尔兰产量损失在70%。国内已有根腐线虫危害其他作物的相关报道。在2006年河南首次发现小麦上有短体线虫危害，对小麦造成产量损失在13.58%~15.46%。河北省是我国的小麦生产大省，其小麦种植面积与产量始终位居全国前三名。在河北省还没有报道在小麦上发现小麦根腐线虫。本研究主要对河北省小麦根腐线虫病的发生与分布区域进行系统调查，通过调查明确河北省小麦根腐线虫病的发生与分布状况，为其综合治理提供理论基础。

2014—2017年，在小麦返青后到拔节期间，随机选择小麦地块，每块地随机选择10个点，取小麦根际土样和小麦根系，土样混匀后用浅盘法分离土样中的线虫，小麦根系洗净后用浅盘法分离根系中的线虫，在显微镜下镜检并计数。对根系分离出的根腐线虫初步用分子方法进行鉴定。

通过对河北省7个地区38个县486个不同的采样点进行调查，发现小麦根际土壤中的植物寄生线虫种类主要有7个属，数量由多到少依次为小麦孢囊线虫、根腐线虫属、矮化线虫属、螺旋线虫属、垫刃线虫属、盘旋线虫属、茎线虫属，小麦根系中主要的线虫种类有4

* 基金项目：公益性行业（农业）科研专项（201503114）；河北省财政专项（F18C10001）；国家自然科学基金（31501616）；河北省财政专项（F17C10007）
** 第一作者：李秀花，副研究员，从事线虫学研究；E-mail：lixiuhua727@163.com
*** 通信作者：陈书龙，研究员，从事线虫学研究；E-mail：chen_shulong@tom.com

个属小麦孢囊线虫、根腐线虫属、螺旋线虫属、矮化线虫属。

在486个不同的采样点中有315个样点分离出了根腐线虫，总检出率为64.81%。河北省的每个小麦地区都有发生，其中保定地区根腐线虫检出率最高，达96%，检出率最低的是沧州地区，为35.48%，各地区依据根腐线虫检出率大小顺序依次为：保定、邢台、石家庄、唐山（主要玉田和滦南）、衡水、邯郸、沧州。调查中发现在小麦水肥较好的地区，如保定、邢台、石家庄、唐山的玉田和滦南等根腐线虫发生较重，而在贫瘠土壤中根腐线虫的检出率相对较低，如沧州、邯郸、衡水根腐线虫发生相对较轻。不同地区小麦根腐线虫病的发生程度不同，同一地区不同地块的根腐线虫密度差别也较大。在沧州地区，根腐线虫的发生程度最轻，发病地块的根腐线虫数量大多在5个/100mL土以下，其中海兴县8.3%发病地块的根腐线虫数量在15.1~20个/100mL土；衡水地区的根腐线虫发生程度稍重于沧州地区，发病地块的根腐线虫数量大多在10个/100mL土，其中景县有8.3%发病地块的根腐线虫数量在40.1~45个/100mL土；其他5个地区发病地块的根腐线虫数量大多在15个/100mL土以下，在唐山地区的滦南有2.7%发病地块的根腐线虫数量在15.1~20个/100mL土，邢台地区的柏乡有5%发病地块的根腐线虫数量在15.1~20个/100mL土，邯郸地区的临漳县和肥乡县分别有3.8%和16.7%发病地块的根腐线虫数量分别在15.1~20个/100mL土和20.1~30个/100mL土，石家庄地区的藁城有7.1%发病地块的根腐线虫数量在30.1~40个/100mL土，保定地区的清苑县有11.1%发病地块的根腐线虫数量在100~150个/100mL土，而保定地区的安新县分别有19%和9.6%发病地块的根腐线虫数量在20.1~30个/100mL土和30.1~50个/100mL土。在这38个县中根腐线虫发生较严重的县是安新、无极、赵县、藁城、高邑和易县。

通过分子方法初步鉴定出河北省小麦根腐病原线虫为落选短体线虫（*Pratylenchus neglectus*）和斯克里布纳根腐线虫（*Pratylenchus scribneri*）。

关键词： 根腐线虫；发生；分布

中国线虫学研究（第七卷），2018，7：166
Nematology Research in China，2018，Vol. 7：166

抗孢囊线虫病大豆新品种抗线 12 的培育与鉴定*

李泽宇[1**]，李肖白[1]，田中艳[1]，李云辉[1]，陈井生[1]，朱洪德[2]
（[1] 黑龙江省农业科学院大庆分院，抗线虫大豆研究所，大庆 163316；
[2] 黑龙江八一农垦大学农学院，大庆 163319）

Breeding and Identification of Soybean Lines QN1594 Resistant to Soybean Cyst Nematode*

Li Zeyu[1**]，Li Xiaobai[1]，Tian Zhongyan[1]，
Li Yunhui[1]，Chen Jingsheng[1]，Zhu Hongde[2]
（[1] *Daqing branch of Heilongjiang Academy of Agricultural Sciences*，*Daqing* 163316，*China*；
[2] *College of Agronomy*，*Heilongjiang Bayi Agricultural University*，*Daqing* 163319，*China*）

摘　要：植物线虫抗病育种是解决植物线虫病害最经济有效的途径之一。在我国大豆主产区均有大豆孢囊线虫（SCN，*Heterodera glycines*）发生。由于大豆孢囊线虫严重危害性，世界上商业化的大豆品种大部分都是抗线虫品种。抗线 12 以黑抗 002-24 为母本，农大 5129 为父本，经有性杂交，系谱法选育而成。该品种为亚有限结荚习性。株高 90cm 左右，有分枝，紫花，圆叶，灰色茸毛，荚弯镰形，成熟时呈褐色。子粒椭圆形，种皮黄色，种脐黑色，有光泽，百粒重 19g 左右。蛋白质含量 39.77%，脂肪含量 20.89%。接种鉴定兼抗大豆孢囊线虫病 1 号、3 号、14 号生理小种，同时对根结线虫具有较好的抗性。该品种在适应区出苗至成熟生育日数 123d 左右，需≥10℃活动积温 2 550℃左右。产量表现：2009—2010 年进行黑龙江省区域试验，两年平均公顷产量 2 480.3kg，较对照品种抗线虫 3 号增产 12.0%。2011 年进行生产试验，平均公顷产量 2 513.3kg，较对照品种抗线虫 6 号增产 11.2%。抗线 12 解决了黑龙江省西部地区第一积温带多抗品种匮乏的现状，该品种作为我国抗线虫大豆品种的核心抗源被多家单位引进，利用该品种为亲本育成大豆新品种农庆豆 24。抗线 12 先后在黑龙江、内蒙古、吉林省、新疆、辽宁等地区示范推广种植，取得了一定的经济效益和社会效益，为我国大豆孢囊线虫病综合治理提供了品种支持。

关键词：大豆；大豆孢囊线虫；抗病育种；综合防治

* 基金项目：现代农业产业技术体系 CARS-04-CES07；大庆市科技攻关项目
** 第一作者：李泽宇，研究员，从事大豆抗线虫育种研究；E-mail：dqnkylzy@126.com

中国线虫学研究（第七卷），2018，7：167
Nematology Research in China，2018，Vol. 7：167

天津市设施蔬菜根结线虫发生动态*

刘春艳[1**]，霍建飞[1]，姚玉荣[1]，张福利[2]，白鹏华[1]，郝永娟[1]，王万立[1]
（[1] 天津市植物保护研究所，天津 300384；[2] 天津市蓟州区蔬菜技术服务站，天津 301900）

The Occurrence of Nematode Worms in Vegetables in Tianjin*

Liu Chunyan[1**]，Huo Jianfei[1]，Yao Yurong[1]，Zhang Fuli[2]，
Bai Penghua[1]，Hao Yongjuan[1]，Wang Wanli[1]
（[1] *Tianjin plant protection institute*，*Tianjin* 300384；
[2] *Vegetable and technical service station*，*Ji zhou district*，*Tianjin* 301900，*China*）

摘 要：为明确设施蔬菜根结线虫的动态变化，掌握关键防治时期，笔者于 2017 年 1—12 月，在天津市静海区良王庄乡十里堡村选 3 个大棚，定期对 0～10cm 土层取样调查。大棚蔬菜种植茬口一致，1—5 月为番茄，6—8 月为豆角、9—12 月为芹菜。每月在 3 个大棚分别用土壤取样器按 5 点取样法采集土壤标样，均匀混合约 200g，土样置于塑料袋内带回实验室，用于根结线虫 2 龄幼虫的分离，每处理重复 4 次。采用浅盘法进行根结线虫 2 龄幼虫的分离，在显微镜下观察和计数，检测施药后不同时期土壤中根结线 2 龄幼虫（J2）的数量。研究结果显示，在一年中，随着温度变化，大棚土壤中的根结线虫数量有明显规律性变化。本试验 3 个棚都出现了 3 个高峰期，分别出现在 4 月、7 月和 10 月，其中，大棚土壤中的根结线虫数量最大值均出现在 7 月，分别与番茄、豆角的采收期和芹菜生长旺盛期相一致。

关键词：根结线虫；设施蔬菜；天津市

---

* 基金项目：天津市科技计划项目（15ZCZDNC00440）；天津市科技计划项目（18ZXBFNC00010）；天津市蔬菜现代农业产业技术体系植物保护岗位（ITTVRS2017010）

** 第一作者：刘春艳，女，研究员，天津市植物保护研究所，主要从事蔬菜土传病害、根结线虫病防治研究

中国线虫学研究（第七卷），2018，7：168
Nematology Research in China，2018，Vol. 7：168

中越合作开展植物线虫病调查研究*

刘志明[1,2]**，陆秀红[1,2]，黄金玲[1,2]，张　禹[1,2]，李秋捷[3]，庞朝刚[3]
（[1] 广西农业科学院植物保护研究所，南宁　530007；
[2]广西作物病虫害生物学重点实验室，南宁　530007；[3] 广西大学农学院，南宁　530005）

Cooperative Investigation and Research of Plant Nematode Disease by China and Vietnam*

Liu Zhiming[1,2]**，Lu Xiuhong[1,2]，Huang Jinling[1,2]，Zhang Yu[1,2]，Li Qiujie[2]，Pang Chaogang
（[1] *Institute of Plant Protection*，*Guangxi Academy of Agricultural Sciences*，*Nanning*　530007，*China*；
[2] *Guangxi Key Laboratory of Biology for Crop Diseases and Insect Pests*，*Nanning*　530007，*China*；
[3] *Agricultural College of Guangxi University*，*Nanning*　530005，*China*）

摘　要：应越南农业大学农学院邀请，先后赴越南执行广西科技厅国际合作项目："中越边境地区农业科技走廊建设项目"和"中越作物病虫害综合防控联合实验室建设"项目研究。分别到越南河内、凉山、北江、北宁、广宁、宁平等地开展甜瓜、巴戟、蔬菜、香蕉、柑橘、番石榴、菠萝等作物线虫病发生情况调研。结果表明，从采集的根部和根际土壤分离到6个属植物寄生线虫，分别是根结线虫属（*Meloidogyne*）、螺旋线虫属（*Helicotylenchus*）、肾状线虫属（*Rotylenchulus*）、垫刃线虫属（*Tylenchus*）、短体线虫属（*Pratylenchus*）、滑刃线虫属（*Aphelenchoides*）；其中，以根结线虫为优势线虫属，样本检出率为73.33%，平均土壤虫口密度为45.80头/100mL土，其次是螺旋线虫属，样本检出率为66.67%，平均土壤虫口密度为6.67头/100mL土，其余为零星发生。根结线虫病在河内和北江的大棚甜瓜、宁平的香葱、北江的香蕉、广宁的巴戟发生普遍。其中，在河内的越南农业大学农学院大棚甜瓜根结线虫病发生严重，根结线虫样本检出率为100%，平均土壤虫口密度为143.5头/100mL土；广宁省巴叉县巴戟生产基地的根结线虫病样本检出率为66.67%，平均土壤虫口密度为50.00头/100mL土。同时，双方就大棚甜瓜和巴戟根结线虫病的防控技术进行交流，提出了培育无病苗、土壤消毒处理、肥水管理和栽培防病，在重病地进行药剂和生防剂防治等综合防控措施，并进行防治指导和示范。

关键词：中越合作；植物线虫；调研

---

* 基金项目：广西国际合作项目（桂科 AB16380002）；广西科技计划基地和人才专项（桂科 AD16380018）；广西创新驱动重大专项（桂科 AA17204041）；广西农科院基金（2015YT43）

** 第一作者：刘志明，研究员，从事植物线虫病害综合防治技术研究；E-mail：liu0172@126.com

中国线虫学研究（第七卷），2018，7：169
Nematology Research in China，2018，Vol. 7：169

番茄抗南方根结线虫侵染相关基因同源序列的克隆与分析*

陆秀红[1**]，张　雨[2]，秦舒婷[2]，黄金玲[1]，张　禹[1]，李秋捷[2]，刘志明[1***]
（[1]广西农业科学院植物保护研究所/广西作物病虫害生物学重点实验室，南宁　530007；
[2]广西大学，南宁　530005）

Cloning and Analysis of Infection Related Resistance Gene Analogs to *Meloidogyne incognita* in Tomato*

Lu Xiuhong[1**]，Zhang Yu[2]，Qin Shuting[2]，Huang Jinling[1]，
Zhang Yu[1]，Li Qiujie[2]，Liu Zhiming[1***]
（[1] *Institute of Plant Protection*，*Guangxi Academy of Agricultural Sciences/Key Laboratory of Biology of Crop Diseases and Insect Pests*，*Nanning*　530007，*China*；[2] *Agricultural College of Guangxi University*，*Nanning*　530005，*China*）

摘　要：根结线虫（*Meloidogyne* spp.）引起的番茄根结线虫病是番茄（*Lycopersicon esculentum*）的重要病害之一。根据已知抗病基因的保守结构域设计简并引物从植物基因组或 cDNA 中扩增抗病基因同源序列（Resistance Gene Analogs，RGAs），是筛选抗病基因及抗病相关基因的一种有效手段。本研究根据已知抗病基因的 NBS-LRR 保守结构域设计简并引物，从抗南方根结线虫的番茄材料 cDNA 中克隆 RGAs，并通过定量 PCR 技术检测 RGAs 与南方根结线虫侵染的相关性。序列分析发现，5 条序列具有连续开放阅读框和 NBS-LRR 保守结构域，分别命名为 *F*1-18、*F*2-35、*F*3-55、*F*5-8、*F*5-20；氨基酸序列比对分析显示，*F*5-8（GenBank 登录号为 MG860907）和 *F*5-20（GenBank 登录号为 MG860908）与已知抗病基因保守区域具有很高的相似性，其中 *F*5-8 与 *Mi* 在氨基酸水平上相似性为 92%，*F*5-20 与 *Hero* 基因在氨基酸水平上相似性为 96%。定量 PCR 结果发现 *F*5-8 和 *F*5-20 在接种南方根结线虫二龄幼虫后 24 小时后其表达量均发生了变化。初步确定 *F*5-8 和 *F*5-20 为南方根结线虫侵染相关基因。

关键词：番茄；南方根结线虫；抗病基因同源序列

---

* 基金项目：国家自然科学基金（31460465）；广西创新驱动重大专项（桂 AA17204041）；广西农业科学院科技发展基金项目（桂农科 2016JZ06，2015JZ20）

** 第一作者：陆秀红，副研究员，从事植物线虫研究；E-mail：lu8348@ 126. com
*** 通信作者：刘志明，研究员，从事植物线虫研究；E-mail：liu0172@ 126. com

中国线虫学研究（第七卷），2018，7：170～171
Nematology Research in China，2018，Vol. 7：170～171

昆虫病原线虫资源调查与应用*

马　娟**，李秀花，高　波，王容燕，陈书龙***
（河北省农林科学院植保所/河北省农业有害生物综合防治工程技术研究中心/
农业部华北北部作物有害生物综合治理重点实验室，保定　071000）

Diversity of Entomopathogenic Nematodes in North China and Their Control Potential against Soil Pest*

Ma Juan**，Li Xiuhua，Gao Bo，Wang Rongyan，Chen Shulong***
（*Institute of Plant Protection*，*Hebei Academy of Agricultural and Forestry Sciences/ IPM centre of Hebei Province/Key Laboratory of Integrated Pest Management on Crops in Northern Region of North China*，*Ministry of Agriculture*，*Baoding*　071000，*China*）

摘　要：昆虫病原线虫（Entomopathogenic nematodes，EPN）是一种昆虫寄生线虫，常见的主要包括异小杆线虫（*Heterorhabditis*）和斯氏线虫（*Steinernema*）两个属的线虫，其体内携带强致病力的共生细菌，为一类高效生物杀虫剂，在害虫的可持续治理中具有巨大的应用潜力。目前在很多国家昆虫病原线虫已商品化生产并用于园艺作物、果树、草地以及蘑菇虫害的防治。了解我国昆虫病原线虫资源，筛选高效、适应性强的种类对于我国一些重要害虫的可持续性治理具有重要的意义。近年来我们分别在中国河北、山西、河南、辽宁、吉林、黑龙江、内蒙古7个省（区）进行了昆虫病原线虫资源系统调查，共采集土样4 000余份，分离出昆虫病原线虫种群近300个。采集的EPN中异小杆线虫有4个种群：*Heterorhabditis bacteriophora*、*H. megidis*、*H. beicherriana* 和 *H. indica*；而斯氏线虫有10个种群：*Steinernema carpocapsae*、*S. ceratophorum*、*S. feltiae*、*S. hebeiense*、*S. litorale*、*S. longicaudum*、*S. monticolum*、*S. tielingense*、*S. xinbinense*、*S. changbaiense*。其中 *S. tielingense*、*S. xinbinense*、*S. changbaiense*、*S. hebeiense* 为本团队新描述种。以收集的不同地区的昆虫病原线虫种群为材料，在室内初步测定了这些昆虫病原线虫的生防潜力。明确了不同种类线虫对不同龄期韭蛆及不同浓度线虫液对韭蛆的防治效果，筛选出了防治韭蛆效果较好的昆虫病原线虫种群9个，并在温室及田间环境下验证了其防治潜力，为其大面积应用奠定了基础。以蛴螬、叶甲等重要的土传害虫为防治对象，通过对线虫资源进行筛选，获得3株具有应用前景的EPN种群，分别为 *Heterorhabditis beicherriana* LJ-24，*H. bacteriophora* HQ-4 和 *H. bacteriophora* NT-1。线虫使用浓

---

* 基金项目：河北省财政专项 F17C10007；国家基金（31501616，31401721）
** 第一作者：马娟，副研究员，从事线虫学研究；E-mail：majuan_ 206@ 126. com
*** 通信作者：陈书龙，研究员，从事线虫学研究；E-mail：chenshulong65@ 163. com

度为 30 IJs/cm^2 时 *H. bacteriophora* HQ-4 对暗黑鳃金龟致死率达到 92%。使用浓度为 50 条/cm^2，*H. beicherriana* LJ-24 对叶甲致死率可达 90%。下一步将针对已筛选出的高效 EPN 种群探讨适合的田间施用技术，最终得到可应用于田间的 EPN 种群，为农业生产提供有效的生物防治资源，以减少化学农药使用，降低农药残留，提高经济效益，增加社会效益。

关键词：昆虫病原线虫；系统调查；韭蛆；蛴螬；叶甲

中国线虫学研究（第七卷），2018，7：172
Nematology Research in China，2018，Vol. 7：172

大豆孢囊线虫生防细菌的筛选及鉴定*

屈　楠**，Maria，田忠玲，蔡瑞杭，姚　珂，郑经武***
（浙江大学生物技术研究所，杭州　310058）

Screening and Identification of Bacteria Agents Against *Heterodera glycines**

Qu Nan**，Maria，Tian Zhongling，Cai Ruihang，Yao Ke，Zheng Jingwu***
（*Institute of Biotechnology*，*Zhejiang University*，*Hangzhou*　310058，*China*）

摘　要：大豆孢囊线虫（*Heterodera glycines*）系定居性植物内寄生线虫，是制约大豆生产的最重要的土传病原生物之一。在该线虫的防治中，杀线剂的使用在一定程度上降低了病害的发生，但多数药剂对人、畜都有毒害作用，在土壤中残留时间长，不易分解。随着当代绿色、可持续发展的农业新要求的提出，生物防治受到国内外研究者广泛重视。

本研究从所在实验室已有的来自安徽省宿州市、浙江省杭州市和山西省太谷县病土中分离纯化得到的183株菌株，选取菌落形态不一致的菌株分别通过体外毒杀试验测定、对大豆孢囊线虫卵孵化的抑制作用和对二龄幼虫（J2）的毒杀作用等，结果显示有3株菌株A2-4、HZ-6和SH-1对大豆孢囊线虫毒性较为显著，48h后对卵的孵化抑制率分别为88.2%、74.5%和76.7%；48h后对二龄幼虫的校正死亡率分别为82.0%、72.3%和75.6%。此外，3菌株对松材线虫（*Bursaphelenchus xylophilus*）、水稻干尖线虫（*Aphelechoides besseyi*）同样具有较好的毒杀效果，48h后的校正死亡率均在60%以上。同时发现将A2-4、HZ-6和SH-1 3种菌株等量混合后杀线作用略有增强。基于形态学和分子特征鉴定，3株菌株均为芽胞杆菌属，其中A2-4为巨大芽胞杆菌（*Bacillus megaterium*）、HZ-6为坚强芽胞杆菌（*B. firmus*）、SH-1为内生芽胞杆菌（*B. endophytic*）。研究结果初步表明，以上3株菌株是防控大豆孢囊线虫很有潜力的生防菌株。

关键词：大豆孢囊线虫；生防细菌；芽胞杆菌

---

* 基金项目：公益性行业（农业）科研专项（201503114）

** 第一作者：屈楠，硕士研究生，主要从事植物线虫病害研究；E-mail：21616139@zju.edu.cn
*** 通信作者：郑经武，博士，教授，主要从事植物线虫分类及线虫病害治理方面的研究；E-mail：jwzheng@zju.edu.cn

中国线虫学研究（第七卷），2018，7：173
Nematology Research in China，2018，Vol. 7：173

拟禾本科根结线虫钙网蛋白基因的鉴定及功能分析*

田忠玲**，屈　楠，郑经武***
（浙江大学生物技术研究所，杭州　310058）

Molecular Cloning and Characterization of a Calreticulin in Root-knot nematode, *Meloidogyne graminicola**

Tian Zhongling**，Qu Nan，Zheng Jingwu***
（*Institute of Biotechnology*，*Zhejiang University*，*Hangzhou*　310058，*China*）

摘　要：拟禾本科根结线虫（*Meloidogyne graminicola*）系水稻上一种重要的病原生物，是一种典型的定居性性内寄生线虫。它能使水稻的整个生育期发病，对水稻典型的危害症状是被侵染的根尖形成钩状根结。钙网蛋白（Calreticulin）是一类普遍存在于多细胞真核生物中高度保守的钙结合分子伴侣，定位于内质网，在蛋白质的折叠、mRNA 的降解、胞内 Ca^{2+} 平衡调控发挥着重要的作用。钙网蛋白由许多动植物寄生虫分泌到宿主组织中，在侵染、寄生、致病和免疫过程中发挥重要作用，它被认为是控制植物寄生线虫的理想靶标。本研究通过已有的拟禾本科根结线虫的转录组数据，利用 RACE 技术克隆获得了拟禾本科根结线虫钙网蛋白基因的 cDNA 全长，并对克隆序列进行了分析。*Mg-CRT* cDNA 序列全长为 1 716bp，其中开放阅读框（ORF）区域长为 1 248bp，可以编码一个含 415 个氨基酸的蛋白质。预测蛋白 N 端含有信号肽，同时在预测蛋白 5~20 个氨基酸处有较强的跨膜信号，表明其为分泌型蛋白。不同生物体的 Mg-CRT 氨基酸序列的多重序列比对结果显示 Mg-CRT 与其他物种的 CRT 序列有很高的相似性。原位杂交结果显示 *Mg-CRT* 在侵染前二龄幼虫的亚腹食道腺中表达；qRT-PCR 分析证实，在线虫发育过程中，*Mg-CRT* 表达水平升高，并在 J3/J4 龄期达到最高。*Mg-CRT* 体外 RNA 干扰后，靶基因的转录水平显著下调，接种 dsRNA 浸泡后的二龄幼虫 50 h 后，酸性品红染色观察水稻根内二龄幼虫的数量与对照相比显著降低。*Mg-CRT* 基因的克隆和分析为深入研究其对拟禾本科根结线虫的致病力的作用机制奠定基础。

关键词：拟禾本科根结线虫；钙网蛋白；克隆；原位杂交；RNAi

---

* 基金项目：公益性行业（农业）科研专项（201503114）
** 第一作者：田忠玲，博士研究生，主要从事植物线虫病害研究；E-mail：tzl@ zju. edu. cn
*** 通信作者：郑经武，博士，教授，主要从事植物线虫分类及线虫病害治理方面的研究；E-mail：jwzheng @ zju. edu. cn

中国线虫学研究（第七卷），2018，7：174~175
Nematology Research in China，2018，Vol. 7：174~175

诱导番茄抗南方线虫根瘤内生菌的初步研究*

王　帅**，赵劲捷，王媛媛，朱晓峰，范海燕，刘晓宇，段玉玺，陈立杰***
（沈阳农业大学植物保护学院，沈阳　110866）

Identification of the Two Nodule Endophytes to Induce Tomato Resistance to *Meloidogyne incognita* *

Wang Shuai **，Zhao Jinjie，Wang Yuanyuan，Zhu Xiaofeng，
Fan Haiyan，Liu Xiaoyu，Duan Yuxi，Chen Lijie ***
（*College of plant protection*，*Shenyang Agricultural Uinversity*，*Shenyang*，*Liaoning*　110866，*China*）

摘　要：根结线虫（*Meloidogyne*）病是一类重要的植物寄生线虫病，其分布最广、危害最重，给农林生产造成巨大损失。利用生防细菌诱导植物增强其对病原物的抗性是一种有效的生物防治方式。为拓展番茄根结线虫病的生物防治，本研究以 271 株根瘤内生菌为试验材料，种子包衣育苗后分别于辽宁铁岭东贝河及辽宁铁岭李千户两地进行 3 次田间筛选，田间筛选确定 6 株高效、稳定的生防菌 Sneb13、Sneb35、Sneb55、Sneb66、Sneb111 和 Sneb142 进行温室盆栽试验验证。盆栽试验结果显示根结减退率在 44%以上的菌为 Sneb13、Sneb66 和 Sneb111，分别为 44.83%，55.17%，44.83%，植株株重提高 30%以上的为 Sneb13 和 Sneb111，分别提高 44.2%与 33.15%。采用传统形态学、生理生化和 16S rDNA 鉴定方法对 2 株高效根瘤内生菌 Sneb13 和 Sneb111 进行鉴定，Sneb13 在 NA 培养基上 24 h 后形成形状不规则、不透明的淡黄色菌落，边缘光滑，表面无皱褶；革兰氏染色红色，为革兰氏阴性菌；透射电镜下菌株短棒状，两端钝圆（0.6~1.2）μm ×（0.35~0.4）μm，端生鞭毛 1 到 4 根。能水解淀粉，吲哚试验呈阴性；MR-VP 试验呈阴性；柠檬酸盐和硝酸盐还原阳性，与嗜根寡养单胞菌（*Stenotrophomonas rhizophila*）的特性表述基本一致。Sneb111 在 NA 培养基上 24h 形成形状不规则、不透明的淡乳白色菌落，边缘光滑，表面无皱褶，也为革兰氏阴性菌，电镜下菌株卵圆形，（0.5~1.0）μm×（1.5~4.0）μm，端生鞭毛 1 到多根；尿素分解，鸟氨酸阳性，硝酸盐还原阴性，山梨醇阴性，侧金盏花醇阴性，苯丙氨酸阴性与 Sneb111 为莓实假单胞菌（*Pseudomonas fragi*）的特性表述基本一致。Sneb13 和 Sneb111 的 16S rDNA 序列长度分别为 1 386bp 和 1 381bp。序列提交到 GenBank 进行 BLAST 比对，分

---

* 基金项目：国家重点研发计划新型高效生物杀菌剂研发 2017YFD02011；国家自然科学基金 31471748
** 第一作者：王帅，男，在读博士，现从事根结线虫生物防治研究；E-mail：17702400675 @ 163. com
*** 通信作者：陈立杰，女，教授，现从事线虫生物防治研究；E-mail：chenlijie0210@ 163. com

别与嗜根寡养单胞菌（*Stenotrophomonas rhizophila*）和莓实假单胞菌（*Pseudomonas fragi*）相似度达 99%。结合生理生化结果和生物学分析可以判断菌株 Sneb13 和 Sneb111 分别为嗜根寡养单胞菌（*Stenotrophomonas rhizophila*）和莓实假单胞菌（*Pseudomonas fragi*）。

关键词：南方根结线虫；根瘤内生菌；形态学；生理生化；16S rDNA

中国线虫学研究（第七卷），2018，7：176
Nematology Research in China，2018，Vol.7：176

首次报道俄罗斯栽培介质中发现伞滑刃属线虫

王　旭*，葛建军
（中国检验检疫科学研究院，北京　100176）

First Report of *Bursaphelenchus* sp. in Cultivation Medium of Russia

Wang Xu*，Ge Jianjun
（*Chinese Academy of Inspection and Quarantine*，*Beijing*　100176）

摘　要：2017年9月，笔者对俄罗斯首次进口的栽培介质样品进行了线虫检测，利用改良的贝曼漏斗从该样品中分离到大量线虫。经形态鉴定，该线虫具有口针，食道腺分为4部分，中食道球方圆形，侧区4条测线，雌虫尾圆锥形，阴门突出无交合盖，雄虫交合刺玫瑰刺形，尾端有交合伞，可以初步判定为伞滑刃属线虫。进一步通过分子生物学方法进行验证，采用液氮法提取单条线虫的DNA，利用28S通用引物D2A和D3B对线虫DNA进行扩增，获得片段长度约775bp。经测序后，结果与GenBank中*Bursaphelenchus* sp.（No：KT884895.1）的相似性为93%。因此，可以判定该线虫为伞滑刃属线虫，疑是伞滑刃属新种。这是首次报道俄罗斯栽培介质中发现伞滑刃属线虫。伞滑刃属线虫中松材线虫、椰子红环腐线虫可以对植物造成巨大为害，是重要的植物病原线虫也是国际重要检疫对象，属内很多种也都有寄生植物的报道。故应对其加强检疫力度，降低潜在有害生物传入风险。

关键词：俄罗斯栽培介质；伞滑刃属线虫

*第一作者：王旭，助理研究员，从事植物线虫检疫研究；E-mail：wangxu_ nema@ 126. com

中国线虫学研究（第七卷），2018，7：177
Nematology Research in China，2018，Vol. 7：177

我国十二省市区小麦短体线虫种类的分子鉴定*

王亚东**，马居奎，贺　祥，王　暄，李红梅***
（南京农业大学，农作物生物灾害综合治理教育部重点实验室，南京　210095）

Molecular Identification of *Pratylenchus* Species on Wheat from Twelve Provinces in China*

Wang Yadong**，Ma Jukui，He Xiang，Wang Xuan，Li Hongmei***
（*Key Laboratory of Integrated Management of Crop Diseases and Pests*，*Ministry of Education*，*Nanjing Agriculture University*，*Nanjing*，*Jiangsu*　210095，*China*）

摘　要：短体线虫（*Pratylenchus* Filipjev，1936）是一类分布广泛、寄主种类众多的迁移性植物内寄生线虫，侵染植物根部组织导致破裂、腐烂等，此外还与其他病原真菌或细菌复合侵染加重对作物的危害。在调查我国麦区孢囊线虫发生分布过程中，我们发现短体线虫与孢囊线虫复合侵染小麦根系的现象普遍存在，且同一田块可能存在多种短体线虫混合发生，因此明确我国麦区短体线虫的种类分布情况，可为小麦根部线虫病的综合防治提供理论指导。

本研究对采自我国 12 个省区市（江苏、安徽、河南、河北、山东、山西、陕西、天津、湖北、青海、甘肃、新疆）麦区的 46 个短体线虫样品进行了分子鉴定，提取单条短体线虫 DNA，扩增 rDNA 和 mtDNA-COI 片段，进行序列比对分析以及种特异性 SCAR 引物 PCR 验证。结果显示，从 46 个样品中鉴定出的种类主要有咖啡短体线虫（*P. coffeae*）、落选短体线虫（*P. neglectus*）和斯克里布纳短体线虫（*P. scribneri*），混合种群样品有 17 个，单一种群样品有 29 个。其中，*P. neglectus* 出现在 31 个样品中，*P. coffeae* 出现在 16 个样品中，*P. scribneri* 出现在 14 个样品中，*P. neglectus* 是我国麦区的优势种群。在 12 个省份中，6 个省有复合种群发生，江苏和山东省有 *P. neglectus* 和 *P. scribneri* 复合侵染样品各 2 个，安徽省有 *P. neglectus* 和 *P. coffeae* 复合侵染样品 5 个，而河南省是 *P. neglectus* 分别与 *P. coffeae* 或 *P. scribneri* 复合侵染样品共 5 个，湖北省是 *P. coffeae* 和 *P. scribneri* 复合侵染样品 1 个，而陕西省有 *P. neglectus* 和 *P. scribneri* 样品 1 个，3 个种复合侵染样品 1 个。目前，发现河北省只有 *P. coffeae* 和 *P. scribneri* 的单一侵染，而天津、山西、甘肃和青海是 *P. neglectus* 单一侵染，新疆是 *P. scribneri* 单一侵染。基于 SCAR 特异性引物检测的结果与上述鉴定结果一致，证实了我国麦区短体线虫不同种复合侵染现象较为普遍。

关键词：短体线虫；种类鉴定；rDNA；mtDNA；SCAR

---

* 基金项目：公益性行业农业科研专项“作物孢囊线虫综合治理技术方案”（201503114）
** 第一作者：王亚东，河南人，硕士研究生，从事植物线虫学研究；E-mail：WWangYD@ 126. com
*** 通信作者：李红梅，教授，博士生导师，从事植物线虫学研究；E-mail：lihm@ njau. edu. cn

中国线虫学研究（第七卷），2018，7：178~179
Nematology Research in China，2018，Vol. 7：178~179

根结线虫侵染诱导的根结特异表达启动子克隆*

董　莹**，吴文涛，薛美静，张　靖，王　扬***
（云南农业大学植物保护学院，昆明　650201）

摘　要：近年来，象耳豆根结线虫（*Meloidogyne enterolobii*）的发生已成逐渐上升的趋势，其具有广泛的寄主、能克服目前已知的所有抗性基因，国际上已将它作为重要的检疫对象。在象耳豆根结线虫的防治中，由于自然界中缺乏可利用的抗性基因，因此利用基因工程培育新的抗病品种成为防治象耳豆根结线虫的重要途径。但至今仍没有形成一种可供商业化生产的抗病品种，其中一个重要的问题是缺乏合适的基因启动子。本研究通过对接种象耳豆根结线虫 21d 后取接种番茄地下部和地上部及未接种对照番茄的地下部进行转录组测序，得到仅在侵染根结线虫地下部上调表达的差异表达基因 36 个。通过荧光定量 PCR 检测发现其中 3 个基因 T2193、T106 和 S8780 能够受象耳豆根结线虫侵染诱导在根结处特异表达，进一步克隆 3 个基因的推定启动子片段与 *GUS* 报告基因相连，通过农杆菌介导转化番茄，获得了发育正常的转基因植株，转基因番茄苗移栽到土壤中，分别接种象耳豆根结线虫和南方根结线虫的二龄幼虫，21d 后通过 *GUS* 染色验证启动子的活性，发现预测的 T106 基因启动子能启动 *GUS* 基因的在根结处特异高丰度表达，表明该启动子片段可以作为抗线虫转基因工程育种的启动子元件。

关键词：根结线虫；转录组分析；基因启动子；转基因番茄

Clone of Root-knot Specific Promoter Inducing by Root-knot Nematode*

Dong Ying**，Wu Wentao，Xue Meijing，Zhang Jing，Wang Yang***
（*College of Plant Protection*，*Yunnan Agricultural University*，*Kunming*　650201）

Abstract：In recent years，the occurrence rate of *Meloidogyne enterolobii* is increasing because it has a wide range of hosts and can overcome all resistance varieties. Therefore，*M. enterolobii* has been regarded as an important quarantine object in the world. In order to control root-knot nematode disease，using resistant variety is a prior option because of its short breeding period，low cost and no change of important agronomic traits. While，there is still no resistant variety for commercial

* 基金项目：国家自然科学基金（311060361，31560502）
** 第一作者：董莹，博士研究生，从事线虫学研究；E-mail：dongying_ 1234@ yeah. net
*** 通信作者：王扬，教授，从事线虫学研究；E-mail：wangyang626@ sina. com

production due to lack of a suitable gene promoter. We sequenced the under and the upperground of tomatoes infected by *M. enterolobii* and healthy tomatoes as control through RNA-seq methods. There were 36 genes differentially expressed in the subsurface of tomato infected by root-knot nematode, and all of them were up-regulated expressed. A total of three specific genes expressed in tomato root were obtained through qRT-PCR. There are T2193, T106, and S8780, respectively. We cloned the putative promoter of these three genes and fused them with *GUS*, the transfer into tomato. We transplanted transgenic tomato seedlings into soil then inoculated the second-stage juveniles of *M. enterolobii* and *M. incognita* in tomato. The activity of promoter was verified by *GUS* staining in 21 days. We found that predicted promoter of T106 could express *GUS* gene with high level in root, implying that the promoter of T106 could be used as a promoter element for breeding nematode resistant genetic modified crops.

Key words: Root-knot nematode; Transtriptome; Promoter; Transgenic tomato

中国线虫学研究（第七卷），2018，7：180~181
Nematology Research in China，2018，Vol. 7：180~181

三种根结线虫环介导等温扩增快速检测技术的研究*

吴文涛**，张　靖，薛美静，许姗姗，王　扬***
（云南农业大学植物保护学院，昆明　650201）

摘　要：根结线虫（*Meloidogyne* spp.）是世界范围内严重危害农业生产的病原生物种类和各国的植物检疫对象，其中南方根结线虫（*M. incognita*）、花生根结线虫（*M. arenaria*）和爪哇根结线虫（*M. javanica*）因其广泛的分布性和多寄主性成为热带、亚热带地区最主要的种类，而3种根结线虫的种间的差异性较小，这导致很难对其进行准确鉴别。反转录-环介导等温扩增技术（Loop-mediated isothermal amplification，LAMP）是一种新的、特异性、方便快捷的核酸扩增技术，与传统的PCR技术相比，LAMP不需要热循环，实验结果肉眼即可观察，具有高效和特异性，目前在植物线虫的检测当中得到广泛的应用。本研究采用南方根结线虫的特异性引物（MiF、MiR）、爪哇根结线虫的特异性引物（MjF、MjR）和花生根结线虫的特异性引物（MaF、MaR）分别对所选择的根结线虫进行PCR扩增，将扩增产物纯化、回收并测序。根据测序结果，采用PrimerExplorerV4软件，分别设计3种根结线虫的LAMP特异性引物，用特异性LAMP引物检测3种根结线虫，均表现出特异性。在此基础上进一步优化了反应体系中的$dNTP_S$、Mg^{2+}、甜菜碱和反应时间条件，建立了南方、花生和爪哇根结线虫的LAMP快速检测体系为：$dNTP_S$浓度为1mmol/L，Mg^{2+}的浓度为5mmol/L，不添加甜菜碱，反应时间为45min。建立的南方、花生、爪哇根结线虫LAMP快速分子检测方法能够直接从植物根结中准确检测出南方、花生、爪哇根结线虫，具有较高的实践应用价值。

关键词：南方根结线虫；花生根结线虫；爪哇根结线虫；环介导等温扩增；快速检测

Loop-mediated Isothermal Amplification Assay for Rapid Diagnosis of Three Root-knot Nematode*

Wu Wentao**，Zhang Jing，Xue Meijing，Xu Shanshan，Wang Yang***
（*College of Plant Protection*，*Yunnan Agricultural University*，*Kunming*　650201，*China*）

Abstract：Root-knot nematodes（*Meloidogyne* spp.）constitute a major group of pathogens of

* 基金项目：国家自然科学基金（31560502）；国家重点研发计划（2016YFC1202104）
** 第一作者：吴文涛，硕士研究生，从事线虫学研究；E-mail：1174908234@qq.com
*** 通信作者：王扬，教授，从事线虫学研究；E-mail：wangyang626@sina.com

agricultural crops and have been listed as quarantine pests in many countries, Among them, *M. incognita*, *M. arenaria*, and *M. javanica* are the most important species in the tropical, subtropical and temperate regions due to their widespread distribution and multi-hostility. The species, these three root-knot nematodes may be formed by the loss or fusion of chromosomes in the long-term evolution process, and the differences among species are small, which makes it difficult to identify them. Reverse Transcription Loop-mediated isothermal amplification is a new, specific and convenient nucleic acid amplification technology. LAMP does not need thermal cycle compared with the traditional PCR technology, and the experimental results of LAMP can be observed by naked eyes with high efficiency and specificity. It is widely used in the detection of plant nematodes. This study aimed at three root knot nematode species specificity extents, The specific primers for *M. incognita* (MiF, MiR) and the specific primer for *M. javanica* (MjF, MjR) and a specific primer for *M. arenaria* (MaF, MaR) were used, respectively for PCR amplification of the selected root-knot nematode DNA fragment. The amplified product was purified, recovered and sequenced. According to the sequencing results of the three root-knot nematodes, PrimerExplorerV4 software was used to design specific LAMP-specific primers for three species of root-knot nematode, and specific primers were used to detect three root-knot nematodes. The dNTPS, Mg^{2+}, betaine and reaction time conditions in the reaction system were optimized, and the LAMP rapid detection system for the southern root, peanut and Java root knot nematode was established as follows: the concentration of dNTPS was 1 mmol/L, and the concentration of Mg^{2+} was 5 mmol/L. Betaine was added and the reaction time was 45min. The results showed that the rapid molecular detection method of LAMP established in this study can directly detect the three root-knot nematodes and has high practical value.

Key words: *M. incognita*; *M. arenaria*; *M. javanica*; Loop-mediated isothermal amplification; Rapid detection

中国线虫学研究（第七卷），2018，7：182~183
Nematology Research in China，2018，Vol. 7：182~183

cry6A 基因的克隆及植物表达载体的构建*

吴文涛**，张 靖，薛美静，许姗姗，王 扬***
（云南农业大学植物保护学院，昆明 650201）

摘 要：苏云金芽胞杆菌是目前世界上应用最广的的生物杀虫剂和转基因抗虫育种的资源库，研究表明其对多种线虫具有杀虫活性。苏云金芽胞杆菌中 *cry*1、*cry*5、*cry*6、*cryl*2、*cryl*3、*cryl*4、*cry*21 是现有具有杀线虫能力的晶体蛋白基因。*cry6A* 基因是从对北方根结线虫有高毒力的苏云金芽胞杆菌野生型菌株 YBT-1518 中最新克隆到的一个 *Bt* 基因，通过杀虫活性测定表明，晶体蛋白 cry6A 对线虫有高毒力杀虫能力。因此克隆该基因并进行植物表达的构建对利用抗病基因防治线虫病害具有重要意义。本研究设计含有限制性内切酶酶切位点的引物，通过 PCR 扩增分子克隆技术获得 *cry6A* 基因，序列大小 1 500bp，将测序结果与 GenBank 中登录的 *cry6A* 基因进行对比，同源性为 100%。将扩增片段与 18T 载体连接，将 18T-cry6A 与植物表达载体 1304 大量提取后，采用相同的酶切位点酶切后，回收 *cry6A* 片段和 1304 载体大片段，通过 T4 连接酶连接后，构建了含有 *cry6A* 基因的 1304 植物表达载体。为利用 *cry6A* 基因进行转基因抗病育种打下基础。
关键词：*cry6A* 基因；植物表达载体构建；转基因抗病育种

Construction of the Nematocidal Gene cry6A Plant Expression Vector*

Wu Wentao**，Xue Meijing，Zhang Jing，Xu Shanshan，Wang Yang***
（*College of Plant Protection*，*Yunnan Agricultural University*，*Kunming* 650201，*China*）

Abstract：*Bacillus thuringiensis* is the resource bank of biological insecticides and transgenic insect resistant breeding，and it is the most widely used in the world. It has insecticidal activity to a variety of nematodes by some research. cryl，cry5，cry6，cryl2，cryl3，cryl4 and cry21 in bacillus thuringiensis are crystalline protein genes with the ability to kill the nematode. The cry6A is a Bt gene，which has cloned from the wild strain YBT-1518 of Bacillus thuringiensis that has highly toxic for *meloidogyne hapla*. The insecticidal activity assay showed that the crystal protein cry6A was highly toxic to nematodes. Therefore，cloning of this gene and construction of plant expression

---

* 基金项目：国家自然科学基金（31560502）
** 第一作者：吴文涛，男，硕士研究生，主要从事线虫学研究；E-mail：1174908234@ qq. com
*** 通信作者：王扬；E-mail：wangyang626@ sina. com

vectors is a great significance for the control of nematode diseases using resistance genes. In this study, the primers containing restriction endonuclease sites were designed, and the cry6A gene was obtained by PCR amplification and molecular cloning technology. The gene sequence size was 1 500bp, and the sequencing results were compared with the cry6A gene registered in GenBank and the homology was 100%. The amplified fragment was linked with the 18T vector, and then the 18T-cry6A and the plant expression vector 1304 were extracted. The cry6A fragments and 1304 vector Large fragment were recovered and enzyme cutting through the same enzyme cutting site, and they are connected by the T4 ligase. Finally, the 1304 plant expression vector containing cry6A gene was constructed. This lays the foundation for the breeding of transgenic disease resistance by using the cry6A gene.

Key words: *cry6A* gene; Construction of plant expression vectors; The breeding of transgenic disease resistance

中国线虫学研究（第七卷），2018，7：184
Nematology Research in China，2018，Vol. 7：184

根结线虫拮抗细菌 X-20 的筛选和鉴定*

徐玉梅**，路　平，姚亚楠，董海龙，王建明***
（山西农业大学农学院，太谷　030801）

Screening and Identification of Bacteria X-20 against *Meloidogyne**

Xu Yumei**，Lu Ping，Yao Ya'nan，Dong Hailong，Wang Jianming***
（*College of Agronomy*，*Shanxi Agricultural University*，*Taigu*　030801）

摘　要：从山西省晋中市太谷县根结线虫发生严重的温室大棚内采取土样，采用梯度稀释法分离，通过室内杀线虫活性测定，筛选出 4 株具有杀线虫活性的细菌菌株。其中 X-20 具有较强的抗线虫活性，菌株的发酵液处理根结线虫的二龄幼虫 24h 后杀线虫率达 100%，稀释 10 倍的发酵液 48h 杀线虫率达 81%。通过对 X-20 菌株的形态特征和菌落形态观察、生理生化测定以及 16S rDNA 分子序列分析结果表明：① X-20 生防细菌的菌体为短杆状，大小为（1.7~4.1）μm ×（0.5~0.9）μm。革兰氏染色为阴性，无芽胞，有 1~2 条单极生鞭毛；在 NA 固体培养基上菌落黄色，圆形，周边整齐，表面隆起，能产生荧光色素。②生防细菌 X-20 能与氧化酶、脂酶、接触酶和精氨酸双水解酶进行反应，可使明胶液化，可利用葡萄糖与果糖，可还原硝酸盐，不能利用淀粉；该菌 4℃时不能生长，但在 41℃时可生长。③利用通用引物 F（5′-CAGAGTTTGATCCTGGCT-3′）和 1540R（5′-AGGAGGTGATCCAGCCGCA-3′）对生防细菌 X-20 的 16S rDNA 进行 PCR 扩增及序列测定分析，所得序列片段长度为 1 416bp。在 NCBI 中 Blast 对比分析，菌株 X-20 与荧光假单胞菌（MG461480）相似度达 99%，系统发育树分析其与荧光假单胞菌亲缘关系最近。综合形态、生理生化和分子鉴定结果，确定 X-20 菌株为荧光假单胞菌（*Pseudomonas fluorescens*）。

关键词：荧光假单胞菌；根结线虫；形态特征；生理生化特性

* 基金项目：山西省应用基础研究项目（201601D202072）；山西省科技攻关项目（20120311019-3）

** 第一作者：徐玉梅，副教授，从事线虫分类及其综合控制研究；E-mail：ymxu0310@163.com
*** 通信作者：王建明，教授，从事植物线虫学和分子植物病理学研究；E-mail：jm.w@163.com

中国线虫学研究（第七卷），2018，7：185~186
Nematology Research in China，2018，Vol. 7：185~186

寄生真菌发酵液对大豆孢囊线虫抑制及防治研究*

许艳丽[1]**，鲁建聪[1]，宋　洁[1,2]，潘凤娟[1]
（[1]中国科学院东北地理与农业生态研究所，哈尔滨　150081；
[2]哈尔滨商业大学，哈尔滨　150028）

Suppressness and Biocontrol of Parasitic Fungal Fermentation Filtrate on Soybean Cyst Nematode*

Xu Yanli**，Lu Jiancong，Song Jie，Pan Fengjuan
（[1]*Northeast Institute of Geography and Agroecology*，*CAS*，*Harbin*　150081，*China*；
[2]*Harbin University of Commerce*，*Harbin*　150028，*China*）

摘　要：寄生真菌是一类对大豆孢囊线虫病具有潜力的线虫生防资源。为了探讨寄生真菌镰孢菌属（*Fusarium* spp.）、厚垣轮枝菌（*Verticillium chlamydosporium*）和淡紫拟青霉菌（*Paecilomyces lilacinus*）对大豆孢囊线虫的生防作用，实验室条件下，研究了大豆孢囊线虫3号生理小种二龄幼虫（J2）对淡紫拟青霉菌（*Paecilomyces lilacinus*）（P-1、P-V、P-40和P-E）、镰孢菌属（*Fusarium* spp.）（F-1、F-5、F-9和F-V）和厚垣轮枝菌（*Verticillium chlamydosporium*）（V-25、V-1、V-2和V-21）共12株菌株发酵液原液和、不同倍数稀释液和混合菌发酵液对大豆孢囊线虫3号和4号生理小种孢囊、卵孵化和二龄幼虫（J2）毒力的影响；温室盆栽条件下，探讨了优势菌株发酵液原液和优势混合菌发酵液 对大豆孢囊线虫3号生理小种和大豆生长的影响。寄生真菌发酵液对大豆孢囊线虫毒力测定结果显示，12株寄生真菌发酵液对大豆孢囊线虫都具有一定的抑制作用，抑制其孢囊和卵孵化，对二龄幼虫具有致死作用。其中菌株F-9、P-E、V-25发酵液原液及稀释液对大豆孢囊线虫作用显著，孢囊孵化抑制率可达79.2%，卵孵化相对抑制率可达83.0%，原液在72h时，J2致死率达到100%；混合寄生真菌发酵液F-V+P-V+V-21、F-V+P-E+V-25、F-9+P-V+V-25和F-9+P-E+V-21孢囊孵化抑制率和卵孵化相对抑制率最高分别达到87.8%和84.7%，在48h时，J2死亡率高达100%，与对照差异显著。温室盆栽试验中结果显示，寄生真菌发酵液F-9、P-E、V-25均能促进大豆生长，使大豆植株增高，根重增加，同时降低盆栽中雌虫、孢囊、孢囊内卵量和根内J2数量，抑制大豆孢囊线虫数量，与不接种寄生真菌发酵液对照相比差异显

* 基金项目：国家自然科学基金项目“连作田大豆孢囊线虫自然衰退土壤微生物群落结构多样性和作用”（编号：41571253）

** 第一作者和通信作者：许艳丽，研究员，主要从事植物寄生线虫等土传病害和土壤微生态研究；E-mail：xyll@ iga. ac. cn

著，其中以菌液 P-E 防治效果最好。混合寄生真菌发酵液 F-V+P-V+V-21、F-V+P-E+V-25、F-9+P-V+V-25 和 F-9+P-E+V-21 可以显著降低盆栽内大豆孢囊线虫孢囊、卵、雌虫和 J2 的数量，与不接种菌液对照差异显著，寄生真菌发酵液可促进大豆生长，与只接种 J2 对照相比差异显著。

关键词：大豆孢囊线虫；生物防治；寄生真菌；发酵液

中国线虫学研究（第七卷），2018，7：187
Nematology Research in China，2018，Vol. 7：187

几种杀线剂对西瓜根结线虫的田间药效试验*

姚玉荣**，霍建飞，郝永娟，刘春艳***，王万立
（天津市植物保护研究所，天津 300384）

Control Effect of Several Nematocides on Root-knot Nematode of Watermelon*

Yao Yurong**，Huo Jianfei，Hao Yongjuan，Liu Chunyan***，Wang Wanli
（*Tianjin Plant Protection Institute*，*Tianjin* 300384，*China*）

摘　要：根结线虫（*Meloidogyne* spp.）是农业生产中的重要病原物，其寄主范围广范、环境适应性强，几乎侵染所有栽培作物，每年造成巨大的经济损失。目前，世界范围报道的根结线虫已有 90 多种，我国已报道的根结线虫种类为 57 种，其中南方根结线虫（*M. incognita*）、花生根结线虫（*M. arenaria*）、爪哇根结线虫（*M. ja*vanica）以及北方根结线虫（*M. hapla*）是最常见也是造成经济损失最为严重的 4 个种群。近年来，随着我国现代农业尤其是设施农业的快速发展，作物种植结构发生很大变化，同种作物连年种植导致根结线虫危害面积及危害程度日趋严重，已经成为我国农业生产上亟待解决的问题。本研究选用了几种低毒杀线剂 10%噻唑膦颗粒剂、0. 5%阿维菌素颗粒剂、10. 5%阿维·噻唑膦颗粒剂以及 41. 7%氟吡菌酰胺悬浮剂对设施西瓜根结线虫进行田间药效试验。施药 60d 后调查统计，结果表明 41. 7%氟吡菌酰胺悬浮剂对根结线虫的防治效果最好，平均防效达到 82. 59%；其次为 10. 5%阿维·噻唑膦颗粒剂，防效为 78. 56%，10%噻唑膦颗粒剂和 0. 5%阿维菌素颗粒剂的防效相当，平均防效分别为 74. 27%和 75. 68%。

关键词：杀线剂；根结线虫

* 基金项目：天津市科技计划项目（15ZCZDNC00440）；天津市科技计划项目（18ZXBFNC00010）；天津市蔬菜现代农业产业技术体系植物保护岗位（ITTVRS2017010）

** 第一作者：姚玉荣，女，助理研究员，主要从事蔬菜根结线虫病害的研究；E-mail：yyr1012@126. com
*** 通信作者：刘春艳，女，研究员，主要从事农作物病害防治的研究；E-mail：chy90917@163. com

中国线虫学研究（第七卷），2018，7：188~189
Nematology Research in China，2018，Vol. 7：188~189

大豆孢囊线虫抗性资源 PI437654 突变群体的开发*

张刘萍**，葛逢勇，郑　娜，黄文坤，彭德良，刘世名***
（中国农业科学院植物保护研究所/植物病虫害生物学国家重点实验室，北京　100193）

摘　要：大豆孢囊线虫（soybean cyst nematode（SCN），*Heterodera glycines*）是大豆（*Glycine max*（L.）Merr.）生产上危害最严重的病原物之一，在全世界各大豆主产区均有发生，严重威胁大豆生产安全。目前防控大豆孢囊线虫最经济、有效的措施是抗性品种的应用，而抗性基因的定位及鉴定是选育抗性品种的基础。大豆对 SCN 的抗性受多基因控制，目前，已鉴定出 2 个主要的大豆 SCN 抗性位点基因 *rhg*1 和 *Rhg*4，但抗性存在易被 SCN 克服的问题，迫切需要挖掘和鉴定新的抗性基因。突变体是挖掘抗性基因的重要遗传材料。甲基磺酸乙酯（ethylmethanel sulfonate，EMS）作为一种能够在全基因组水平上诱导 DNA 发生点突变的化学诱变剂，具备诱变频率高，染色体畸变比例低，突变范围广，遗传变异稳定，显性突变多，易于筛选等优点，被广泛应用于化学诱变作物突变群体的开发及性状基因的鉴定。本研究采用大规模 EMS 诱变方法开发 SCN 抗性大豆资源 PI437654 的突变群体。2016—2017 年，在廊坊试验基地共开发了一个含 3 200个突变体的 PI437654 突变群体，突变体表现出丰富的形态表型，是新的遗传种质资源库。笔者已从该突变群体筛选到了 13 个 SCN 侵染表型发生变化的突变体。这些突变体将继续用于抗性基因的鉴定。采用 EMS 诱变开发出理想的遗传种质突变体库，不仅可以为大豆抗 SCN 相关基因的鉴定及后续基因功能研究提供良好的遗传材料，同样也可用于大豆其他病害抗性基因的研究以及突变育种。

关键词：大豆；PI437654；大豆孢囊线虫；EMS 诱变；突变群体

Development of the Mutants Population of Soybean Source PI437654 Conferring Resistance to Soybean Cyst Nematode*

Zhang Liuping**，Ge Fengyong，Zheng Na，Huang Wenkun，Peng Deliang，Liu Shiming***
（*State Key Laboratory for Biology of Plant Diseases and Insect Pests*，*Institute of Plant Protection*，*Chinese Academy of Agricultural Sciences*，*Beijing*　100193）

Abstract：Soybean cyst nematode（SCN，*Heterodera glycines*），is one of the most devastating

* 基金项目：中国农业科学院青年英才计划
** 第一作者：张刘萍，硕士研究生，主要从事大豆孢囊线虫的抗性研究；E-mail：liupingz2013@163. com
*** 通信作者：刘世名，研究员，主要从事大豆孢囊线虫的抗性与突变育种研究；E-mail：smliuhn@yahoo. com

pathogens in the production of soybean (*Glycine max* (L.) Merr.), which occurs in all most of the major soybean producing areas worldwide, and severely threatens the safety of soybean production. At present, the most economic and effective measures to control soybean cyst nematode is the cultivation of resistant varieties. The mapping and identification of resistance genes is the basis for breeding resistant varieties. Soybean resistance to SCN is controlled by multiple genes. Two major genes (*rhg*1 and *Rhg*4) conferring resistance to SCN have yet been identified in soybean. However, the resistance of soybean may be overcome by the soybean cyst nematode. Therefore, mining and identifying the new SCN-resistant genes is urgently required. The mutants are vital genetic materials for mining the resistant genes. Ethane methylsulfonate (EMS) is a chemical mutagen that can induce point mutations in DNA on the whole genome level. EMS has many advantages in mutagenesis with high mutation frequency, low proportion of chromosomal aberrations, wide range of mutations, steady genetic variation, and mostly dominant mutations that are easily screened, it has been widely used in development of the chemical mutagenesis crop mutants populations and identification of trait genes. In this study, a large-scale of mutagenized population of soybean PI 437654 that is resistant to SCN was developed by using EMS mutagenesis. From 2016 to 2017, a total of 3 200 mutants of PI 437654 population was developed at the Langfang Experimental Base. The mutants of this population show abundant morphological phenotypes. Fron this population, we already screened 13 mutants with altered SCN infection phenotypes, which will be used to identify the SCN-resistant genes. The desiring genetic mutation population developed using EMS can not only provide good genetic materials for the identification of relevant SCN-resistant soybean genes and for the studies of gene functions, but also can be used in identification of other pathogens-resistant soybean genes.

Key words: Soybean; PI437654; Soybean cyst nematode; Ethylmethanel sulfonate -mutagenesis; Mutants population

中国线虫学研究（第七卷），2018，7：190
Nematology Research in China，2018，Vol. 7：190

基于 SCAR 标记的甜菜孢囊线虫快速分子检测技术*

张瀛东**，彭　焕，彭德良***
（中国农业科学院植物保护研究所/植物病虫害生物学国家重点实验室，北京　100193）

摘　要：甜菜孢囊线虫（*Heterodera schachtii*）是全世界重要检疫性有害生物，也是我国重要进境检疫性有害生物，到目前为止已在全世界的美洲、欧洲、亚洲等 50 多个国家或地区有分布，22 个国家将该线虫列为检疫对象。为了能够对甜菜孢囊线虫进行快速的分子水平上的检测鉴定，本研究利用随机扩增多态性 DNA（RAPD）和特征序列扩增区域（SCAR）标记的方法，设计构建了甜菜孢囊线虫特异性检测引物，建立了 SCAR 标记 PCR 特异性检测技术，可以从包括近缘孢囊线虫等 10 种不同种线虫中鉴定出甜菜孢囊线虫，检测阈值为 1/4 000个孢囊和 1/320 条 J2 幼虫 DNA，定量检测结果表明，浓度 0. 001ng/μL 的甜菜孢囊线虫 DNA 能扩增出明显的特异性片段，灵敏度非常高，特异性强，操作简便。

关键词：甜菜孢囊线虫；SCAR 标记；快速分子检测

The Research Progress of Major Functions of Plant-parasitic Nematode Effector Proteins*

Zhang Yingdong**，Peng Huan，Peng Deliang***
（*Institute of plant protection*，*Chinese Academy of Agriculture Sciences*，*Beijing*　100193，*China*）

Abstract：Beet cyst nematodc（*Heterodera schachtii*）is an important quarantine nematode in the world. It is widespread in more than 50 countries or regions in the Americas，Europe and Asia，and 22 counties listed it as a quarantine object. In order to detect and identify beet cyst nematode at the molecular level quickly，by the RAPD and SCAR method，a single-step PCR was used to specially detect *H. schachtii*. By the SCAR marker system in this study，the target fragment was amplified from the DNA templates of *H. schachtii* only，in other 9 species including *Heterodera glycines* the target fragment was not amplified. The specific fragment could be clearly identified when the dilution was 1/4 000 of a cyst or 1/320 of a J2 for all replicates. Quantitative test showed the specific fragment could be amplified with the 0. 001ng/μL beet cyst nematode DNA template. The method is sensitive，specific and easy to operate.

Key words：*Heterodera schachtii*；SCAR marker；rapid molecular diagnosis

---

* 基金项目：国家自然科学基金项目（31571988）；公益性行业科研专项（201503114）
** 第一作者：张瀛东，硕士研究生，从事植物线虫分子生物学研究；E-mail：zhangyingdong26@ 163. com
*** 通信作者：彭德良，研究员，从事植物线虫研究；E-mail：pengdeliang@ caas. cn

中国线虫学研究（第七卷），2018，7：191
Nematology Research in China，2018，Vol. 7：191

花生茎线虫海藻糖-6-磷酸合成酶基因的获得及其表达量研究[*]

陈思怡[**]，邓明雪，刘国坤，肖　顺，程　曦[***]
（福建农林大学植物保护学院，福州　35002）

Cloning，Sequencing Analysis and Expression of Trehalose-6-phosphate synthaseGene in *Ditylenchus arachis*[*]

Chen Siyi[**]，Deng Mingxue，Liu Goukun，Xiao Shun，Cheng Xi[***]
（*College of Plant protection*，*Fujian Agriculture and Forestry University*，*Fuzhou*，*Fujian* 350002，*China*）

摘　要：花生茎线虫（*Ditylenchus arachis*）为课题组在花生上发现报道的新种，是花生重要病原物。前期研究发现花生茎线虫可通过脱水休眠在干燥的病果荚、种皮内长期存活。海藻糖-6-磷酸合成酶（trehalose-6-phosphate synthase，TPS，EC2. 4. 1. 15）在海藻糖的合成过程中起关键作用，是线虫脱水胁迫中重要的调控基因。通过 RACE 技术从花生茎线虫中克隆到一个 *tps* 的全长 cDNA 及其序列，命名为 *Da-tps*-1。该基因全长 cDNA 序列长 4 057bp，包含 3 879bp 的开放阅读框（ORF），编码 1 292个氨基酸。预测其分子量为 145 847. 76Ku，理论等电点（pI）为 5. 56，脂肪指数（Aliphatic index）为 82. 48。*Da*-TPS-1 可能位于细胞质，不包含信号肽序列，有五个主要的跨膜区域。在 NCBI 上进行比对，与水稻干尖线虫 *tps*-1（ARJ31991. 1）和燕麦真滑刃线虫 *tps*（CAH18869. 1）相似性最高，分别为 73%和 72%。使用实时荧光定量 PCR 技术，进行花生茎线虫不同发育阶段 *Da-tps*-1 的表达量分析，发现 *Da-tps*-1 在花生茎线虫二龄幼虫中表达量最低，在卵、三、四龄幼虫、雌虫和雄虫的表达量分别为二龄幼虫的 6 倍、3. 2 倍、3. 4 倍和 1. 2 倍，其中在三、四龄幼虫和雌虫之间无显著性差异，在二龄幼虫和雄虫之间无显著性差异；在 75%相对湿度下对花生茎线虫进行干燥处理，发现干燥处理前 14h 花生茎线虫 *tps* 的表达量显著提高。经干燥处理 2h、4h、6h、8h、10h、12h、14h、16h 和 18h 的线虫，其目的基因的相对表达量与对照相比，分别为对照的 1. 4 倍、1. 5 倍、1. 6 倍、2. 2 倍、2. 5 倍、5. 5 倍、2. 3 倍、0. 9 倍和 0. 5 倍。研究表明，*Da-tps*-1 存在于花生茎线虫生活史的各个阶段，且与该线虫的抗干燥过程有关，在线虫的生长发育和抗逆过程中起到重要的作用。此研究对于后续花生茎线虫脱水休眠的分子机制提供了基础。

关键词：花生茎线虫；*Da-tps*-1；RACE；表达量

---

* 基金项目：国家自然科学基金——青年科学基金（31501615）
** 第一作者：陈思怡，女，硕士研究生，从事植物病原线虫研究；E-mail：xxx5157654321@ 126. com
*** 通信作者：程曦，女，博士，助理研究员，从事植物病原线虫研究；E-mail：schengxi@ 163. com

中国线虫学研究（第七卷），2018，7：192
Nematology Research in China，2018，Vol. 7：192

短小芽胞杆菌对南方根结线虫作用效果研究*

李运朝**，及　华，李俊花，李洪涛***
（河北省农林科学院遗传生理研究所/河北省农林科学院农产品质量安全研究中心，石家庄　050051）

Effect of *Bacillus pumilus* on *Meloidogyne incognita**

Li Yunchao**, Ji Hua, Li Junhua, Li Hongtao***
(*Institute of Genetics and Physiology, Research Center for Agricultural Products Quality and Safety, Hebei Academy of agriculture and Forestry Sciences, Shijiazhuang* 050051, *China*)

摘　要：蔬菜根结线虫病是为害我国蔬菜产量和品质的一种重要土传病害，并且发生越来越严重。在目前缺乏安全而有效的防治药剂情况下，筛选高效的生防菌株是防治根结线虫病害的一种新思路。本研究利用本实验室分离培养的103株短小芽胞杆菌（*Bacillus pumilus*），以南方根结线虫（*Meloidogyne incognita*）为靶标，初步研究菌株发酵上清液对南方根结线虫的作用效果。室内线虫击倒实验结果表明：有4株短小芽胞杆菌发酵菌液对南方根结线虫2龄幼虫具有显著的击倒效果，其中菌株XYG16的2倍发酵上清液和4倍发酵上清液24h线虫校正死亡率分别为85.6%和42.4%；菌株MJT1的2倍发酵上清液和4倍发酵上清液24h线虫校正死亡率分别为100%和47.6%；菌株BSX295的2倍菌液和4倍菌液24h线虫校正死亡率分别为100%和75.4%；菌株YLT24的2倍发酵上清液和4倍发酵上清液24h线虫校正死亡分别为83.8%和51.9%。由此初步判定短小芽胞杆菌BSX295、XYG16、MJT1和YLT24具有防治南方根结线虫的研究潜力，盆栽和田间防治效果有待进一步研究。

关键词：短小芽胞杆菌；南方根结线虫；作用效果；校正死亡率

---

* 基金项目：河北省财政专项（F18E10001）

** 第一作者：李运朝，副研究员，主要研究方向为植物病害生物防治与农产品质量安全；E-mail：yameixisi@126.com

*** 通信作者：李洪涛，博士，副研究员，主要研究方向为植物病害生物防治与农产品质量安全；E-mail：lihongtao1314@hotmail.com

中国线虫学研究（第七卷），2018，7：193~194
Nematology Research in China，2018，Vol. 7：193~194

阳光消毒防治热区露地辣椒根结线虫病害效果评价*

冯推紫[1**]，裴月令[1]，孙燕芳[1]，黄文坤[2]，彭德良[2]，龙海波[2***]
（[1]中国热带农业科学院环境与植物保护研究所/农业部热带作物有害生物综合治理实验室，海口　571101；
[2]中国农业科学院植物保护研究所/植物病虫害生物学国家重点实验室，北京　100193）

摘　要：热区旱地辣椒根结线虫病害发生普遍，被侵染的植株泛黄矮小，严重时导致落花、落叶甚至整株枯死，从而造成重大产量损失。本研究通过覆盖透明塑料地膜对土壤进行阳光消毒处理，比较不同覆膜时间对土壤线虫种群密度抑制效果及根结线虫病害的防治效果。研究结果表明，覆膜一个月土壤平均温度约40℃，日平均温度连续4h达到50~60℃，连续8h在40~50℃；覆膜30天以上，线虫减退率在54.8%~57.5%；移栽辣椒2个月后防治效果64.8%~67%，移栽辣椒5个月后防治效果55.9%~58.6%，但均低于对照棉隆杀线虫剂。热区拥有丰富的阳光资源，采用覆盖透明塑料地膜的方法对线虫的防治效果好，操作简单，成本低，可有效减少化学杀线剂的使用量，提高菜农的经济效益。

关键词：辣椒；阳光消毒；透明地膜；根结线虫；棉隆

Evaluation of Soil Solarization for Control Root-knot Nematodes on Tropical Open-field Pepper*

Feng Tuizi[1**]，Pei Yueling[1]，Sun Yanfang[1]，Huang Wenkun[2]，Peng Deliang[2]，Long Haibo[1***]
（[1] *Key Laboratory of Pests Comprehensive Governance for Tropical Crops*，*Ministry of Agriculture and affairs*，*Environment and Plant Protection Institute*，*Chinese Academy of Tropical Agricultural Sciences*，*Haikou*　100193，*China*）；[2] *State Key Laboratory for Biology of Plant Diseases and Insect Pests*，*Institute of Plant Protection*，*Chinese Academy of Agricultural Sciences*，*Beijing*　100193，*China*）

Abstract：Root-knot nematode is commonly occurred on peppers cultivated in the tropical open-fields. This nematode disease can lead to pepper plants stunting，yellowing and flowers and fruits dropping，thus causing serious yield losses. In this study，different soil mulching time treatments were carried out to evaluate the effects of managing root-knot nematode by solarization. The results showed that the nematode populations reduced 55.9%，57.5% and 54.8%，after the soil mulched

---

* 基金项目：国家重点研发计划（2018YFD0201202，2018YFD0201209）；中国热带农业科学院基本科研业务费专项资金（1630042017024）

** 第一作者：冯推紫，研究实习员，从事植物寄生线虫学研究；E-mail：fengtuizi@163.com
*** 通信作者：龙海波，副研究员，从事植物寄生线虫学研究；E-mail：longhb@catas.cn

with transparent films 30, 52 and 60 days, respectively. The control efficiency was 64.8% ~ 67% after 2 month pepper transplanted, and was 55.9% ~ 58.6% After 5 month pepper transplanted. However, the control efficiency of solarization treatments were lower than that of dazomet. There are abundant sunlight resources in the tropical regions, and the use of soil solarization treatment to control nematode had many advantages, such as good effects, convenient operation and lowcost investment. The treatment also can reduce the use of chemical nematicide usage amount and increase the economic benefits for growers.

Key words: Pepper; Solarization; Transparent film; Root-knot nematode; Dazomet

中国线虫学研究（第七卷），2018，7：195
Nematology Research in China，2018，Vol. 7：195

象耳豆根结线虫效应蛋白 MeTCTP 的原核表达、纯化及结晶条件筛选*

郭　斌**，林柏荣，卓　侃，廖金铃***
（华南农业大学植物线虫研究室，广州　510642）

Prokaryotic Expression, Purification and Crystallization Screening of MeTCTP from *Meloidogyne enterolobii**

Guo Bin**, Lin Borong, Zhuo Kan, Liao Jinling***
(*Laboratory of Plant Nematology*, *South China Agricultural University*, *Guangzhou* 510642, *China*)

摘　要：根结线虫（*Meloidogyne* spp.）通过分泌效应蛋白协助其自身完成对寄主植物的入侵和寄生。之前的研究发现象耳豆根结线虫（*M. enterolobii*）可分泌效应蛋白 MeTCTP 以帮助其对寄主的寄生，为了深入了解 MeTCTP 在象耳豆根结线虫侵染寄主过程中发挥的具体功能，笔者利用大肠杆菌表达系统对 MeTCTP 进行表达纯化及对其结晶条件进行筛选。本研究先利用 PCR 扩增获得 MeTCTP 基因全长，将其插入原核表达载体 PET21b 中，构建重组表达质粒 PET21b-MeTCTP，将重组表达质粒转入大肠杆菌表达感受态 BL21（DE3）中，利用 IPTG 诱导表达，诱导产物采用镍离子亲和层析，离子交换和分子筛等方法纯化，采用坐滴法进行结晶条件的初筛。结果表明：MeTCTP 在 0. 2mmoL/L IPTG，16℃，200r/min 条件下，经 18h 诱导培养、纯化后，可获得纯度较高的可溶的重组蛋白。经坐滴法初步筛选获得适宜的结晶条件。MeTCTP 蛋白晶体的获得为后续进一步对该蛋白结构功能的研究奠定了基础。
关键词：象耳豆根结线虫；效应蛋白；原核表达；结晶初筛

* 基金项目：国家重点基础研究发展计划（973 计划）（2013CB127501）
** 第一作者：郭斌，博士生，从事分子植物线虫学研究；E-mail：hnkfgb@163.com
*** 通信作者：廖金铃，教授，从事植物线虫学研究；E-mail：jlliao@scau.edu.cn

中国线虫学研究（第七卷），2018，7：196~197
Nematology Research in China，2018，Vol. 7：196~197

500g/L 氟吡菌酰胺悬浮剂对不同侵染期南方根结线虫的防治效果

何　文[1*]，胡全胜[1]，迟元凯[2]
（[1]拜耳作物科学（中国）有限公司，北京　100020；
[2]安徽省农业科学院植物保护与农产品质量安全研究所，合肥　230031）

摘　要：氟吡菌酰胺是一种琥珀酸脱氢酶抑制剂类高效杀菌杀线剂，对根结线虫具有较好的防治效果。本研究在含有 400cm^3 土壤的盆砵中种植番茄和人工接种线虫。根据接种后线虫的不同侵染发育阶段，分别将 20μL、30μL、40μL、50μL 的 500g/L 氟吡菌酰胺悬浮剂（路富达®）用 40mL 水稀释后进行灌根处理，接种后 40d 统计根部线虫产卵的数量，通过酸性品红对番茄根系染色观察根内线虫发育情况，从而探究不同施药时期和剂量对南方根结线虫侵染和发育的影响。结果发现：在移栽前 3d 使用药剂进行土壤处理含有根结线虫二龄幼虫的病土，各试验剂量均可有效抑制土壤内根结线虫二龄幼虫侵入番茄根系。和清水对照处理相比，移栽前土壤经药剂处理的番茄根内侵入的线虫数量减少了 96.1%~97.2%，且侵染后的线虫发育停滞在二龄幼虫阶段；在接种后 5d、10d 使用药剂进行灌根处理，接种 40d 后各处理根内大部分线虫虫态停滞在二龄或三龄阶段，成熟雌虫数量相比对照减少 98.2%~99.8%，并且根部未见线虫产生卵块；接种 25d 后使用药剂进行灌根处理，接种 40d 后各处理根内雌虫数量与对照无显著差异，但线虫产卵量相比对照减少 56.0%~64.9%。以上结果表明，500g/L 氟吡菌酰胺悬浮剂（路富达®）对土壤中和植物根内的南方根结线虫均有较好的防治效果，在线虫侵染早期用药对根结线虫防治效果显著，但在线虫侵染后期通过用药防止雌虫产卵可能需要更高的剂量。本研究为明确杀线剂 500g/L 氟吡菌酰胺悬浮剂（路富达®）科学合理的使用方法，提高药剂使用效率提供了理论依据。

关键词：氟吡菌酰胺；南方根结线虫；防治效果

Efficacy of Fluopyram 500SC on Different Developmental Stages of *Meloidogyne incognita* in Tomato

He Wen[1*]，Hu Quansheng[1]，Chi Yuankai[2]
［[1] *Bayer CropScience*（*China*）*Company Limitied*，*Beijing* 100020，*China*；[2] *Institute of Plant Protection and Agro-products Safety*，*Anhui Academy of Agricultural Sciences*，*Hefei* 230031，*China*］

Abstract：The active ingredient of Velum ®，fluopyram（FLU），is a succinate dehydrogenase

* 第一作者：何文，E-mail：wen. he@ bayer. com

inhibitor (SDHI) nematicide and belongs to the chemical class of Pyridinyl ethyl benzamide. Through its unprecedented low application rate and intrinsic activity it will help to bring down the load of chemical crop protection without giving in on efficacy. FLU's low toxicity profile is revolutionary for a nematicide. In order to investigate the efficacy of FLU on different developmental stages of *M. incognita*, nematodes were artificially inoculated and tomato plants were transplanted in pots with 400cm^3 soil. At different stages of nematode infestation and development, Velum ® at 20μL, 30μL, 40μL and 50μL diluted with 40mL water were applied by drenching, respectively. At 40 days post inoculation, eggmasses were collected to calculate the number of eggs, and tomato roots were dyed to detect nematode development level. The results revealed that (1) all treatments controlled J2 infestation in roots effectively when FLU was applied to pathogenic soil at 3 days before transplanting, numbers of nematodes were reduced by 96. 1%~97. 2% in treated roots, and nematodes in roots developed still in J2 stage at 40 days post transplanting; (2) For the treatments that FLU was applied at 5 days or 10 days after inoculation, and for plants at 40 days post inoculation, most of the nematodes developed still in J2 or J3 stages, numbers of females were reduced by 98. 2% ~ 99. 8% and no any eggmass was detected in treated roots; (3) For the treatments that FLU was applied at 25 days after inoculation, numbers of females in treated roots did not showed significantly different with control lines, while numbers of eggs produced were reduced by 56. 0%~64. 9% in treated roots. Overall, FLU showed good efficacy in controlling *M. incognita* juveniles in the soil and plant roots. This research is the theoretical foundation of scientific use of FLU.

Key words: Fluopyram; Meloidogyne incognita; Efficacy

中国线虫学研究（第七卷），2018，7：198
Nematology Research in China，2018，Vol. 7：198

转拟禾本科根结线虫 *MgMO*237 基因水稻转录组差异表达分析*

李治文**，林柏荣，陈建松，廖金铃，卓　侃***
（华南农业大学植物线虫研究室，广州　510642）

Transcriptome Difference Analysis of Transgenic Rice Expressing *MgMO*237 from *Meloidogyne gramicola**

Li Zhiwen**，Lin Borong，Chen Jiansong，Liao Jinling，Zhuo Kan***
（*Laboratory of Plant Nematology*，*South China Agricultural University*，*Guangzhou*　510642，*China*）

摘　要：拟禾本科根结线虫（*Meloidogyne graminicola*）是水稻重要的寄生线虫，对水稻造成严重的经济损失。已知拟禾本科根结线虫 MgMO237 效应子能抑制寄主的基础防御反应，如抑制防卫相关基因的表达、活性氧的迸发和胼胝质的积累，但相关机理尚不明确。在植物抗病性中，植物激素起到了不可或缺的作用。本研究利用高通量转录组测序技术对一株野生型日本晴水稻（*Oryza sativa* L. ssp. *japonica*）和两株 *MgMO*237 基因过表达水稻（OE26、OE61）进行转录表达分析。结果显示：①OE26 植株相对野生型植株有 1059 个基因显著上调，1 412 个基因显著下调；OE61 植株相对野生型植株有 740 个基因显著上调、2 290 个基因显著下调；其中 OE26 和 OE61 植株相对野生型植株共同上调的基因有 33 个，共同下调的基因有 128 个。②富集在植物激素信号通路的基因有 9 个共同上调，2 个共同下调。③茉莉酸通路是诱导水稻根结线虫的关键因素，笔者通过转录组数据发现茉莉酸通路中 JAZ 家族基因 *JAZ*13/*TIFY*11*e* 在两个过表达株系中上调，抑制了茉莉酸信号传导。这些结果表明，拟禾本科根结线虫效应子 *MgMO*237 可能通过抑制茉莉酸通路来抑制植物对其的防卫反应，具体的抑制机制有待进一步研究。

关键词：拟禾本科根结线虫；效应子；转录组；茉莉酸通路；JAZ

---

* 基金项目：国家自然科学基金（31471750）
** 第一作者：李治文，硕士研究生，从事分子植物线虫学研究
*** 通信作者：卓侃，副教授，从事植物线虫学研究；E-mail：jlliao@ scau. edu. cn

中国线虫学研究（第七卷），2018，7：199
Nematology Research in China，2018，Vol. 7：199

两种植物提取物对南方根结线虫的杀线活性*

李运朝**，及 华，李俊花，李洪涛***
（河北省农林科学院遗传生理研究所/河北省农林科学院农产品质量安全研究中心，石家庄 050051）

Nematode Activity of Two Plant Extracts Against *Meloidogyne incognita**

Li Yunchao**，Ji Hua，Li Junhua，Li Hongtao***
(*Institute of Genetics and Physiology*，*Research Center for Agricultural Products Quality and Safety*，*Hebei Academy of agriculture and Forestry Sciences*，*Shijiazhuang* 050051，*China*)

摘 要：根结线虫（*Meloidogyne* spp.）寄主广泛，为害茄科、葫芦科和十字花科等植物较为严重，在我国各个省区市均有分布。河北省根结线虫种类包括南方根结线虫（*Meloidogyne incognita*）、北方根结线虫（*Meloidogyne hapla*）和花生根结线虫（*Meloidogyne arenaria*），其中发生面积最大、为害最为严重的种类是南方根结线虫。为了研发新型植物源杀线剂，以南方根结线虫为靶标，大量筛选对二龄幼虫具有显著杀线活性的植物提取物。本研究采用室内线虫击倒试验与温室盆栽线虫防治试验相结合的方法，从217种植物提取物中，筛选出2种具有显著杀线活性的植物提取物A和植物提取物C。室内线虫击倒试验结果表明：两种植物提取物对南方根结线虫具有显著的击倒效果，其中植物提取物A 100倍、200倍、400倍和600倍稀释溶液24h线虫校正死亡率分别为100%、99.8%、92.2%和61.9%；植物提取物C稀释溶液100倍、200倍、400倍24h线虫校正死亡率分别为97.4%、61.9%和46.7%。同时盆栽线虫防治试验结果表明：植物提取物A 100倍、200倍、400倍和600倍稀释溶液浓度处理的相对防效分别为88.3%、78.1%、61.2%和53.6%；植物提取物C 100倍、200倍、400倍稀释溶液处理的相对防效分别为59.2%、41.7%和27.1%。因此，植物提取物A和C可以作为植物源杀线剂进一步深入研究和开发利用。

关键词：植物提取物；南方根结线虫；杀线活性；校正死亡率；相对防效

* 基金项目：河北省财政专项（F18C10001）
** 第一作者：李运朝，副研究员，主要研究方向为植物病害生物防治与农产品质量安全；E-mail：yameixisi@126.com
*** 通信作者：李洪涛，博士，副研究员，主要研究方向为植物病害生物防治与农产品质量安全；E-mail：lihongtao1314@hotmail.com

中国线虫学研究（第七卷），2018，7：200
Nematology Research in China，2018，Vol. 7：200

南方根结线虫分泌 MIF 类效应因子调控膜联蛋白介导的宿主免疫反应

赵建龙[1]，李丽娟[1]，刘　倩[1]，Bruno FAVERY[2]，Pierre ABAD[2]，简　恒[1]
（[1] 中国农业大学植物保护学院，北京　100193；
[2] INRA，UMR 1355 Institut Sophia Agrobiotech，06900 Sophia-Antipolis，France）

Regulation of Annexin-mediated Immune Reaction in Host by MIF-like Ettector of *Meloidogyne incognita*

Zhao Jianlong[1]，Li Lijuan[1]，Liu Qian[1]，Bruno FAVERY[2]，Pierre ABAD[2]，Jian Heng[1]
（[1] *College of plant protection*，*China Agricultural University*，*Beijing*　100193；
[2] *INRA*，*UMR*1355 *Institute Sophia Agrobiotech*，06900 *Sophia-Antipolis*，*France*）

摘　要：根结线虫（root knot nematode，RKN）分布广泛且危害严重，能够侵染超过 5500 种植物，每年造成巨大的经济损失，是农业生产上最重要的病原物之一。近些年的研究发现，植物寄生线虫分泌多种效应蛋白帮助寄生，但大多数线虫效应蛋白以及植物中靶标蛋白的功能仍然未知。巨噬细胞迁移抑制因子（MIF）在生物体中广泛存在，具有丰富的生物学功能，例如调节先天性和适应性免疫应答。已有证据表明，动物寄生虫在感染过程分泌 MIF 类蛋白以逃避宿主免疫反应，这为研究植物寄生线虫 MIF 提供了线索。我们从南方根结线虫（*Meloidogyne incognita*）中鉴定了四个 MIF，其均为典型的 MIF 类蛋白（类似于人和动物寄生虫分泌的 MIF）。研究发现 MiMIFs 表达量在线虫寄生期上调。MiMIF 蛋白主要在皮下组织和表皮中表达，并分泌到寄主植物细胞中。实验结果表明，MiBMIF 具有互变异构酶活性，可保护线虫免受过氧化氢的损害。利用烟草瞬时表达系统，在烟草叶片上表达 MiBMIF 能够抑制由 Bax 诱导产生的坏死反应。在植物中，利用体内 RNAi 干扰线虫 *MiMIFs* 的表达导致根结数和线虫数分别减少 60%，表明 MiMIF 效应蛋白对线虫的寄生起重要作用。在拟南芥中异源表达 *MiBMIF* 增加植物对线虫的敏感性，且干扰由过氧化氢诱导的胞质内钙离子内流。拟南芥异源表达 MiBMIF 后抑制由 flg22 处理触发的植物 MAPK 级联反应的激活，降低防御基因的表达和胼胝质沉积。利用免疫沉淀及质谱技术、Co-IP 和双分子荧光互补实验证明 MiBMIF 与参与钙离子跨膜转运、应激反应和信号转导的两个拟南芥膜联蛋白 AnnAt1 和 AnnAt4 存在特异性相互作用。且 MiBMIF 第一个脯氨酸残基和膜联蛋白钙离子结合位点是互作的关键位点。我们的研究结果首次证明南方根结线虫通过分泌 MiMIFs 负调控寄主膜联蛋白介导的免疫反应来帮助南方根结线虫寄生。

关键词：南方根结线虫；效应因子；MIF；膜联蛋白；免疫反应

中国线虫学研究（第七卷），2018，7：201
Nematology Research in China，2018，Vol. 7：201

拟禾本科根结线虫 *MgMO*289 基因的克隆及功能初步分析*

宋汉达**，林柏荣，卓　侃，廖金铃***
（华南农业大学植物线虫研究室，广州　510642）

Molecular Cloning and Characterization of the *MgMO*289 Gene from *Meloidogyne graminicola**

Song Handa**，Lin Borong，Zhuo Kan，Liao Jinling***
（*Laboratory of Plant Nematology*，*South China Agricultural University*，*Guangzhou* 510642，*China*）

摘　要：拟禾本科根结线虫（*Meloidogyne graminicola*）是水稻上最主要的植物病原线虫之一，每年给全世界的水稻生产造成严重的损失。与其他根结线虫一样，拟禾本科根结线虫通过与寄主间复杂的相互作用，形成了一种特殊的多核巨型细胞作为取食位点。本研究从拟禾本科根结线虫抑制消减杂交文库中筛选出差异表达显著的 EST 序列，通过 RACE 技术，获得了 *Mg*289 的 cDNA 全长序列。该基因包含 645 bp 的开放阅读框（ORF），编码 214 个氨基酸，对该基因进一步分析，发现在 N 端具有信号肽，且不存在跨膜区域。通过原位杂交技术发现该基因在侵染前 2 龄幼虫的背食道腺细胞上有明显的信号。同时利用 qRT-PCR 来分析该基因的不同发育阶段的表达水平，结果表明 *Mg*289 在线虫侵染后 7d 阶段表达量最高。这些结果初步说明了该蛋白可能主要在拟禾本科根结线虫寄生的后期起作用，并且可能通过线虫的口针分泌到寄主细胞中。*In planta* RNAi 试验表明，在沉默 *Mg*289 基因后线虫的寄生能力受到明显的抑制，表明 *Mg*289 基因在拟禾本科根结线虫寄生过程中起到重要的作用。

关键词：拟禾本科根结线虫；基因克隆；原位杂交；RNA 干扰
Key words：*Meloidogyne graminicola*；cloning；*in situ* hybridization；RNAi

---

* 基金项目：国家自然科学基金（31671707）
** 第一作者：宋汉达，博士生，从事分子植物线虫学研究；E-mail：346683695@qq.com
*** 通信作者：廖金铃，教授，从事植物线虫学研究；E-mail：jlliao@scau.edu.cn

中国线虫学研究（第七卷），2018，7：202
Nematology Research in China，2018，Vol. 7：202

冬小麦生长期落选短体线虫群体数量的动态变化*

王冬亚**，禤子琪，龙彦蓉，吴海燕***
（广西大学农学院，南宁 530004）

Dynamic Population of the Root-lesion Nematodes，*Pratylenchus neglectus* during the Growing Season*

Wang Dongya**，Xuan Ziqi，Long Yanrong，Wu Haiyan***
（*Agricultural College of Guangxi University*，*Nanning* 530004，*China*）

摘　要：短体线虫又称根腐线虫，是一种寄生于植物根部的迁徙性内寄生线虫，短体线虫寄主范围广，分布广泛，除孢囊线虫和根结线虫外，短体线虫是对农作物和园艺植物中为害最严重的植物寄生线虫之一，可造成作物根系大面积腐烂和坏死。世界各地在控制短体线虫方面做了许多尝试，包括化学防治、抗病品种的应用、栽培方法和生物防治等，化学杀线虫剂的应用是防治短体线虫的主要手段。为了更有效地防治短体线虫，了解短体线虫的侵染特性和动态变化有重要意义。在山东泰安，笔者研究了在冬小麦的两个生长期内落选短体线虫的侵染特性及种群动态，小麦供试品种为济麦 22 和泰农 18。研究结果表明，在 2009—2010 年和 2010—2011 年小麦生长期内，两个品种的鲜根重在小麦开花期达到最大值，在 2009—2010 年济麦 22 和泰农 18 的最大鲜根重分别为 6.4g 和 6.7g，两个品种的每株根内线虫数也在开花期达到最大值，分别为 424.0 条和 326.7 条；在 2010—2011 年济麦 22 和泰农 18 的最大鲜根重分别为 13.3g 和 11.0g。两个品种的每株根内线虫数在灌浆期达到最大值，分别为 199.3 条和 339.3 条，每株根内短体线虫数量和小麦鲜根重变化趋势大致相同，在小麦出苗后第 8 天短体线虫侵染小麦根系，小麦拔节期后根内短体线虫快速增加。两年的小麦根际土壤内短体线虫的动态变化趋势不一致，在 2009—2010 年，两个小麦品种的根际土壤线虫数量出现有波动，济麦 22 和泰农 18 的根际土壤线虫数分别在孕穗期和分蘖期达到最大值，100g 土壤中线虫数量分别为 17.0 条和 13.0 条；2010—2011 年，两个小麦品种的根际土壤线虫动态变化趋势一致，在小麦灌浆期前的各个时期小麦根际土壤线虫数量差异不显著，在灌浆期土壤中线虫数量显著增加并达到最大值，两个品种 100g 土壤中线虫数分别为 28.0 条和 27.7 条，显著高于其它时期。研究结果初步表明小麦根内短体线虫数和小麦根系生长情况密切相关，两年根际土壤线虫数变化趋势的差异可能与土壤湿度和温度有关。

关键词：冬小麦；短体线虫；动态

---

* 基金项目：公益性行业（农业）科研专项（201503114）
** 第一作者：王冬亚，硕士研究生，从事线虫学研究；E-mail：1659321004@ qq. com
*** 通信作者：吴海燕，教授，从事植物线虫研究；E-mail：wuhy@ gxu. edu. cn

中国线虫学研究（第七卷），2018，7：203~204
Nematology Research in China，2018，Vol. 7：203~204

茶皂素颗粒剂对小麦孢囊线虫病害的田间防治研究*

甄浩洋[1**]，谢江江[2]，杨俊贤[2]，郑刘春[1]，刘福祥[1]，文艳华[1***]
（[1] 华南农业大学农学院植物线虫研究室，广州 510642；[2] 广东省湛江市甘丰农药厂，湛江 524300）

Studies on Field Control of *Heterodera filipjevi* Using Tea Saponin Granules*

Zhen Haoyang[1**]，Xie Jiangjiang[2]，Yang Junxian[2]，
Zheng Liuchun[1]，Liu Fuxiang[1]，Wen Yanhua[1***]
（[1] *Lab of Plant Nematology*，*College of Agriculture*，*South China Agricultural University*，*Guangzhou* 510642，*China*；[2] *Guangdong Zhanjiang Ganfeng Pesticide Factory*，*Zhangjiang*，524300，*China*）

摘　要：菲利普孢囊线虫（*Heterodera filipjevi*）近年在河南省小麦上发生普遍，对小麦生产造成严重影响。2015 年 10 月 15 日在河南许昌市河街乡，采用 10%茶皂素颗粒剂与小麦种子按重量比为 1：4、1：5、1：6 共 3 种剂量充分混匀后，采用人工半机器播种机播种，小区面积约 16m²，每种处理 3 次重复，随机排列布局。12 月调查出苗情况，4—5 月调查孢囊数量、鲜重等数据，5 月 24 号收获时小区测产。试验结果表明，各浓度剂量处理对出苗没有影响，各处理对孢囊的冬前侵染有显著防效，表现在显著降低白孢囊的数量，后期中间剂量（1：5）对孢囊的控制有显著效果，测产结果表明，低剂量（1：6）处理增产达到 17%。

2016 年 10 月至 2017 年 5 月，采用 5%及 10%两种含量茶皂素颗粒剂，处理剂量为茶皂素颗粒剂与小麦种子药种比为：5%含量 1：3、1：4、1：5（即处理 W53、W54、W55）3 种处理，10%含量药种比为 1：5、1：7、1：10（即处理 W105、W107、W110）3 种处理，将茶皂素颗粒剂与小麦种子充分混匀后，采取半人工小机器播种的方式播种。试验结果表明，5%、10%两种含量的茶皂素颗粒剂对小麦孢囊线虫均有一定防效，在小麦生长前期防治效果更为明显，在孢囊线虫冬季侵染时期，W53、W107 和 W105 处理的侵入根内线虫数量显著少于对照。在小麦收获期，两种含量的茶皂素颗粒剂都是中间剂量（W54、W107）处理的孢囊繁殖系数最低。不施药 CK 处理，在收获期孢囊的繁殖系数达到 4.36，而 W54 处理的效果最好，繁殖系数为 2.08，防效为 52.3%。小麦生长量调查表明，茶皂素颗粒剂能够在一定程度上增加鲜重、分蘖数、提高小麦的产量。药剂对照阿维菌素处理的增产效果为

* 基金项目：公益性行业（农业）科研专项经费项目（201503114）
** 第一作者：甄浩洋，硕士研究生；E-mail：Zhy910801@163.com
*** 通信作者：文艳华，女，副教授，从事植物线虫学研究；E-mail：yhwen@scau.edu.cn

14.6%，茶皂素颗粒剂的增产效果达到10%~22%，其中5%茶皂素颗粒剂1：5处理组增产效果最好，增产达到22.5%，显著高于阿维菌素对照的14.6%。

关键词：茶皂素；菲利普孢囊线虫；大田防治效果

Key words：Tea saponin；*Heterodera filipjevi*；Field control effect

中国线虫学研究（第七卷），2018，7：205
Nematology Research in China，2018，Vol. 7：205

爪哇根结线虫 *Mj4D01* 基因克隆及功能初步分析*

相　辉**，林柏荣，卓　侃，廖金铃***
（华南农业大学植物线虫研究室，广州　510642）

Molecular Cloning and Characterization of the *Mj4D01* Gene from *Meloidogyne javanica**

Xiang Hui**，Lin Borong，Zhuo Kan，Liao Jinling***
（*Laboratory of Plant Nematology*，*South China Agricultural University*，*Guangzhou* 510642，*China*）

摘　要：本研究通过同源克隆的方法从爪哇根结线虫（*Meloidogyne javanica*）cDNA 中克隆获得南方根结线虫（*M. incognita*）*Mi4D*01 基因的同源基因 *Mj4D*01。*Mj4D*01 ORF 全长 525 bp，共编码 174 个氨基酸，在 C 端含有一个与秀丽小杆线虫（*C. elegans*）同源的 Ground-like domain。通过初步分析，该基因 N 端前 24 个氨基酸编码信号肽，去除信号肽后无跨膜结构域。以该基因的 80~212 bp 序列设计特异探针进行原位杂交，发现该基因定位在爪哇根结线虫亚腹食道腺。同时，龄期表达结果显示，该基因在三龄幼虫阶段表达量最高。为进一步分析该基因功能，利用酵母双杂技术，以去掉信号肽的 Mj4D01 为诱饵，对接种了二龄爪哇根结线虫的拟南芥 cDNA 文库进行杂交筛选，共获得了 32 个 Mj4D01 的互作候选蛋白。通过基因序列以及相关功能分析，初步筛选出 6 个可能的互作蛋白，扩增其中 4 个潜在的互作蛋白基因全长并进行酵母共转互作验证，最终获得一个与 Mj4D01 在酵母中相互作用的蛋白，即 Arabidopsis thaliana mRNA for rieske iron-sulfur protein precursor（petC gene）。该蛋白为里斯克铁硫蛋白前体物，可能参与植物活性氧（reactive oxygen species，ROS）的产生，推测 Mj4D01 可能通过影响 ROS 从而影响了植物的防卫反应。Mj4D01 在植物体内如何影响 ROS 有待进一步研究。

关键词：爪哇根结线虫；效应子；植物防卫反应；酵母双杂
Key words：*Meloidogyne javanica*；Effector；Plant defense response；*in situ* hybridization

* 基金项目：国家自然科学基金（31671707）
** 第一作者：相辉，硕士生，从事分子植物线虫学研究；E-mail：284153557@ qq. com
*** 通信作者：廖金铃，教授，从事植物线虫学研究；E-mail：jlliao@ scau. edu. cn

中国线虫学研究（第七卷），2018，7：206
Nematology Research in China，2018，Vol. 7：206

禾谷孢囊线虫寄生致病新效应子 Ha18764 功能的初步分析*

杨姗姗**，戴依然，刘　倩，简　恒***
（中国农业大学植物病理系，北京　100193）

Preliminary Function Analysis of Ha18764, a putative Effector of *Heterodera avenae**

Yang Shanshan**, Dai Yiran, Liu Qian, Jian Heng***
(*Department of Plant Pathology*, *China Agricultural University*, *Beijing*　100193, *China*)

摘　要：禾谷孢囊线虫（*Heterodera avenae*）是一类固着型植物内寄生线虫，分布广泛且危害严重，是世界范围内禾谷类作物的重要病原之一，目前依旧缺乏有效的防治措施。越来越多的证据表明：植物寄生线虫可以通过分泌一系列效应因子到植物细胞中促进其寄生，而植物也会启动防御系统来抵御线虫的寄生。因此分离并鉴定禾谷孢囊线虫效应子基因，对了解其寄生致病机理及挖掘防治新靶标具有重要的指导作用。

本研究根据已有的禾谷孢囊线虫转录组数据信息，成功克隆到禾谷孢囊线虫效应子基因 *Ha*18764，对其分泌性、表达部位及表达模式、致病性和抑制寄主免疫反应等几个方面展开研究。原位杂交实验表明 Ha18764 基因在背部食道腺特异表达，荧光定量 PCR 分析表明该基因在禾谷孢囊线虫侵染后的 4 龄阶段表达量最高。利用稻瘟菌与大麦的互作系统验证 Ha18764 蛋白具有分泌活性。异源表达 Ha18764 或 Hs18764 的拟南芥对甜菜孢囊线虫更加敏感。此外，基于 BSMV 介导的寄主体内沉默禾谷孢囊线虫 *Ha*18764 基因后，线虫对小麦的侵入能力及孢囊形成量都显著下降。在烟草上瞬时表达 Ha18764 可抑制 PsojNIP，Avr3a/R3a，RBP-1/Gpa2 or MAPK kinases（MKK1 and NPK1^{Nt}）引起的本生烟草细胞坏死，同时也可抑制禾谷孢囊线虫自身激发子引起的坏死。另外，Ha18764 可抑制植物的防卫反应如 ROS 的爆发、胼胝质的沉积以及防卫相关基因的表达。以上研究结果表明，Ha18764 通过在寄生后期抑制植物的 PTI 和 ETI 信号途径来促进禾谷孢囊线虫的寄生。

关键词：禾谷孢囊线虫；Ha18764；免疫抑制；防卫反应

---

* 基金项目：公益性行业（农业）科研专项“作物孢囊线虫综合治理技术方案”（201503014）
** 第一作者：杨姗姗，博士研究生，从事禾谷孢囊线虫相关研究；E-mail：yangshanshan12@126.com
*** 通信作者：简恒，教授；E-mail：hengjian@cau.edu.cn

中国线虫学研究（第七卷），2018，7：207~208
Nematology Research in China，2018，Vol. 7：207~208

Evaluating the Incidence of Plant-parasitic Nematodes on Potatoes, Vegetables, Strawberries, and Cereals in Southern and Central Norway

Ricardo Holgado*，Christer Magnusson，Marte Persdatter Tangvik，
Irene Rasmussen，Birgit Schaller
(*Norwegian Institute of Bioeconomy Research*（*NIBIO*），*Division of Biotechnology and Plant Health*，*Aas*，*Norway*)

Plant-parasitic nematodes appear to be an increasing problem in Norwegian agriculture，and their efficient management is required. Methods of efficient nematode management have been sought for personnel involved in farmer's advisory and among farmers.

In order to clarify the nematode situation in different agricultural crops a project for evaluating the incidence of plant-parasitic nematodes was conducted during the growing seasons 2016 and 2017.

The Norwegian Agricultural Extension Service was responsible for selecting major crops and sites for sampling. A requirement was that the samples should be collected form crops showing symptoms of nematode damage（fields with patches of poor growth）. Samples for evaluation the incidence plant-parasitic nematodes were collected from 46 municipalities in 14 counties from Southern and Central Norway. In total，100 samples（soil and plant roots）were collected. The most intensive sampling was made in the counties of Østfold，Vestfold and Rogaland.

The number of samples were potato（$n=12$），vegetables（$n=37$），strawberry（$n=14$）and cereals（$n = 37$）. After sampling all the samples（soil and plants）were brought to NIBIO's nematode laboratory. Nematodes were extracted by the Seinhorst elutriator and mounted on microscope slides for morphological identification.

The Evaluation supported that patches with poor plant growth are caused by plant parasitic nematodes. Many species of plant-parasitic nematodes were detected in association with damage across a number of crops including potato，vegetables，strawberry and cereals.

The incidences of Plant-parasitic nematodes were as follow; sedentary nematodes：Cyst nematodes（35%），and Root-knot nematodes（13%）. Free-living plant-parasitic nematodes：Rot-lesion nematodes（*Pratylenchus* 93%），Stunt-nematodes（*Tylenchorhynchus* 79%），Spiral（49%），Stubb-rotnematoder（*Trichodorus* 14% and *Paratrichodorus* 14%），*Longidorus*（11%），

* First author：Ricardo Holgado；E-mail：ricardo. holgado@ nibio. no

Paratylenchus（13%）and *Xiphinema*（2%）.

The incidence of free living nematodes on the samples could indicate that（*Paratrichodorus* sp.）possibly contribute to infections of *Spongospora subterranea* on potatoes and（*Pratylenchus* spp.）possibly contribute to infections of *Agrobacterium* sp. on carrots and strawberry.

Certain nematode groups（stunt-, spiral-, root lesion-, pin nematodes）were present in all crops, while *Longidorids* and *Trichodorids* were present in potato, vegetables and strawberry. The sheath nematode *Hemicycliophora* occurred only in carrot. Root-knot nematodes（*Meloidogyne hapla*）were found in carrots and（*M. naasi*）in wheat. Potato cyst nematode（*Globodera rostochiensis*）were found on one sample, carrot cyst nematode（*Heterodera carotae*）was found on one sample, cereal cyst nematodes（*H. filipjevi* and *H. avenae*）occurred in 18 samples.

This is first record of *Heterodera carotae*, in Norway.

Although, there were large differences in the number of samples taken from different localities and crops, the evaluation indicated higher incidence of nematode diversity in vegetables and potato compared to strawberry and cereals was notable.

We thank the Norwegian Agricultural Agency, for the economic support. We also express our thanks to farmers and advisor from the Norwegian Agricultural Extension Service for providing samples for this study.

中国线虫学研究（第七卷），2018，7：209
Nematology Research in China，2018，Vol. 7：209

禾谷孢囊线虫（*Heterodera avenae*）*Ha*34609 基因特征和功能初步研究*

坚晋卓** 李 新 吴独清 彭 焕 黄文坤 孔令安 彭德良***
（中国农业科学院植物保护研究所/植物病虫害生物学国家重点实验室，北京 100193）

Molecular characterization and function analysis of *Ha*34609 from Cereal Cyst Nematode (*Heterodera avenae*)*

Jian Jinzhuo**，Li Xin，Wu Duqing，Peng Huan，
Huang Wenkun，Kong Ling'an，Peng Deliang***
(*State Key Laboratory for Biology of Plant Diseases and Insect Pests*，*Institute of Plant Protection*，*Chinese Academy of Agricultural Sciences*，*Beijing* 100193，*China*)

在完成的禾谷孢囊线虫不同发育阶段表达谱分析的基础上，通过生物信息学和分子生物学技术从中鉴定出 282 个潜在效应蛋白编码基因，其中编号为 comp34609 的序列与大豆孢囊线虫效应蛋白 G20E03 相似度高（74%），命名为 *Ha*34609。该基因全长 837bp，其中包含一个 585bp 的开放阅读框，编码 194 个氨基酸，在 N 端拥有一个 21 个氨基酸的信号肽，且不含跨膜结构域。原位杂交结果表明，*Ha*34609 基因主要在禾谷孢囊线虫亚腹食道腺细胞中表达；发育表达分析结果表明，*Ha*34609 基因在侵染前 2 龄幼虫和侵染后 2 龄、3 龄幼虫中均有明显表达，并在侵染后 2 龄幼虫中表达量最高；亚细胞定位结果表明，Ha34609 定位于烟草叶片细胞的液泡膜上；由此确定 Ha34609 效应蛋白是由禾谷孢囊线虫亚腹食道腺细胞合成，通过口针分泌到寄主体内，推测其可能在线虫侵染和早期寄生过程中，通过作用于液泡膜，参与合胞体的形成与维持。采用体外 RNAi 技术对 *Ha*34609 基因的功能进行了初步研究，实验结果表明，禾谷孢囊线虫 2 龄幼虫经 dsRNA 浸泡处理 12h 和 24h 后，*Ha*34609 的转录水平大幅下调；在小麦接种实验中，寄主根系内的线虫数量和白雌虫量没有明显下降，但是其白雌虫的大小显著减小。

* 基金项目：国家自然科学基金项目（31772142）；公益性行业科研专项（201503114）
** 第一作者：坚晋卓，2017 级博士研究生，从事植物线虫分子生物学研究；E-mail：jianjinzhuo@163.com
*** 通信作者：彭德良，研究员，从事植物线虫和线虫病害综合治理技术研究；E-mail：pengdeliang@caas.cn

中国线虫学研究（第七卷），2018，7：210~211
Nematology Research in China，2018，Vol. 7：210~211

小麦禾谷孢囊线虫钙网蛋白基因 *HaCRT1* 的克隆与功能初步研究*

刘　敬[1,2**]，彭　焕[1]，黄文坤[1]，孔令安[1]，彭德良[1***]
（[1] 中国农业科学院植物保护研究所/植物病虫害生物学国家重点实验室，北京　100193；
[2] 湖南农业大学植物保护学院，长沙　410128）

Molecular Cloning and Function Analysis of and Calreticulin (*HaCRT1*) Protein from Cereal Cyst Nematode *Heterodera avenae**

Liu Jing[1,2**], Peng Huan[1], Huang Wenkun[1], Kong Ling'an[1], Peng Deliang[1***]
([1] *State Key Laboratory for Biology of Plant Diseases and Insect Pests, Institute of Plant Protection, Chinese Academy of Agricultural Sciences, Beijing* 100193, *China*;
[2] *College of Plant Protection, Hunan Agricultural University, Changsha, Hunan* 410128, *China*)

钙网蛋白（Calreticulin）是一类普遍存在于多细胞真核生物中并且非常保守的钙结合分子伴侣，定位于内质网，在蛋白折叠、mRNA 降解、胞内 Ca^{2+} 平衡调控发挥着重要的作用。1974 年，Ostwald 等最早在哺乳动物兔子的骨骼肌肉细胞中发现钙网蛋白。随后钙网蛋白在小鼠、人、线虫中陆续被发现。模式植物拟南芥中，已报道的 AtCRT2 和 AtCRT3 都参与调控植物的先天免疫反应。AtCRT3 直接识别细菌 EF-Tu 受体（EFR）提高植物抗性，而 AtCRT2 通过抑制 SA 途径调节植物免疫系统。2005 年 Jaubert S，在南方根结线虫（*Meloidogyne incognita*）中发现钙网蛋白，在侵染前二龄幼虫的亚腹食道腺表达，通过口针被分泌到寄主体内，并在巨细胞的细胞壁大量积累。Mi-CRT 定位于植物细胞的内质网和高尔基体，进入植物细胞分泌系统。通过寄主介导的基因沉默技术将 Mi-CRT 沉默后，寄主植物拟南芥产生的根结数量明显减少，而拟南芥超表达 Mi-CRT 后接种根结线虫，根结数量增加，寄主敏感性增强。值得注意的是 Mi-CRT 超表达植株不但对根结线虫敏感性增强，对卵菌疫霉（*Phytophthora parasitica*）的敏感性也增强。

在植物孢囊线虫尚未有关钙网蛋白的报到，我们克隆了禾谷孢囊线虫的钙网蛋白 HaCRT1，通过 Blast 比对分析发现与已知的南方根结线虫 Mi-CRT 蛋白具有 89% 的一致性，与小麦 CRT 蛋白具有 55%的一致性，该基因开放阅读框编码 411 个氨基酸（aa），1-20 位氨

* 基金项目：国家自然科学基金项目（31571988）；公益性行业科研专项（201503114）
** 第一作者：刘敬，博士，从事植物线虫分子生物学研究；E-mail：liujing3878@ sina. com
*** 通信作者：彭德良，研究员，从事植物线虫及线虫病害综合治理技术研究；E-mail：pengdeliang@ caas. cn

基酸是信号肽，22-333 位的氨基酸序列是 Calreticulin 家族保守区，C 端含有内质网保留位点序列 HDEL。原位杂交显示 HaCRT1 在线虫食道腺合成，在不同龄期发育表达模式分析中，侵染后二龄幼虫中 *HaCRT*1 表达量达到最高。将 mCherry 融合到 HaCRT1 的 C 端，烟草中瞬时表达融合蛋白，激光共聚焦观察红色荧光的 HaCRT1 的定位与绿色荧光的内质网 Mark 基因的定位一致，表明 HaCRT1 定位于植物细胞的内质网。HaCRT1 在烟草中瞬时表达可以抑制 Bax 引起的细胞死亡。细胞死亡是植物免疫反应中的一个重要事件，因此推测 HaCRT1 可能与植物的免疫反应相关。拟南芥超表达 *HaCRT*1 后对丁香假单胞杆菌（*Pseudomonas syringae*）的敏感性增强。HaCRT1 在植物细胞中的定位与 Mi-CRT 一致，由此推测 HaCRT1 与 Mi-CRT 的在植物中发挥的功能具有相似性。初步确定 HaCRT1 通过抑制植物免疫反应促进线虫寄生，下一步主要研究 HaCRT1 抑制植物先天免疫反应机制。

中国线虫学研究（第七卷），2018，7：212
Nematology Research in China，2018，Vol. 7：212

河北坝上高寒区孢囊线虫种类的鉴定*

武玉环[1,2]**，彭德良[3]***，刘大群[1,4]***
（[1]河北农业大学植物保护学院，保定　071001；[2]河北北方学院，张家口　075000；
[3]中国农业科学院植物保护研究所/植物病虫害生物学国家重点实验室，北京　100193；
[4]中国农业科学院研究生院，北京　100081）

Identification of Cyst Nematodes in Bashang High Cold Region of Hebei Province*

Wu Yuhuan[1,2]**, Peng Deliang[3]***, Liu Daqun[1,4]***
([1] *College of Plant Protection, Agricultural University of Hebei, Baoding* 071001, *China*; [2] *Hebei North University, Zhangjiakou* 075000, *China*; [3] *State Key Laboratory for Biology of Plant Diseases and Insect Pests, Institute of Plant Protection, Chinese Academy of Agricultural Sciences, Beijing* 100193, *China*; [4] *Graduate School of Chinese Academy of Agricultural Sciences, Beijing* 100081, *China*)

摘　要：为明确河北坝上高寒区孢囊线虫的种类及分布情况，2016—2018 年，在张北县、康保县、尚义县、沽源县、察北管理区、塞北管理区以及承德市的围场满族蒙古族自治县、丰宁满族自治县 8 个县区，采集 158 份土壤样品，通过形态学和分子生物学的方法进行了鉴定，发现 3 种孢囊线虫：大豆孢囊线虫（*Heterodera glycines*）、禾谷孢囊线虫（*H. avenae*）和甜菜孢囊线虫（*H. schachtii*）。其中，甜菜孢囊线虫为害大白菜在国内尚未见报道。

关键词：坝上高寒区；孢囊线虫；鉴定

---

* 基金项目：国家公益性行业（农业）科研专项（201503114）

** 第一作者：武玉环，博士研究生，从事植物线虫研究；E-mail：nkxwyh@163.com
*** 通信作者：彭德良，研究员，从事植物线虫研究；E-mail：pengdeliang@caas.cn
刘大群，教授，从事植物病理学研究；E-mail：liudaqun@caas.cn

中国线虫学研究（第七卷），2018，7：213
Nematology Research in China，2018，Vol. 7：213

河北坝上高寒区大豆孢囊线虫生理小种鉴定*

武玉环[1,2]**，彭德良[3]***，刘大群[1,4]***
（[1]河北农业大学植物保护学院，保定 071001；[2]河北北方学院，张家口 075000；
[3]中国农业科学院植物保护研究所/植物病虫害生物学国家重点实验室，北京 100193；
[4]中国农业科学院研究生院，北京 100081）

Identification of Physiological Race of Soybean Cyst Nematode in Bashang High Cold Region of Hebei Province*

Wu Yuhuan[1,2]**，Peng Deliang[3]***，Liu Daqun[1,4]***
（[1] *College of Plant Protection*，*Agricultural University of Hebei*，*Baoding* 071001，*China*；[2]*Hebei North University*，*Zhangjiakou* 075000，*China*；[3] *State Key Laboratory for Biology of Plant Diseases and Insect Pests*，*Institute of Plant Protection*，*Chinese Academy of Agricultural Sciences*，*Beijing* 100193，*China*；[4] *Graduate School of Chinese Academy of Agricultural Sciences*，*Beijing* 100081，*China*）

摘　要：大豆孢囊线虫（*Heterodera glycines*）隶属动物界（Animalia）、线虫门（Nematoda）、侧尾腺纲（Secernentea）、垫刃目（Tylenchida）、异皮科（Heteroderidae）、孢囊线虫属（*Heterodera*），是为害大豆的重要病原物之一，是大豆生产上的毁灭性病害，一般减产10%～20%，严重时可达30%～50%，甚至绝产。为明确河北坝上高寒区大豆孢囊线虫生理小种类型，本研究采用雌虫指数法，对河北坝上高寒区5个大豆孢囊线虫群体进行生理小种鉴定，结果表明5个大豆孢囊线虫群体均为4号生理小种。明确大豆孢囊线虫生理小种类型，为进一步测定其致病性和抗病育种工作奠定理论基础，为制定大豆孢囊线虫病防控措施提供依据。

关键词：坝上高寒区；大豆孢囊线虫；生理小种；鉴定

---

* 基金项目：国家公益性行业（农业）科研专项（201503114）
** 第一作者：武玉环，博士研究生，从事植物线虫研究；E-mail：nkxwyh@163.com
*** 通信作者：彭德良，研究员，从事植物线虫研究；E-mail：pengdeliang@caas.cn
刘大群，教授，从事植物病理学研究；E-mail：liudaqun@caas.cn

中国线虫学研究（第七卷），2018，7：214
Nematology Research in China，2018，Vol. 7：214

大豆孢囊线虫生防真菌的筛选与鉴定*

武玉环[1,2]**，彭德良[3]***，刘大群[1,4]***
（[1] 河北农业大学植物保护学院，保定　071001；[2] 河北北方学院，张家口　075000；
[3] 中国农业科学院植物保护研究所/植物病虫害生物学国家重点实验室，北京　100193；
[4] 中国农业科学院研究生院，北京　100081）

Screening and Identification of Fungal Biocontrol Agents to Soybean Cyst Nematode*

Wu Yuhuan[1,2]**，Peng Deliang[3]***，Liu Daqun[1,4]***
（[1] *College of Plant Protection*，*Agricultural University of Hebei*，*Baoding*　071001，*China*；
[2] *Hebei North University*，*Zhangjiakou*　075000，*China*；[3] *State Key Laboratory for Biology of Plant Diseases and Insect Pests*，*Institute of Plant Protection*，*Chinese Academy of Agricultural Sciences*，*Beijing*　100193，*China*；[4] *Graduate School of Chinese Academy of Agricultural Sciences*，*Beijing* 100081，*China*）

摘　要：大豆孢囊线虫是重要病原物之一，广泛分布于世界各大豆产区。随着环保意识的增强，植物病原线虫生物防治成为研究热点。本研究从河北坝上高寒区大豆孢囊线虫群体的孢囊、二龄幼虫和卵以及根际土壤中筛选高效生防真菌，共分离获得真菌菌株 141 株，选取菌落和孢子形态不一致的 25 株真菌进行对大豆孢囊线虫的生防评价。其中，对大豆孢囊线虫孢囊寄生率大于 90%的菌株有 6 株。真菌发酵原液对大豆孢囊线虫二龄幼虫抑杀活性大于 90%的有 5 株，其中 1 株真菌 20×发酵液稀释液对大豆孢囊线虫二龄幼虫校正死亡率为 92.31%，通过形态学和分子生物学鉴定该菌株为哈茨木霉菌（*Trichoderma harzianum*）。

关键词：大豆孢囊线虫；生防真菌；筛选；鉴定

---

* 基金项目：国家公益性行业（农业）科研专项（201503114）
** 第一作者：武玉环，博士研究生，从事植物线虫研究；E-mail：nkxwyh@163.com
*** 通信作者：彭德良，研究员，从事植物线虫研究；E-mail：pengdeliang@caas.cn
刘大群，教授，从事植物病理学研究；E-mail：liudaqun@caas.cn